高职高专计算机系列

综合布线项目化教程

Integrated Wiring Project Tutorial

张麦玲 ◎ 主编
吴延昌 白东升 ◎ 副主编
孙博 李健 王鸿铭 齐应杰 ◎ 参编

人民邮电出版社
北京

图书在版编目（CIP）数据

综合布线项目化教程 / 张麦玲主编. -- 北京 : 人民邮电出版社, 2016.7(2019.3重印)
工业和信息化人才培养规划教材. 高职高专计算机系列
ISBN 978-7-115-40658-3

Ⅰ. ①综… Ⅱ. ①张… Ⅲ. ①计算机网络－布线－高等职业教育－教材 Ⅳ. ①TP393.03

中国版本图书馆CIP数据核字(2015)第245327号

内容提要

本书围绕真实的工程项目，以职业技能培训为目标，采用项目驱动的方式，按照设计、施工、验收的工作顺序，全面、系统地介绍了网络综合布线的必备知识和实用技能。

本书内容丰富、实用，讲解详尽、清晰。根据“教、学、做一体化”的教学要求，全书分为 13 个项目，包括了构建综合布线系统、项目背景和招投标、网络工程项目总体规划、选择综合布线产品、工作区子系统的设计与实施、水平子系统的设计与实施、管理间子系统的设计与实施、垂直子系统的设计与实施、设备间子系统的设计与实施、进线间和建筑群子系统的设计与实施、综合布线系统的测试与验收、综合布线工程管理、计算机网络应用赛项——综合布线部分等内容，重点项目配套项目考核表及思考与练习。最后一个项目介绍了全国职业院校技能大赛计算机网络应用赛项中涉及综合布线的考核内容、样题以及大赛要点解析。

本书可以作为高职高专计算机相关专业的教材，也可用于指导参加全国职业技能大赛“计算机网络应用”赛项的综合布线任务，还可以作为计算机、通信及系统集成等领域的工程技术人员的参考用书。

◆ 主　　编　张麦玲
副 主 编　吴延昌　白东升
责任编辑　范博涛
责任印制　焦志炜

◆ 人民邮电出版社出版发行　　北京市丰台区成寿寺路 11 号
邮编　100164　　电子邮件　315@ptpress.com.cn
网址　http://www.ptpress.com.cn
固安县铭成印刷有限公司印刷

◆ 开本：787×1092　1/16
印张：18.5　　　　2016 年 7 月第 1 版
字数：461 千字　　　　2019 年 3 月河北第 4 次印刷

定价：45.00 元

读者服务热线：(010)81055256　印装质量热线：(010)81055316
反盗版热线：(010)81055315

前　言

综合布线系统又称结构化布线系统，是目前流行的一种新型布线方式。它采用标准化部件和模块化组合方式，把语音、数据、图像和控制信号用统一的传输媒体进行综合，形成了一套标准、实用、灵活、开放的布线系统。综合布线系统将计算机技术、通信技术、信息技术和办公环境集成在一起，实现信息和资源共享，提供迅捷的通信和完善的安全保障。相对于传统布线系统，其在兼容性、开放性、灵活性、可靠性、先进性和经济性等方面优点十分突出，而且在设计、施工和维护方面也给人们带来了许多方便。

为了满足工程技术人员的迫切需求，遵循高端技能型人才培养的特点和规律，参照综合布线施工人员的职业岗位要求，本书围绕一个真实的网络布线工程案例，从工程实际出发，采用项目导向、任务驱动的方式，深入浅出地介绍了网络综合布线的必备知识和实用技能。

本书围绕综合布线实施过程中的各个环节，采用“项目导向、任务驱动”的模式，精选了 13 个项目，每个项目包括“知识点”“技能点”“建议教学组织形式”“项目考核表”“思考与练习”等内容。每个项目又分为几个典型的工作任务，每个任务中包括“任务分析”“相关知识”“任务实施”“任务总结”等内容，将职业岗位所需的知识和技能有机地结合到具体的学习任务中，适合开展一体化教学，实现“学中做、做中学”的目标。

本书的最后一个项目介绍了全国职业技能大赛“计算机网络应用”赛项中综合布线部分的考核内容、样题以及要点解析等，为高职院校学生参加比赛提供参考。

本书由平顶山工业职业技术学院张麦玲任主编，吴延昌和白东升任副主编，孙博、李健、王鸿铭、齐应杰参与了编写。本书在编写过程中还得到了上海企想信息技术有限公司、中国移动河南分公司的大力支持，部分案例及实训内容凝聚了这两个公司技术人员的心血，在此一并表示感谢。

编者在探索教材建设方面做了许多努力，也对书稿进行了多次审校，但由于编写水平有限，书中难免存在一些疏漏和不足，敬请广大读者批评指正。

编　者

2015 年 12 月

目 录 CONTENTS

项目四 选择综合布线产品 81

项目五 工作区子系统的设计与实施 113

项目六 水平子系统的设计与实施 129

项目七 管理间子系统的设计与实施 149

项目八 垂直子系统的设计与实施 159

项目九 设备间子系统的设计与实施 175

项目十 进线间和建筑群子系统的设计与实施 187

项目十一 综合布线系统的测试与验收 205

项目十二 综合布线工程管理 237

项目十三 计算机网络应用赛项——综合布线部分 272

PART 1

项目一 构建综合布线系统

知识点

- 综合布线系统的概念
- 综合布线的设计等级和标准
- 综合布线技术的发展趋势

技能点

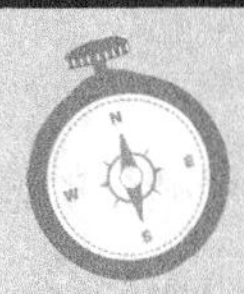

- 掌握综合布线系统的概念
- 掌握综合布线的设计等级和标准
- 了解综合布线技术的发展趋势

建议教学组织形式

- 根据实例讲解综合布线系统

进入 21 世纪以来，IT 技术发展迅猛，逐渐深入到社会的每个角落，极大地改变了人们的工作和生活条件。在这一大背景下，各种高新技术层出不穷，如智慧校园的建设和发展正是依赖于 IT 技术而逐步走进学校的。那么，什么是智慧校园呢？简单地说，就是利用移动互联技术和物联网技术，构建互联互通、安全可靠、覆盖整个校园的智能管理系统，从而实现教学、行政、资源、安全等方面的信息管理智能化，系统的实现过程较为复杂，需要运用科技手段，充分利用现代计算机、通信、网络、自控、IC 卡技术，通过有效自然传输，将安防与多元信息服务以智能化综合布线的方式进行系统的集成。

由此引出了本书的主题，即综合布线系统。那么其含义是什么？又该如何实现呢？下面结合具体的工程实例进行介绍。

某高等院校计划升级校园网，将校园网建设为集一卡通系统、校园安防系统、教务系统、办公系统、科研系统、远程教育于一体的万兆汇聚网络，其中包括24栋学生公寓、3栋教研楼、办公楼、教学楼、实训楼、学院餐厅以及综合体育馆等建筑，实现有线和无线网络结合的校园全覆盖，为广大师生提供便捷的信息化服务，为管理人员提供高效的信息化手段，为决策领导提供科学的决策依据，实现绿色节能、平安和谐、科学决策、服务便捷的校园综合服务环境。

为了实现这一目标，根据该院校建筑平面结构图及应用要求等情况，同时兼顾未来应用技术的发展进行综合设计，为学校建立一个经济实用、先进可靠、效率高、扩展性好的综合布线系统便成为亟待解决的项目。

任务一　构建综合布线系统

一、任务分析

智慧校园建设要实现整网核心、万兆骨干改造，实现汇聚核心万兆链路、接入汇聚千兆链路，并实现千兆端口到桌面。智慧校园的基础是网络建设，网络建设的基础就是综合布线系统。要完成综合布线系统，掌握综合布线系统的概念和构成是非常重要的一环。本次任务需要完成的工作有以下两项。

（1）对智慧校园的综合布线系统进行解析。

（2）掌握综合布线系统的组成与结构。

二、相关知识

智慧校园是2010年在信息化“十二五”规划中由浙江大学提出的一个概念，这个概念的蓝图描绘的是：无处不在的网络学习、融合创新的网络科研、透明高效的校务治理、丰富多彩的校园文化、方便周到的校园生活。简而言之，“要建设一个安全、稳定、环保、节能的校园”。

智慧校园建设的基础是智能建筑，综合布线是智能建筑中必不可少的组成部分，它为智能建筑的各应用系统提供了可靠的传输通道。要掌握综合布线的设计与施工要领，必须理解并掌握综合布线系统的特点、组成等基础知识。

（一）智能建筑的概念

1. 智能建筑（智能大厦）的定义

美国研究机构认为，将结构、系统、服务和管理 4 项基本要素及它们之间的内在关系进行最优化，从而具有投资合理、高效、舒适、环境便利等优点的建筑物，称为智能建筑（智能大厦)。

日本研究机构认为，兼具信息通信、办公自动化以及楼宇自动化各项功能的，便于进行智力活动的建筑物，称为智能建筑（智能大厦）。

我国通常认为，将楼宇自动化系统、办公自动化系统、通信自动化系统通过结构化布线和计算机网络有效结合，便于集中统一管理，具备舒适、安全、节能、高效等特点的建筑物，称为智能建筑（智能大厦）。

2. 智能建筑的组成

随着通信技术和计算机技术的不断发展，大厦内的所有设施智能化程度越来越高，一幢智能大厦通常由主控中心及计算机网络系统、建筑物自动化系统（Building Automation System，BAS）、办公自动化系统（Office Automation System，OAS）、通信自动化系统（Commwnication

Automation System，CAS）、综合布线系统（Generic Cabling System，GCS）5 个部分组成，其系统组成和功能示意图如图 1-1 所示。

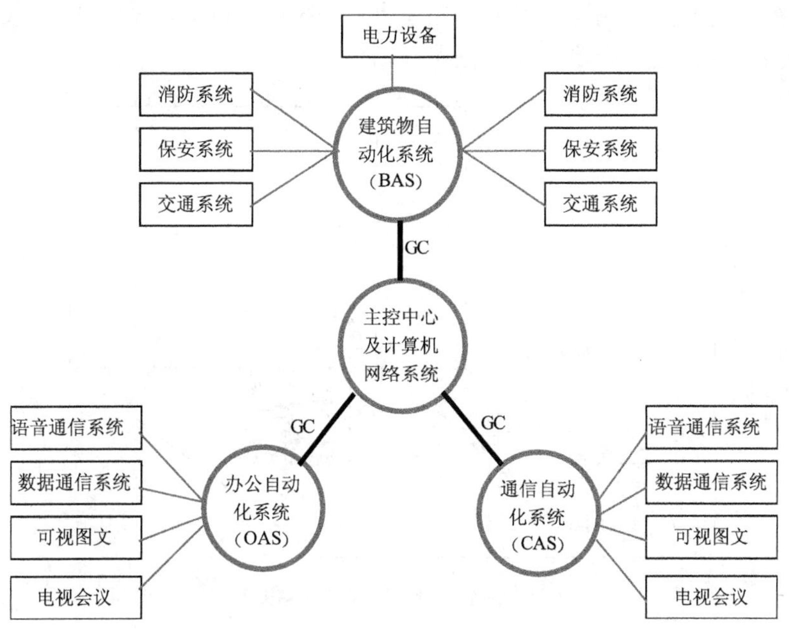

图 1-1　智能大厦的组成和功能示意图

（二）综合布线系统的组成

综合布线系统是一个用于语音、数据、影像和其他信息技术的标准结构化布线系统。打个形象化的比喻，综合布线系统就像一条道路，语音、数据、影像和其他信息技术好比各种车辆，通过综合布线系统传输各种类型的数据就好比在道路上可以行驶各种各样的车辆，如图 1-2 所示。

综合布线一般采用分层星型拓扑结构，每个分支系统都是相对独立的单元，对每个分支系统的改动不影响其他子系统，按照国家标准《综合布线系统工程设计规范》（GB50311-2007）要求，综合布线系统分为 7 个部分，如图 1-3 所示。

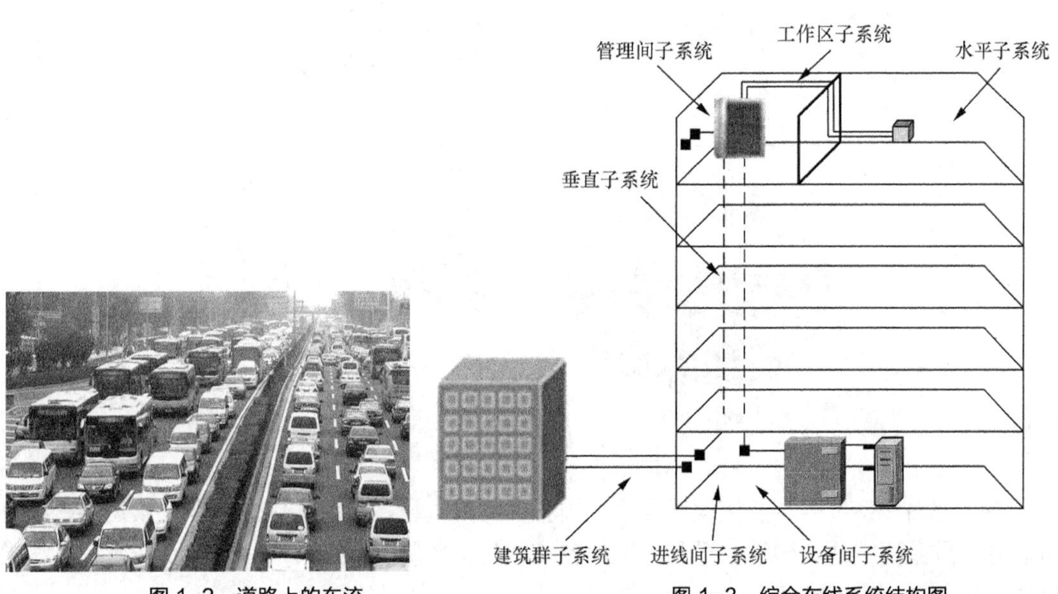

图 1-2　道路上的车流

图 1-3　综合布线系统结构图

1. 工作区子系统

一个独立的、需要设置终端设备（Terminal Equipment，TE）的区域宜划分为一个工作区。工作区子系统主要由配线子系统的信息插座模块（Telecommunication Outlet，TO）延伸到终端设备处的连接线缆及适配器组成，如图 1-4 所示。

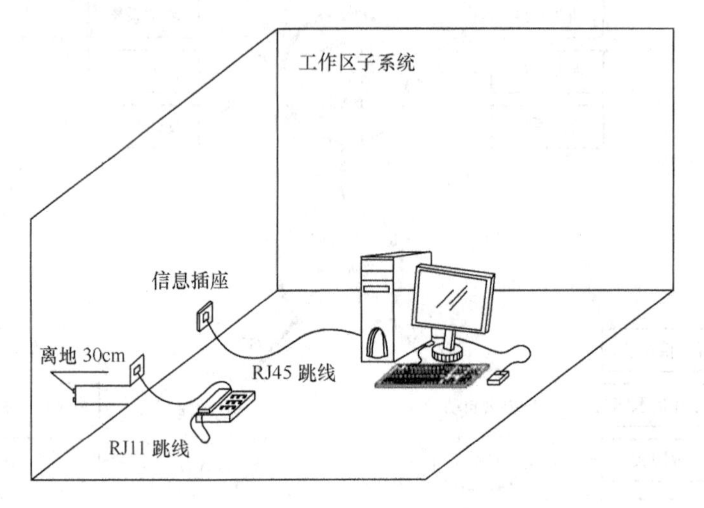

图 1-4　工作区子系统示意图

2. 水平子系统

水平子系统主要由工作区的信息插座模块、信息插座模块到电信间配线设备（Floor Distributor，FD）的配线电缆和光缆、电信间的配线设备及设备线缆和跳线等组成，如图 1-5 所示。

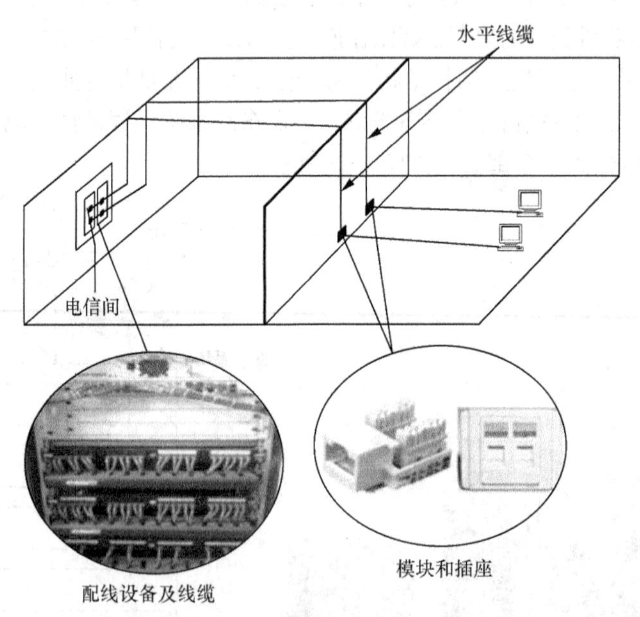

图 1-5　水平子系统示意图

在综合布线系统中，要根据所连接不同种类的终端设备选择相应的线缆，常用的线缆有屏蔽盒非屏蔽双绞线、同轴电缆和光缆。电信间是为楼层配线服务的，配线设备及相关线缆要根据接入系统的规模和类型确定。

3. 垂直子系统

垂直子系统主要由设备间到电信间的干线电缆和光缆、安装在设备间的建筑物配线设备（Building Distributor，BD）及设备线缆和跳线等组成。

垂直子系统一般采用大对数双绞线电缆或光缆，两端分别接在设备间和楼层配线间的配线架上。干线电缆的规格和数量由每个楼层所连接的终端设备的类型和数量决定。垂直子系统一般采用垂直路由，干线线缆沿着垂直竖井布放，如图 1-6 所示。

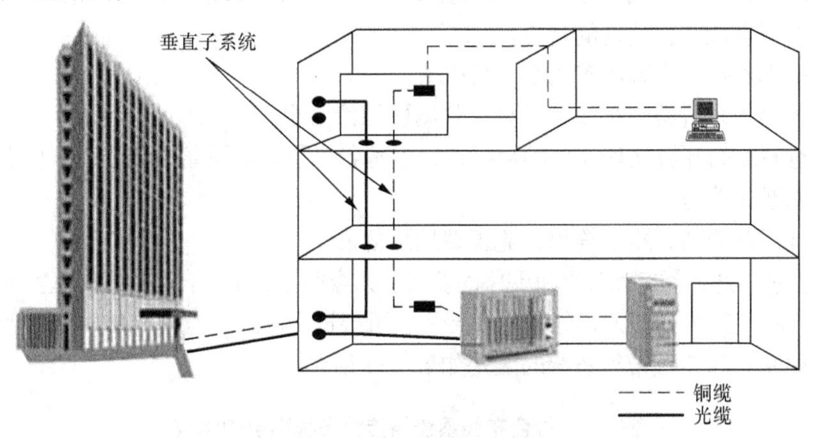

图 1-6　垂直子系统示意图

4. 设备间子系统

设备间是在每个建筑物的适当地点进行网络管理和信息交换的场地。对于综合布线系统，在设备间内主要是安装建筑物配线设备。电话交换机、计算机主机设备及入口设施也可与配线设备安装在一起，如图 1-7 所示。

5. 建筑群子系统

建筑群子系统主要由连接多个建筑物的主干电缆和光缆、建筑群配线设备（Campus Distributor，CD）及设备线缆和跳线等组成。

6. 进线间子系统

进线间是建筑物外部通信管线的入口部位，并可作为入口设施和建筑群配线设备的安装场地。在具体设计、施工时，常将该子系统纳入其他子系统一同进行，不再单独列出。

7. 管理间子系统

管理间子系统主要是对工作区、电信间、设备间、进线间的配线设备、线缆、信息插座模块等设施按一定的模式进行标识和记录。

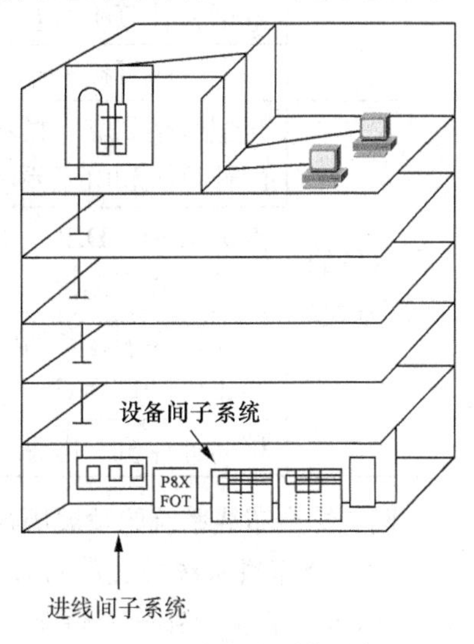

图 1-7　设备间子系统示意图

（三）综合布线系统和传统布线系统的比较

1. 传统布线系统存在的问题

对于一个建筑物或建筑群，它是否能够在现在或将来始终具备最先进的现代化管理和通信水平，关键取决于是否有一套完整、高质和符合国际标准的布线系统。在传统布线系统中，由于多个子系统独立布线，并采用不同的传输媒介，给建筑物从设计到今后的管理带来了一系列的隐患。

（1）在线路路由上，各专业设计之间过多的牵制，使得最终设施的管道错综复杂，要多次进行图纸汇总才能定出一个妥善的方案。

（2）在布线时，重复施工造成材料和人力的浪费。

（3）各弱电系统彼此相互独立、互不兼容，造成使用者极大的不便。

（4）任何设备的改变、移动，都会导致布线系统的重新设计、施工，造成不必要的浪费和损坏，同时在扩展时也给原建筑物的美观造成很大的影响。也就是说，原有的布线方式不具备开放性、兼容性和灵活性的特点。

2. 采用国际标准的综合布线系统的优点

（1）将各个子系统统一布线，提高了整体性能价格比。

（2）具有高度的开放性和充分的灵活性，不论各个子系统设备如何改变、位置如何移动，布线系统只需跳线即可。

（3）设计思路简洁，施工简单，施工费用降低。

（4）充分适应通信网络和计算机网络的发展，为今后办公全面自动化打下坚实的线路基础。

（5）大大减少维护管理人员的数量及费用，可根据用户的不同需求随时进行改变和调整。

综合布线系统和传统布线系统的区别如表 1-1 所示。

表 1-1　综合布线系统与传统布线系统的比较

	综合布线系统	传统布线系统
传输介质	以双绞线和光纤来传输	电话使用专用的电话线
	单一的传输介质	计算机及网络使用同轴电缆
	电话和计算机可互用	计算机和电话不能共用
	单一插座可接一部电话机和一个终端	计算机和电话之间无法共用插座
不同系统的处理方式	从配线架到墙上插座完全统一，适合不同计算机和电话系统使用	线路无法共用也无法通用
	提供 IBM、DEC、HP 等系统的连接，以及互联网连接	不提供
	计算机终端、电话机和其他网络设备的插座可以互用且完全相同	不能互用
	移动计算机、电话十分方便	移动电话和计算机时必须重新布线

（四）综合布线系统的发展历程和发展趋势

1. 综合布线系统的发展历程

1984 年，世界上第一座智能大厦落成。

1985 年年初，计算机工业协会（Computer and Communication Industry Association，CCIA）提出对大楼布线系统标准化的倡议。

1991 年 7 月，ANSI/EIA/TIA 568 即《商业大楼电信布线标准》问世；同时，与布线通道及空间、管理、电缆性能及连接硬件性能等有关的相关标准也一并推出。

1995 年年底，ANSI/TIA/EIA 568 标准正式更新为 TIA/EIA 568–A；同时，国际标准化组织（International Standardization Organization，ISO）也推出了相应标准 ISO/IEC/IS 11801。

1997 年，TIA 出台了 6 类布线系统草案；同期，基于光纤的千兆网标准被推出。

1999 年至今，TIA 又陆续推出了 6 类布线系统正式标准，ISO 推出了 7 类布线标准。

2. 综合布线系统的发展趋势

随着城市建筑物智能化的普及，光纤和无线技术逐渐成为综合布线技术的发展趋势。

（1）光纤

① 玻璃光纤。很多年以来，支持用光纤传送信息的人们都把玻璃光纤作为未来的介质，TIA/EIA 标准也把 62.5 μm/125 μm 多模光纤作为 3 种推荐使用的水平介质之一。最初，无论是传输距离，还是带宽容量，都能适应高速应用的要求，直到出现 1 000Base-T 以太网。研究表明，在短波情况下，62.5 μm/125 μm 光纤的负载信息容量和 LED（发光二极管）电气耦合率都难以满足距离的要求。

现在，用户必须重新回到标准上来，评估标准所述与未来网络需求之间的关联。为了满足更高的距离要求，他们必须考虑将 62.5 μm/125 μm 多模光纤换成新型 62.5 μm/125 μm 光纤或是 50 μm/125 μm 多模光纤；对于短波或长波，则必须从 LED 发射器/接收器变成短波或长波的垂直谐振表面发射激光（Vertical Cavity Surface Emitting Laser，VCSEL），或者变成单模光纤。不过，由此却带来了另一个问题，即成本的提高。有研究表明，由于光源和连接器等因素的影响，单模光纤网比多模网络的成本高出不少；而新型 62.5 μm/125 μm 光纤比单模光纤成本更高，只有新型的 1 300 nm VCSEL 光源可以把实际成本降低到新型多模光纤网的成本以下。

② 光纤波分复用。光纤波分复用并不是一种新型的结构化布线系统，而是用于扩展光纤数据传载容量的一种新的技术。其工作原理很好理解，即把通过光纤传输数据的激光分成不同的颜色或不同的波长，每一部分传输不连续的数据通道（现在，这项技术最多可把激光分成 40 种不同波长。在不久的将来，就可以达到 128 个通道），进而实现数据传载容量的提高。这项技术最大的优点就在于，新波长的传输设备无需另购，只需在已有的连接光纤的设备上加以改进即可。这是提高带宽最简便的一种方法。

③ 塑料光纤（Plastic Optical Fiber，POF）。目前，塑料光纤主要应用于低速、短距离的传输中。与此形成鲜明对比的是，最近发展起来的分段分序技术，已把带宽提高到 3 GHz/100 m。对此，业界提出了一系列技术改进措施，并取得了一定的成就。例如，新近开发的单模 POF、塑料光纤中的光放大器、1 550 nm 低损耗的新型 POF 材料，以及更高功率、更快的光源，都使得光纤分布式数据接口（Fiber Distributed Data Interface，FDDI）、异步传输模式（Asynchromous Transfer Mode，ATM）、企业系统连接体系结构（Enterprise Systems Connection，ESCON）、光纤通道（Fibre Channel，FC）、同步光纤网（Synchronous Optical Network，SONET）等应用开始涉及塑料光纤领域。然而，这种介质目前还不为标准所认可，因为现在可用的技术在要求的带宽下都限制在 50 m 内。或许 5 年以后，低成本的 POF 会得到商业化的应用。究其根本，标准对其的认可、对市场的接受程度是至关重要的。如果有一天在标准中对 POF 进行了认定，相信它一定能为目前那些由成本低于玻璃光纤的铜线介质支持的应用提供一个更强大的系统，并为用户提供一些他们感兴趣的中间利益。

（2）无线技术

关于将来以无线网络替代综合布线系统的问题，人们已经谈过很多了。对于那些正在为综合布线系统的设计、安装和维护而苦恼的人们来说，无线网络解决了一大难题，他们再也不用考虑如何把电缆铺到难以到达的地方，也无须担心电缆的类型和许多其他方面的问题。但总的来说，无线技术仍存在一定的限制。尽管有关于无线网络的标准（IEEE 802.11b），但在商家眼中仍缺乏可操作性。例如，窄带网络设备需要美国联邦通信委员会（Federal

Communications Commission，FCC）的许可；由日光等其他光源引起的干扰，会造成非聚焦红外网络设备的不可靠运行；扩频网络设备虽然在某种程度上克服了这些难题，但相应地也会造成较低的数据传输速率……这一切都限制了无线网络的发展。

三、任务实施

【任务目标】根据校园平面结构图及应用要求，兼顾未来网络的发展，为校园网升级建立一个经济适用、先进可靠、扩展性强的综合布线系统。

【任务场景】根据校园网升级改造的目标、数据访问需求、网络速度等参数，结合校园建筑物及分布，对校园网的综合布线系统进行设计。

STEP 1 了解校园网综合布线系统的设计目标

（1）实用性

实施后的综合布线系统能够适应现代和未来技术的发展，满足语音、数据通信、多媒体以及信息管理等多重智能化需求，这是结构化布线系统建设的基本要求。

（2）综合性

实施后的综合布线系统将为数据提供实用的、灵活的、可扩展的模块化介质通路。

（3）灵活性

综合布线系统能够满足应用的要求，即任意信息点都能够连接不同类型的设备，如计算机、打印机、终端、电话或传真机等。

（4）可管理性

布线系统中，除去固定于建筑物内的水平线缆外，其余所有的接插件都是积木式的标准件，以方便使用、管理和扩充。

（5）扩展性

实施后的综合布线系统是可以扩充的，以便将来有更大的技术发展时，易于设备的连接和扩展。

（6）开放性

能够支持任何厂商的任意网络产品，支持任意网络结构（总线型、星型、环型等）对线路的要求。

（7）经济性

在满足应用要求的基础上，尽可能降低造价。

（8）长期性

可以长期（15～25 年）支持计算机网络系统的应用需求。

STEP 2 调研校园网综合布线系统的功能要求

根据著名的摩尔定律计算，10 年后的网络传输速率应达到 100 Gbit/s 级别。尽管未来的有源网络信号编码技术肯定会相应提高，但是毫无疑问，我们现在设计网络系统的一个重要原则便是将整个计算机网络的传输瓶颈尽量从无源网络中排除，正常情况下应使其形成于交换机背板上或服务器连接上，这样才能易于网络升级、保护用户投资。根据调研用户，并结合未来网络系统的可扩展性，校园网的结构化布线系统应达到如下要求。

- 结构化布线系统实现万兆骨干网改造，实现汇聚核心万兆链路、接入汇聚千兆链路，并实现千兆端口到桌面。
- 系统的建设内容可概括为一个平台、两个门户，包括信息标准、统一用户管理、数据交换等底层集成平台，以及建设学院信息门户平台，建设手机掌上校园门户平台，支持高速计算机网络平台、远程教育、远程会议、电子保安、一卡通校园以及楼宇控制。

STEP 3 明确校园网综合布线系统的整体内容

通过对综合布线系统功能要求的分析，结合系统的需求，综合布线系统建设主要包括网络基础建设和数据中心建设（IDC 机房），即学生宿舍网建设、校园网出口建设、校区互联互通建设、校园无线网络建设、物联专网建设等。

STEP 4 把握校园网综合布线系统的设计原则

（1）先进性

设计中充分体现综合布线工程是智能建筑核心之一的特点，采用国际先进的技术、设备及材料，保证建筑的先进性。

（2）成熟及实用性

在充分满足技术先进性的同时，所选用的技术和材料均在工程实践中得到了严格检验，满足计算机网络设备对机房环境的特殊要求，并能最大限度地满足目前及未来发展的需要。

（3）安全可靠性

在设计、施工的各个环节均严格按照规范要求执行，在整体上具有高度的安全性、可靠性。本方案的重点在于充分保证数据、语音在智能建筑中无间断地安全运行，确保通信安全与稳定。

（4）可观赏性

整体建设布局合理，色调配制柔和，细节处理讲究，重视整体观感效果，符合当代布线工程建设潮流和目前 IT 行业建设的较高层次审美标准。

（5）经济合理性

设计上风格简明，选用性价比较好的材料和做法，使整体建设有较高的性能价格比。

（6）模块化、易管理性、维护性

本系统要以良好的可管理性、可维护性呈现在系统管理员面前，使管理人员易于维护。

（7）可扩展性、冗余性

考虑将来新增功能设备及校区的变化对布线的要求，本次设计要有较好的可扩展性，留有一定的冗余。

四、任务总结

本次任务主要介绍了综合布线系统的组成、发展等基本知识，通过对校园网综合布线系统分步骤进行设计，掌握了对校园网综合布线系统的目标确定、功能需求分析、整体内容设计等实施方法。

任务二　选用综合布线系统标准

一、任务分析

综合布线技术和网络技术一样，技术和标准是相辅相成、互相促进发展的，新技术的推广、应用促使新标准的推出，而标准规范的发展又反过来促进了新技术的不断变革。本次任务需要完成的工作有以下几项。

（1）了解制定综合布线系统标准的 3 个主要国际组织（ANSI/TIA/EIA、ISO/IEC 和 CENLEC）。

（2）熟悉两个主要的综合布线国际标准（ANSI/TIA/EIA 568B 和 ISO/IEC 11801—2002）。

（3）熟悉综合布线系统设计和验收的国家标准（GB 50311—2007 和 GB 50312—2007）。

（4）能够在综合布线系统的设计、施工及验收时选用正确的综合布线系统标准。

二、相关知识

（一）综合布线系统的设计等级

综合布线系统一般分为 3 个等级，分别是基本型综合布线系统、增强型综合布线系统和综合型综合布线系统。

1. 基本型综合布线系统

基本型综合布线系统是一种经济有效的布线方案，它支持语音或综合型语音/数据产品，并能够全面过渡到数据的异步传输或综合型综合布线系统。

其基本配置为：每个工作区有一个信息插座、一条 4 对 UTP 水平布线系统，干线电缆至少有 4 对双绞线，完全采用 110 A 交叉连接硬件，并与未来的附加设备兼容。

2. 增强型综合布线系统

增强型综合布线系统不仅支持语音和数据的应用，还支持图像、影像、影视和视频会议等。它可以为增加功能提供余地，并能够利用接线板进行管理。

其基本配置为：每个工作区有两个以上的信息插座，每个信息插座均连接 4 对 UTP 水平布线系统，具有 110A 交叉连接硬件。

3. 综合型综合布线系统

综合型综合布线系统是将双绞线和光缆纳入建筑物布线的系统。

其基本配置为：在建筑物、建筑群的干线或水平子系统中配置 62.5 μm 的光缆，在每个工作区的电缆内配有 4 对双绞线。

（二）综合布线系统的设计标准

1. 北美标准

ANSI/TIA/EIA 568-A 和 ANSI/TIA/EIA 568-B 是北美地区广泛应用的商业建筑通信布线标准。前者 1985 年在美国开始制定，1991 年形成第一个版本，经过改进在 1995 年 10 月被正式定为 ANSI/TIA/EIA 568-A；而 ANSI/TIA/EIA 568-B 是由 ANSI/TIA/EIA 568-A 演变而来的，经过 10 个版本的修改，在 2002 年 6 月正式出台。

2. 欧洲标准

在综合布线系统领域，欧洲采用的是 EN50173 标准。相对于北美标准，其在基本理论上是相同的，都是利用铜质双绞线的特性实现数据链路的平衡传输。但欧洲标准更强调电磁兼容性，提出通过线缆屏蔽层，使线缆内部的双绞线对在高带宽传输的条件下具备更强的抗干扰能力和防辐射能力。

3. 国际标准

针对综合布线系统，国际标准化组织在 1995 年颁布了国际标准 ISO/IEC 11801。

4. 中国国家标准

在我国，与综合布线系统有关的国家标准主要是《综合布线系统工程设计规范》（GB 50311—2007）和《综合布线系统工程验收规范》（GB 50312—2007）。

三、任务实施

【任务目标】通过学习综合布线系统的标准，选择适合校园网综合布线系统的标准。

【任务场景】按照相应的标准或规范设计综合布线系统可以减少建设和维护费用，增强系统对策可扩展性。本次任务主要是学习综合布线系统的设计等级和设计标准等知识，根据校园网的功能需求和安全性需求以及投资金额进行设计标准的确定。

STEP 1 查阅国际和国家标准

（1）目前常用的综合布线国际标准

- 国际布线标准《ISO/IEC 11801：2000 信息技术—用户建筑物综合布线》。
- 欧洲标准《EN 50173 建筑物布线标准》。
- 美国国家标准协会《TIA/EIA 568A 商业建筑物电信布线标准》。
- 美国国家标准协会《TIA/EIA 569A 商业建筑物电信布线路径及空间距标准》。
- 美国国家标准协会《TIA/EIA TSB—67 非屏蔽双绞线布线系统传输性能现场测试规范》。
- 美国国家标准协会《TIA/EIA TSB—72 集中式光缆布线准则》。
- 美国国家标准协会《TIA/EIA TSB—75 大开间办公环境的附加水平布线惯例》。

（2）我国的综合布线系统标准

2007 年国家建设部发布了综合布线系统设计与验收的国家标准，具体如下。

- 《综合布线系统工程设计规范》（GB50311-2007）。
- 《综合布线系统工程验收规范》（GB50312-2007）。

（3）综合布线其他相关标准

- 电气防护、机房及防雷接地标准。
- 防火标准。
- 智能建筑与智能小区相关标准与规范。
- 地方标准和规范。

STEP 2 确定综合布线系统标准和规范要求

本方案在系统设计上主要依据以下规范要求。

- ISO/IEC 11801 国际数据布线系统标准。
- EN50173 欧洲数据布线系统标准。
- ANSI/TIA/EIA 568A/568B 商业建筑数据布线系统标准。
- ANSI/TIA/EIA 569-A 商业建筑电信通道及空间标准。
- ANSI/TIA/EIA 606 商业建筑电信基础结构及管理标准。
- ANSI/TIA/EIA 607 商业建筑电信布线接地及连接规范。
- ANSI/TIA/EIA TSB-67 UTP 布线系统现场测试标准。
- ANSI/TIA/EIA TSB-72 集中式光纤布线系统标准。
- ANSI/TIA/EIA TSB-75 开放式办公室布线系统标准。
- ANSI/TIA/EIA TSB-95 验证 6 类布线系统支持千兆位现场测试标准。
- ANSI/TIA/EIA 570A 住宅和小型商用通信布线标准。
- 《综合布线系统工程设计规范》（GB50311-2007）。
- 《综合布线系统工程验收规范》（GB50312-2007）。
- YD/T 926.2—2000 中华人民共和国通信行业标准。
- JGJ/T 16—92 民用建筑电气设计规范。
- TIA/EIA 570 住宅及小型商业区综合布线标准门。

- TIA/EIA 607 建筑电信技术高度管理标准门。
- EN50173 大楼综合布线系统标准（欧洲标准）。
- 该校区综合布线系统技术要求。
- 该校区楼层平面图纸。

四、任务总结

本次任务主要介绍了综合布线系统中的国际标准、国家标准和其他标准知识，要求大家查阅标准后能够确定校园网综合布线系统所需的标准文档。

项目考核表

专业：__________ 班级：__________ 课程：__________

项目名称：项目一　构建综合布线系统	**工作任务**： 任务一　构建综合布线系统 任务二　选用综合布线系统标准
考核场所：	**考核组别**：

项目考核点	分值
1. 了解综合布线的概念，掌握综合布线系统的组成	10
2. 能够根据需求，确定综合布线系统的设计目标	10
3. 能够根据需求，调研校园网综合布线系统的功能要求	20
4. 能够根据需求，确定校园网综合布线系统的建设内容	25
5. 能够把握好综合布线系统的设计原则	15
6. 了解综合布线系统的标准，根据需要选择标准	10
7. 善于团队协作，营造团队交流、沟通和互帮互助的气氛	10
合　计	100

考核结果（答辩情况）

学号	姓名	各考核点得分										自评	组评	综评	合计
		1	2	3	4	5	6	7	8	9	10				

组长签字：__________ 教师签字：__________ 考核日期：　　年　月　日

思考与练习

一、填空题

1. 布线是由各种支持电子信息设备相连的________、________、________和________组成的系统。

2. 综合布线系统是一个用于________、________、________和________的标准结构化布线系统。

3. 布线的设计等级分为________、________和________3种。

4. 综合布线系统的设计标准有________、________、________和________。

二、选择题

1. 结构化布线系统简称为（　　）。

A. PDS　　B. SCS　　C. ATM　　D. BAS

2. 综合布线采用模块化的结构，按各模块的作用，可把综合布线划分为（　　）。

A. 7个部分　　B. 4个部分　　C. 5个部分　　D. 6个部分

3. 在综合布线的设计等级中，不包含（　　）。

A. 基本型　　B. 标准型　　C. 增强型　　D. 综合型

4. 综合布线的标准中，属于欧洲标准的是（　　）。

A. TIA/EIA 568A　　B. TIA/EIA 568B

C. EN50173　　D. ISO/IEC11801

5. 综合布线的标准中，属于中国标准的是（　　）。

A. TIA/EIA 568　　B. GB/T50311−2000

C. EN50173　　D. ISO/IEC11801

6. 综合布线的标准中，属于北美标准的是（　　）。

A. TIA/EIA 568　　B. GB/T50311−2000

C. EN50173　　D. ISO/IEC11801

7. 综合布线的标准中，属于国际标准的是（　　）。

A. TIA/EIA 568　　B. GB/T50311−2000

C. EN50173　　D. ISO/IEC11801

三、思考题

1. 综合布线系统和传统布线系统的区别是什么？
2. 综合布线中系统建设的设计目标是什么？
3. 综合布线系统的设计原则是什么？
4. 综合型综合布线系统和增强型综合布线系统有什么不同？

PART 2 项目二 项目背景和招投标

知识点

- 综合布线系统的概念
- 工程项目招投标的方式
- 工程项目招标程序
- 工程项目招标所需文档
- 工程项目投标竞标函写法
- 工程项目合同书（格式）
- 工程项目签约注意事项

技能点

- 能够掌握招投标管理的基本知识
- 能够根据网络工程需求编制招标文档
- 能够根据需求编制投标函
- 能够起草网络工程合同书
- 掌握一定的谈判技巧，签订合同

建议教学组织形式

- 以实际项目的招标文件为例进行教学
- 以公司的竞标文件为例进行教学
- 引入签订合同谈判记录，进行案例教学

任务一　项目设计功能和技术要素

一、任务分析

工程项目招投标的目的是引入竞争机制，要建立学校的综合布线系统，首先招标方要提出系统需求，为后期招投标做准备。本次任务要完成的工作就是要根据调研，确定综合布线系统的设计功能和技术要素。

二、相关知识

（一）项目背景

项目名称：××学院智慧校园建设方案

项目建设内容：利用移动互联技术和物联网技术，构建互联互通、安全可靠、覆盖整个校园的智能管理系统，从而实现教学、行政、资源、安全等方面的信息管理智能化。优化基础资源配置，为广大师生提供便捷的信息化服务，为管理人员提供高效的信息化手段，为决策领导提供科学的决策依据，实现绿色节能、平安和谐、科学决策、服务便捷的校园综合服务环境。

系统的建设内容可概括为一个平台、两个门户、四类应用。

一个平台：指统一的支撑平台，包括信息标准、统一用户管理、数据交换等底层集成平台。

两个门户：建设学院信息门户平台，建设手机掌上校园门户。

四类应用：第一是教学科研类应用，第二是学生管理类应用，第三是校园服务类应用，第四是资源信息类应用。

（二）项目设计功能

综合布线系统建设主要包括网络基础建设和数据中心建设（IDC机房）。网络基础建设包括原校园网核心改造、学生宿舍网建设、校园网出口建设、校区互联互通建设、物联专网建设以及校园无线网络建设等，具体如下。

（1）完成学院所有建筑网络覆盖，包括学生宿舍网建设、校园网教学办公区建设，同时部署网络运维管理系统。

（2）完成学院无线校园网络建设。

（3）完成校区互联互通建设。

（4）作为校园网和物联网的基础，所有建筑铺设24芯以上光缆，在学生宿舍区和教学办公区分别设置光缆汇聚点，再由汇聚点光缆引入网络中心机房。

（5）要求网络出口必须放在学院网络中心统一管理，建立日志服务器实时记录上网日志。

（6）部署用户上网认证平台，提供基于Web认证和客户端认证两种方式，所有用户不能通过代理或路由方式接入网络（机房用户采用代理路由方式认证入网）。

（7）在网络出口部署流量整形系统，实现基于IP和协议的流量管理。

（8）学生宿舍区上网和教学办公区上网互相独立，之间一般不可互访。学生宿舍区可以访问互联网、教育网和校内服务器。教学办公区至少保证网络出口1 000 M以上，同时出口与学生宿舍区上网出口独立。

（9）为物联网预留光纤，随着传感网技术的发展进程，逐步开发物联网实际应用。

（三）项目技术要素

1. 网络核心技术要素

（1）整网核心、万兆骨干改造，实现汇聚核心万兆链路、接入汇聚千兆链路，并实现千兆端口到桌面。

（2）核心设备需要两台高性能、高扩展、高端口密度的交换设备，实现整网高速转发，并与各区域汇聚交换机实现双链路热备份。

（3）核心区域还要针对不同的应用区域设置独立的汇聚区，如数字化校园网汇聚区、一卡通服务器汇聚区、分校接入汇聚区，汇聚设备要求为纯千兆支持万兆扩展的路由交换设备。

（4）其他网络管理设备（含软硬件）包括：认证计费系统、用户日志系统、上网行为管理系统、流量整形系统、网络管理系统等。实现深度包检测、深度流检测，全面识别和控制包括 P2P、VoIP、炒股软件、视频/流媒体、HTTP、网络游戏、数据库及中间件等在内的各种应用，有效地检测和防止某些应用对带宽资源的非正常消耗，保证关键应用带宽。可以对网络流量、用户上网行为进行深入分析，为用户提供主动、智能、可视的网络应用和流量趋势报表，达到可视、可测、可控、可优化的管理目标。部署用户上网认证平台，提供基于 Web 认证和客户端认证两种方式，实现基于身份的实名和实名日志，实现对网络设备、网络拓扑的全程实时状态监控和管理。

2. 宿舍网络建设技术要素

（1）宿舍区网络设计为三层架构，设立该区域中心交换机 1 台，每栋楼宇 1 台汇聚交换机，各楼宇接入交换机数量按实际需求确定。

（2）中心交换设备要求交换容量不小于 8 Tbit/s，包转发率不小于 5 900 Mpps，配备 48 口万兆光口，配备不少于 24 个千兆电接口。与校园网核心实现双万兆连接，与各楼汇聚交换机实现万兆链路连接，提供高密度端口的高速无阻塞数据交换。

（3）网络接入层交换机要求具备提供高性能、完善的端到端的 QoS 服务质量、灵活丰富的安全策略管理，完备的安全认证机制，满足高速、高效、安全、智能的需求。百兆端口数不少于 24 个，千兆复用口不少于 2 个。

3. 校园互通网络技术要素

在 4 个校区之间建立互联专用线路，使 4 个校区网络形成统一的局域网，互联专用线路带宽不低于 100 M。完成 4 个校区间核心交换设备的部署，配置相应策略路由实现分校区高速访问主校区的网络资源。运营商提供出口网络设备公用 IP 数量不低于 64～128 个。

4. 数据中心技术要素

数据中心作为智能化校园运行的基础，必须满足系统的高速运行，满足 6 000 个并发连接，还要保证数据计算的高可靠和充足的冗余。同时，为业务数据库的备份提供存储和备份手段支持，提高业务应用系统的可靠性，要求光纤存储磁盘阵列实际使用容量不小于 30TB。

三、任务实施

【任务目标】根据校园网要求的设计功能和技术要素，提出综合布线系统各部分设备和器材的参数要求，为制作标书做准备。

【任务场景】分析综合布线项目的设计功能和技术要求，按照综合布线系统的组成，提出各部分详细参数。

STEP 1 根据项目技术要素，确定综合布线系统各部分性能要求

综合布线各部分包括所需的工作区、配线子系统、管理、干线子系统、设备间、进线间、建筑群子系统全系列布线产品（包括各种对绞电缆、光缆、配线架、模块、面板、插座、插头和用于产品本体安装的配套施工安装器材等）。

（1）传输介质

数据主干采用多模光纤，语音主干采用 5 类 50 对或 100 对大对数 UTP；数据配线采用 6 类 UTP，传输速率满足系统性能指标要求。

（2）配线设备

语音主干配线架采用标准 19 英寸机柜式电信 RJ45 接口电缆配线架；数据主干配线架采用 19 英寸标准机柜式光缆配线架；水平配线架采用标准 19 英寸机柜式 RJ45 接口标准铜缆模块化配线架；连接设备采用插接式交接硬件；交叉连接线及设备连接线都必须满足 6 类 UTP 特性；采用 ST 连接板和 ST 耦合器进行光纤互连及交接；跳线电缆均需使用原厂商成品跳线。

（3）信息插座

采用 RJ45 标准的 6 类模块化信息插座，按建筑物要求分别采用埋入型、表面贴装型、地板型（线槽型）和通用型。

（4）网络设备

网络设备选择要满足数据传输需求。

STEP 2 根据项目技术要素，制定简单的布线方案

（1）工作区

① 对于 UTP 信息插座采用 ISO 11801—2002 或 EIAITIA 568B 标准的 6 类模块式 RJ45 插座，光纤信息插座采用 ST 型。

② 铜缆信息插座需带有永久性防尘门国标 86 型。光纤信息插座需选用斜 45 度或可旋转型国标 86 型面板，或者采用美标长方形面板。

③ 选择布线产品时，适配器型号必须齐全，以免造成不配套、不兼容的状况。

（2）配线子系统

① 配线子系统是楼层平面的信息传输介质，使用 6 类 UTP 电缆为主，也可以根据实际需求敷设多模光缆。

② 铜缆产品必须满足 6 类传输介质的性能要求，支持千兆位以太网。

③ 配线缆线最长不应超过 90 m，插接件应为 6 类的。

④ 配线布线可以采用地面线槽方式，也可以利用吊顶空间。应注意电磁干扰的距离，若有影响，应提出解决方案。

⑤ 实施中可根据需求和建筑物实际情况确定敷设方案。

⑥ 若需要在建筑物开孔等施工在线槽铺设完毕后要按原样恢复。

（3）干线子系统

① 干线数据采用 6 芯 62.5 μm/125 μm 多模光缆，并预留光纤通道；语音采用 5 类 50 对或 100 对大对数 UTP 电缆，根据所需语音端口数量敷设，应留有 10%～20%余量。

② 光纤链路的衰减小于 2.0 dB，光纤接头（熔接、机械连接）的衰减小于 0.3 dB，光纤连接距离不超过 2 km。

③ 主干光缆预留通道应能方便敷设光缆或实现光缆升级（芯数或种类）。

④ 主干缆线应有长度限制。长度超出标准时，应有解决方案。

（4）管理间子系统

① 电信间需设置到每层楼的弱电井配线间内。

② 连接模块使用 6 类 RJ45 类型。

③ 采用 19 英寸标准机柜，快接式跳线。

④ 电信间要求提出消防、接地、电源、照明等方案。

⑤ 光纤配线架使用 ST 连接模块，与其他子系统保持一致。

（5）设备间

① 设备间设置于每栋楼 1 层的相应配线间内。

② 对综合布线室和网络中心应提出机房设计要求，包括接地、荷载、温度、湿度、通风、防火、电源等方面。

③ 提出网络设备（交换机、路由器、服务器等）的设置方案。

（6）建筑群子系统

① 考虑学生宿舍楼群与本单位原有校园网之间的数据线路连接，考虑与广域网的连接。

② 引入缆线可选择光缆或铜缆，需要有详细的连接方案。

四、任务总结

本次任务主要介绍了通过了解学校综合布线系统的项目背景、功能设计要素以及技术要素，确定综合布线系统各部分性能要求，并提出简单布线方案，为招投标做准备。

任务二　工程项目招标管理

一、任务分析

根据我国政策采购法规定，各级国家机关、事业单位和团体组织的工程项目必须采用政府集中招标采购方式，有利于学校选择性价比最优设计方案以及售后服务良好的供应商。

本次任务要完成的工作主要有项目需求分档的编制、确定招标方式、招标申请、确定招标代理机构、招标文档编制、评标、确认中标结果以及签订合同等内容。

二、相关知识

（一）工程项目招标方式

网络综合布线工程的招标方式主要有公开招标、邀请招标、竞争性谈判、询价采购和单一来源采购等方式。

1. 公开招标

公开招标即招标单位通过国家指定的报刊、信息网站或其他媒介发布招标公告的方式邀请不特定的法人或其他组织投标的招标。这种招标方式为所有系统集成商提供了一个平等竞争的平台，有利于选择优良的施工单位，有利于控制工程的造价和施工质量。由于投标单位较多，因此会增加资格预审和评标的工作量。对于工程造价较高的工程项目，政府采购法规定必须采取公开招标的方式。

2. 邀请招标

邀请招标方式属于有限竞争选择招标，是由招标单位向有承担能力、资信良好的设计单位直接发出的投标邀请书的招标。根据工程的大小，一般邀请 5～10 家单位参加投标，但不能少于 3 家单位来投标，有条件的项目应邀请不同地区、不同部门的设计单位参加。这种招标方式可能存在一定的局限性，但会显著地降低工程评标的工作量，因此网络综合布线工程的招标经常采用邀请招标方式。

3. 竞争性谈判

竞争性谈判是指招标方或代理机构通过与多家系统集成商（不少于 3 家）进行谈判，最后从中确定最优系统集成商的一种招标方式。这种招标方式要求招标方可就有关工程项目事项，如价格、技术规格、设计方案、服务要求等在不少于 3 家系统集成商中进行谈判，最后按照预先规定的成交标准，确定成交系统集成商。对于比较复杂的工程项目，采用竞争性谈判的方式有利于招标单位选择价格、技术方案、服务等方面最优的集成商。

4. 询价采购

询价采购是指对几个系统集成商（通常至少 3 家）的报价进行比较，以确保价格具有竞争性的一种招标方式。询价采购的特点如下。

（1）邀请报价的系统集成商至少为 3 家。

（2）只允许系统集成商或承包商提供一个报价，而且不许改变其报价。不得同某一系统集成商或承包商就其报价进行谈判。报价的提交形式，可以采用电传或传真形式。

（3）报价的评审应按照招标方公共或私营部门的良好惯例进行。合同一般授予符合招标方实际需求的最低报价的系统集成商或承包商。询价采购方式一般适用于金额较小、集成难度较低的工程项目。参与询价采购的集成商原则上也是通过政府采用管理部门通过合法程序认定的供应商。

5. 单一来源采购

单一来源采购是没有竞争的谈判采购方式，是指达到竞争性招标采购的金额标准，但在适当条件下招标方向单一的系统集成商或承包商征求建议或报价来采购货物、工程或服务。通常是所购产品的来源渠道单一或属专利、秘密咨询、属原形态或首次制造、合同追加、后续扩充等特殊的采购。除发生了不可预见的紧急情况外，招标方应当尽量避免采用单一来源采购方式。

（二）工程项目招标程序

网络综合布线工程的各类招标方式中，公开招标程序是最复杂、完备的，下面介绍公开招标程序的 16 个环节。

1. 建设工程项目报建

建设工程项目报建内容主要包括工程名称、建设地点、投资规模、资金来源、当年投资额、工程规模、结构类型、发包方式、计划竣工日期、工程筹建情况等。

2. 审查建设单位资质

建设单位在招投标活动中必须采用有相应资质的企业，同时注意审查有资质企业的资质原件、资质有效期和资质业务范围。

3. 招标申请

招标单位填写《建设工程施工招标申请表》，凡招标单位有上级主管部门的，需经该主管部门批准同意后，连同《工程建设项目报建登记表》报招标管理机构审批。招标申请主要包括工程名称、建设地点、招标建设规模、结构类型、招标范围、招标方式、要求施工企业等级、施工前期准备情况和招标机构组织情况等内容。

4. 资格预审文件和招标文件的编制与送审

公开招标采用资格预审时，只有资格预审合格的施工单位才可以参加投标。不采用资格预审的公开招标应进行资格后审，即在开标后进行资格审查。

5. 工程标底价格的编制

当招标文件中的商务条款一经确定，即可进入标底价格编制阶段。标底价格由招标单位自行编制或委托具备编制标底价格资格和能力的中介机构代理编制。

招标人设有标底的，标底在评标时作为评标的参考。

6. 发布招标通告

由委托的招标代理机构在报刊、电视和网络等媒介发布该项目的招标通告。

7. 单位资格审查

由招标管理机构对申请投标单位进行资格审查，审查通过后以书面形式通知申请单位，在规定时间内领取招标文件。

8. 招标文件发放

由招标管理机构将招标文件发放给预审获得投标资格的单位。招标单位如果需要对招标文件进行修改，应先通过招标管理机构的审查，然后以补充文件形式发放。投标单位对招标文件中不清楚的问题，应在收到招标文件 7 日内以书面形式向招标单位提出，由招标单位以书面形式解答。

9. 勘察现场

综合布线系统的设计较为复杂，投标单位必须到施工现场进行勘察，以确定具体的布线方案。勘察现场的时间已在招标文件中指定，由招标单位在指定时间内统一组织对现场的勘察。

10. 投标预备会

投标预备会一般安排在发出招标文件 7 日后、28 日内举行，由各参与投标的单位参与。

召开投标预备会的目的在于澄清招标文件中的疑问，解答勘察现场中所提出的问题。

11. 投标文件管理

在投标截止时间前，投标单位必须按时将投标文件递交到招标单位（或招标代理机构）。

招标单位要注意检查所接收的投标文件是否按照招投标的规定进行密封。在开标之前，必须妥善保管好投标文件资料。

12. 工程标底价格的报审

开标前，招标单位必须按照招投标有关管理规定，将工程标底价格以书面形式上报招标管理机构。

13. 开标

在招标单位或招标代理机构组织下，所有投标单位代表在指定时间内到达开标现场。招标单位或招标代理机构以公开方式拆除各单位投标文件密封标志，然后逐一报出每个单位的竞标价格。

14. 评标

评标即由招标单位或招标代理机构组织的评标专家对各单位的投标文件进行评审。评审的主要内容如下。

（1）投标单位是否符合招标文件规定的资质。

（2）投标文件是否符合招标文件的技术要求。

（3）专家根据评分原则给各投标单位评分。

（4）根据评分分值大小推荐中标单位顺序。

15. 中标

由招标单位召开会议，对专家推荐的评标结果进行审议，最后确认中标单位。招标单位（或招标代理机构）应及时以书面形式通知中标单位，并要求中标单位在指定时间内签订合同。

16. 合同签订

工程合同由招标单位与中标单位的代表共同签订。合同应包含以下重要条款。

（1）工程造价。

（2）施工日期。

（3）验收条件。

（4）付款时期。

（5）售后服务承诺。

邀请招标和竞争性谈判招标方式可以在公开招标方式的流程基础上进行简化，但必须包括招标申请、招标文件编制、发布招标通告、招标文件发放、招标文件管理、开标、评标、中标和合同签订等环节。

询价采购方式的流程比较简单，主要包括采购申请、成立采购小组、制定询价文件、确定询价集成商、集成商一次性报价、评价并确定集成商和合同签订等环节。

单一来源采购方式的流程主要包括采购方式申请报批、成立谈判小组、组织谈判并确定成交供应商和合同签订等环节。

三、任务实施

【任务目标】根据校园网要求的设计功能和技术要素，模拟项目招标管理的流程。

【任务场景】作为学校的信息化管理人员，接受学校领导指派负责项目的招标，按照流程完成学校的招标管理工作。

STEP 1 成立项目招标小组

为了保证该项目招标的公开、公平和公正，学校应成立由技术部门、使用部门、设备采购部门和纪检监察部门的代表组成的项目招标小组，对项目招标的关键环节实施管理和监控。

STEP 2 项目需求文档的编制

由学校技术部门和使用部门一起商议，确定该项目的准确需求并编制文档，以备编制招标文档时使用。如果学校技术部门力量较为薄弱，也可以邀请业界知名企业作为项目的咨询机构。项目需求文档一般包括以下内容。

- 工程建设背景。
- 工程建设目标。
- 工程建设主要内容。
- 项目预算及主要设备清单。

STEP 3 招标申请并确定招标代理机构。

由学校采购管理部门根据项目需求文档，整理采购设备清单（一般应包含设备名称、参考品牌、主要技术参数、设备单价等），并将招标小组审核后的设备清单和项目预算上报到政府采购管理部门，同时申请公开招标。政府采购管理部门根据年初确定的学校申报采购项目书，确认招标申请，并明确该项目的招标代理机构。

STEP 4 招标文档编制与发布

工程施工招标文档是由建设单位编写的用于招标的文档。它不仅是投标者进行投标的依据，也是招标工作成败的关键，因此工程施工招标文档编制质量的好坏将直接影响到工程的施工质量。编制施工招标文档必须做到系统、完整、准确、明了。招标文档有规范的格式，一般由招标代理机构提供范本，并协助建设单位编制招标文档。

项目招标文档主要包括投标邀请书、投标者须知、货物需求一览表、项目需求文档、合同基本条款及合同书、评定成交标准、竞标函及竞标保证金交纳证明、竞标文件格式等。

（1）投标邀请书

投标邀请书应包含以下内容。

- 建设单位招标项目性质。
- 资金来源。
- 工程简况（综合布线系统功能要求、信息点数量及分布情况等）。
- 承包商所需提供的服务内容，如施工安装、设备和材料采购（或联合采购）和劳务等。
- 发售招标文件的时间、地点和售价。
- 投标书送交的地点、份数和截止时间。提交投标保证金的规定额度和时间。
- 开标的日期、时间和地点。
- 现场考察和召开项目说明会议的日期、时间和地点。

（2）投标者须知

投标者须知是招标文件的重要内容，具体如下。

- 资格要求。包含投标者的资质等级要求、投标者的施工业绩、设备及材料的相关证明和施工技术人员的相关资料等。
- 投标文件要求。包括投标书及其附件、投标保证金和辅助资料表等。

（3）需求一览表

货物需求一览表包括项目相关的主要设备名称、参考品牌、主要技术参数、售后服务要求等信息。

（4）项目需求文档

项目需求文档主要依据建设单位编制的项目需求文档整理而来，主要包括工程图纸、工程量、技术要求等信息，它可以作为招标和评标的主要参考材料。

（5）合同基本条款及合同书

合同书主要是对工程项目的货物质保、货物运输、交货检验、工程安装调试、工程竣工验收、付款方式和违约责任等相关条款的约定，并明确项目合同书的规范格式。

（6）评定成交标准

评定成交标准主要明确评标原则、评标办法和成交候选人推荐原则等内容。

（7）竞标函及竞标保证金交纳证明

需要明确竞标函及竞标保证金交纳证明的规范格式。

（8）竞标文件格式

竞标文件格式明确投标文档编制的基本要求，主要包括竞标函、竞标保证金交纳证明、竞标报价表、技术规格偏离表、售后服务承诺书、货物合格证明文件、竞标人资格证明文件以及竞标人认为有必要提供的其他有关材料。

招标文档编制完成后，应交由学校招标小组审核，学校审核通过后上交政府招标管理部门终审，最后由政府招标管理部门发布招标公告。学校同时也应在校园信息公开栏以及学校门户网站上公告招标信息。某招标公司招标书目录（样例），如表 2-1 所示。

表 2-1 某招标公司招标书目录（样例）

第一卷

第一章 投标邀请

第二章 投标人须知

一、说明

1. 适用范围
2. 定义
3. 投标费用

二、招标文件

1. 招标文件的构成
2. 招标文件的澄清
3. 招标文件的修改

三、投标文件的编写

1. 投标语言
2. 投标文件计量单位
3. 投标文件的组成
4. 投标格式
5. 投标报价
6. 投标货币
7. 投标人资格的证明文件
8. 证明投标货物符合招标文件技术要求的文件
9. 投标保证金
10. 投标有效期
11. 投标文件的式样和签署

四、投标文件的递交

1. 投标文件的密封和标记
2. 投标截止期
3. 递交的投标文件
4. 投标文件的修改和撤回

五、开标与评标

1. 开标
2. 评标工作
3. 投标文件的澄清
4. 投标文件的初审
5. 投标的评价
6. 评标价的确定
7. 资格后审
8. 保密及其他注意事项

续表

六、授予合同

1. 合同授予标准
2. 授标时更改采购货物数量的权力
3. 评标结果的公示
4. 接受和拒绝任何或所有投标的权利
5. 中标通知书
6. 签订合同
7. 履约保证金
8. 其他

第三章　投标人应当提交的资格、资信证明文件

一、法定代表人授权书

二、投标书

三、资格证明文件

1. 申明资格信
2. 制造厂商资格申明
3. 贸易公司（代理）资格申明
4. 制造商或其指定总代理授权书
5. 证书

四、投标报价表格

1. 开标一览表
2. 投标报价一览表
3. 货物分项报价一览表
4. 商务条款偏差表
5. 技术规格偏差表
6. 备件、专用工具和消耗品价格表

五、近两年投标方已完成的与投标项目类似的项目清单

六、售后服务计划书

七、投标人及投标产品简介

八、反商业贿赂承诺书

第四章　合同条款

第五章　合同格式

第六章　合同条款资料表

第二卷

第七章　招标项目资料表

第八章　招标项目货物需求及技术规格要求

STEP 5 评标

评标专家小组由政府采购管理部门从专家库中随机抽取，建设单位可委派一名代表参

加评标。评标在招标代理机构指定评标室内全封闭进行。评标过程中所有人员不允许离开评标现场，不允许使用手机等通信工具。竞争性谈判招标方式的现场评标主要有以下环节。

- 招标代理机构的项目管理人员宣读评标纪律。
- 现场拆封所有竞标文件。
- 专家现场商议项目评分标准。
- 专家现场查阅竞标文件，主要查阅竞标报价表、技术规格偏离表、售后服务承诺书、货物合格证明文件以及竞标人资格证明文件等，对存在的问题一一记录。
- 如果有设备演示要求，则专家制定设备演示方案并查看竞标人的演示。
- 专家小组整理谈判内容，并现场提交竞标人限时回复。
- 根据竞标人回复谈判记录以及最终报价，专家小组一起评议各竞标人的最终得分。
- 专家小组最后确定成交候选人，一般为 2～3 名。

STEP 6 确认中标结果

招标代理机构整理评标结果上报政府采购管理部门，经审核无异议，给建设单位发招标情况说明。建设单位应及时审核并确定中标候选人，回复确认项目中标函。

STEP 7 签订合同

由招标代理机构通知中标单位，要求与建设单位签订项目合同。中标单位签订合同后，就可以组织设备采购，成立项目管理机构，组织施工队伍准备进场施工。

四、任务总结

通过本任务的实施过程，要清楚招标管理的主要环节。在项目的招标管理过程中，建设单位首先必须明确项目需求信息，知道项目应该做什么，解决什么问题。项目招标管理中，招标文档的编制是关键性环节，必须认真编制和审核，因为它是影响工程实施成败的关键。还要注意，由于网络综合布线工程项目所需要的线缆及辅材很多，而且无法给出准确的数量，因此招标过程中必须要求竞标单位到现场测量，做出工程量的估测，同时在招标文档中还要特别强调项目为交钥匙工程，供应商根据网络综合布线系统组成提供必须、充足的线材及辅件。

为了保证系统的可靠性和稳定性，应在招标文档中注明所有网络综合布线的线缆、模块、配线管理器件等应采用统一品牌。产品售后服务条款中应明确指出生产商 15 年以上的质保期（目前国内外知名厂商均提供了 15 年以上的质保期），这将作为项目验收的主要依据之一。

任务三　工程项目投标管理

一、任务分析

要完成项目投标管理工作，必须清楚项目投标的主要环节和关键性环节。同时，作为项目负责人，应该清楚竞争性谈判采购的流程以及评标的技术细节。项目投标的关键性环节就是编制投标文档，它是系统集成商参与投标竞争的重要凭证，是专家评标最直接、最客观的依据，其质量的好坏很大程度上决定了中标与否。因此，通过调查、研究编制出一份高质量的投标文档不仅是对投标人真实实力的一种有效检验，也是在竞争中获胜的关键。

本次任务要完成的工作主要是学习项目投标的主要环节和关键环节，学会编制投标文档。

二、相关知识

（一）投标的概念

网络综合布线工程的投标通常是指系统集成施工单位（一般称为投标人）在获得了招标人工程建设项目的招标信息后，通过分析招标文件，迅速而有针对性地编写投标文件，参与竞标的一种经济行为。

（二）投标人及其条件

投标人是响应招标、参加投标竞争的法人或其他组织。

（1）投标人应具备规定的资格条件，证明文件应以原件或招标单位盖章后生效，具体可包括如下内容。

- 投标单位的企业法人营业执照。
- 系统集成授权证书。
- 专项工程设计证书。
- 施工资证。
- ISO9000 系列质量保证体系认证证书。
- 高新技术企业资质证书。
- 金融机构出具的财务评审报告。
- 产品厂家授权的分销或代理证书。
- 产品鉴定入网证书。

（2）投标人应按照招标文件的具体要求编制投标文件，并做出实质性的响应。投标文件中应包括项目负责人及技术人员的职责、简历、业绩和证明文件及项目的施工器械设备配置情况等。

（3）投标文件应在招标文件要求提交的截止日期前送达投标地点，并在截止日期前可以修改、补充或撤回所提交的投标文件。

（4）两个或两个以上的法人可以组成一个联合体，以一个投标人的身份共同投标。

（三）投标的组织

工程投标的组织工作应由专门的机构和人员负责，其组成可以包括项目负责人、管理、技术、施工等方面的专业人员。对投标人应充分体现出技术、经验、实力和信誉等方面的组织管理水平。

（四）投标程序及内容

投标程序及内容包括从填写资格预审表至将正式投标文件交付业主为止的全部工作。重点有如下几项工作。

1. 工程项目的现场考察

工程项目的现场考察是投标前的一项重要准备工作。在现场考察前应对招标文件中所提出的范围、条款、建筑设计图纸和说明认真阅读、仔细研究。现场考察应重点调查、了解以下情况。

- 建筑物施工情况。
- 工地及周边环境、电力等情况。
- 本工程与其他工程间的关系。
- 工地附近住宿及加工条件。

2. 分析招标文件、校核工程量、编制施工计划

（1）招标文件

招标文件是投标的主要依据，研究招标文件重点应考虑以下方面。

- 投标人需知。
- 合同条件。
- 设计图纸。
- 工程量。

（2）工程量确定

投标人根据工程规模核准工程量，并作询价与市场调查，这对于工程的总造价影响较大。

（3）编制施工计划

施工计划一般包括施工方案和施工方法、施工进度、劳动力计划，原则是在保证工程质量与工期的前提下，降低成本和增长利润。

3. 工程投标报价

报价应进行单价、利润和成本分析，并选定定额与确定费率，投标的报价应取在适中的水平，一般应考虑综合布线系统的等级、产品的档次及配置量。工程报价可包括以下方面。

- 设备与主材价格：根据器材清单计算。
- 工程安装调测费：根据相关预算定额取定。
- 工程其他费：包括总包费、设计费、培训费等。
- 预备费。
- 优惠价格。
- 工程总价。

在做工程投资计算时可参照厂家对产品的报价及有关建设、通信、广电行业所制定的工程概、预算定额进行编制和做出工程投资估算汇总。

4. 编制投标文件

投标文件应完全按照招投标文件的各项要求编制，一般不带任何附加条件，否则投标作废。

（1）投标文件的组成

- 投标书。
- 投标书附件。
- 投标保证金。
- 法定代表人资格证明书。
- 授权委托书。
- 具有标价的工程量清单与报价表。
- 施工计划。
- 资格审查表。
- 对招标文件中的合同协议条款内容的确认与响应。
- 按招标文件规定提交的其他资料。

（2）技术方案

投标文件一般包括商务部分与技术方案部分，特别注重技术方案的描述。技术方案应根据招标书提出的建筑物的平面图及功能划分信息点的分布情况，在布线系统应达到的等级标准、推荐产品的型号和规格、遵循的标准与规范、安装及测试要求等方面进行充分理解和思考，以作出较完整的论述。技术方案应具有一定的深度，可以体现布线系统的配置方案和安装设计方案；也可提出建议性的技术方案，以供业主与评审评议。切记避免过多地对厂家产品进行繁琐的照搬。对布线系统的图纸基本上达到满足施工图设计的要求，应反映出实际的内容。系统设计应遵循下列原则。

- 先进性、成熟性和实用性。
- 服务性和便利性。
- 经济合理性。
- 标准化。
- 灵活性和开放性。
- 集成与可扩展性。

目前，布线系统所支持的工程与建筑物大体有办公楼与商务楼、政务办公楼、金融证券、公司企业、电信枢纽、厂矿企业、医院、校园、广场与市场超市、博物馆、会展和新闻中心、机场、住宅、保密专项工程等类型。投标书应按上述列出的不同类型的工程作出具有特点和切实可行的技术方案。

5. 封送投标书

在规定的截止日期之前，将准备妥的所有投标文件密封递送到招标单位。

6. 开标

招标单位按招投标法的要求和投标程序进行开标。

7. 评标

一般由招标人组成专家评审小组对各投标书进行评议和打分，打分结果应有评委成员的签字方可生效。然后，评选出中标承包商。在评标过程中，评委会要求投标人针对某些问题进行答复。因为时间有限，投标人应组织项目的管理和技术人员对评委所提出的问题作简短的、实质性的答复，尤其对建设性的意见阐明观点，不要反复介绍承包单位的情况和与工程无关的内容。

由于投标书的打分结果直接关系到投标人能否中标，一般采用公开评议与无记名打分相结合的方式，打分为10分制或100分制，具体内容如下。

（1）技术方案：在与招标书相符的情况下，力求描述得详细一些，主要提出方案的考虑原则、思路和各方案的比较，其中建议性的方案不可缺少。它有很多不定因素，又包括设备、材料的详细清单。此项内容所占整个分数的比重较大，也是评委成员评审的重点。

（2）施工实施措施与施工组织、工程进度：主要体现工程施工质量、工期和目标的保证体系，占有一定的分数比例。

（3）售后服务与承诺：主要体现工程价格的优惠条件及备品备件提供、工程保证期、项目的维护响应、软件升级、培训等方面的承诺。

（4）企业资质：必须具备工程项目相应的等级资质，注重是否存在虚伪资质证明材料。

（5）评优工程与业绩：一般体现近几年内具有代表性的工程业绩，应反映出工程的名称、规模、地点、投资情况、合同文本内容和建设单位的工程验收和评价意见，对于获奖工程应有相应的证明文件。

（6）建议方案：在招标书要求的基础上，主要对技术方案提出建设性意见，并阐述充分的理由。建议方案必须在基本方案的基础上另行提出。

（7）工程造价：工程造价在招标书的要求下，投标人应作充分的市场分析和经济评估，工程造价应有单价，并反映出中档的造价水平，以免产生盲目报价和恶性竞争的局面；还应提出付款的方式。

（8）推荐的产品：体现产品的性能、规格、技术参数、特点，具体内容可以附件形式表示。

（9）图纸及技术资料、文件：投标书的文本应清晰、完整及符合格式要求。文本图纸应有实际的内容和达到一定的深度，并不完全强调篇幅的多少。

（10）答辩：回答问题简明扼要。

（11）优惠条件：切实可行。

（12）业主对投标企业及工程项目考察情况：主要对企业和业主作现场实地了解，取得第一手的资料。考察内容包括资质、企业资金情况、与用户配合的协调、售后服务体系、合作施工单位等方面。

上述各项内容的分数中，业主公开唱分的一般为硬分，评委无记名打分的为活分。其中，技术方案、施工组织措施、工程报价所占比重较大。

8. 中标与签订合同

根据打分和评议结果选择中标承包商，或根据评委打分的结果，推荐2~3名投标入选人，由业主再经考核和评议确定中标承包商，然后由建设单位与承包商签订合同。

（五）投标文件编制注意事项

1. 阅读招标书要点

招标文件一般包括投标邀请书、投标人须知、投标资料表、通用合同条款、专用合同条款及资料表、技术规范、格式范例。但是，不同的招标单位也有不同的要求，招标书的组成也有较大差别。

（1）投标邀请书

投标邀请书通常阐明下列要点。

- 招标项目的资金来源，或明确由政府和企业自行出资。
- 招标项目的具体内容。
- 合格的投标人可取得进一步信息和查阅招标文件以及购买标书的地点、时间和金额。
- 投标时间、地点和随附的投标保证金金额，包括标书送达的地点和时间。
- 开标时间和地点，包括标书送达的要求。

（2）投标人须知

投标人须知一般包括总则、招标文件、投标文件编制、投标文件递交、开标与评标、授予合同6个部分。其中，投标文件的编制和开标与评标两部分特别重要。

投标人购买招标文件后，如果发现商务或技术参数中有疑义的，应立即按投标人须知所述地址及联系方式与招标方取得联系，及时用书面形式向招标人提出澄清，招标方将在规定的截止日期前对投标方要求澄清的问题用书面予以答复，并以补遗书的方式通知每个投标人。此补遗书也是招标文件的一部分，要仔细阅读理解，在24小时内以传真的方式发确认函给招标人，确认此补遗书已收到。

2. 投标文件编制过程中应注意的问题

投标文件的编制必须在认真审阅和充分消化理解招标书中全部条款内容的基础上方可开始。投标文件编制过程中必须对招标文件规定的条款要求逐条作出响应，否则将被招标方视作有偏差或不响应导致扣分，严重的还将导致废标。

（1）投标书格式，是投标文件的灵魂，任何一个细节错误都将可能使该投标被视为废标，因此填写时应仔细谨慎。除了认真填写日期、标书编号外，应注重下列几点。

- 投标总金额——应在投标价格表编制完毕的基础上，反复核对无误后，分别用阿拉伯数字和大写文字填写（为了防止出错可先用阿拉伯数字填写出金额，核对无误后，再用 Word 文档中“插入”选项中的数字将其转换为文字，再进行核对）。
- 投标文件有效期——应根据投标文件相应条款中的规定，填写自开标之日算起的投标文件有效期。
- 工期——实际工期只能在招标文件规定的工期之前，即只能提前，不能滞后。
- 签署盖章——按招标文件规定有法定代表人或其授权的代理人亲笔签字，并盖有法人章。

（2）投标授权书，是投标文件中不可缺少的重要法律文件，一般由所在公司或单位的法人授权给参加投标的人，阐明该授权人将代表法人参与和全权处理一切投标活动，包括投标书签字，与招标方进行标前或标后澄清等。投标授权书一般按招标文件规定的格式书写。在办理过程中其公证书日期应与授权书日期同日或之后。

（3）投标保证金，是为了保证投标人能够认真投标而设定的保证措施。投标保证金也是投标文件商务部分中缺一不可的重要文件。投标书中没有投标保证金，招标方将视为投标人无诚意投标而作废标处理。招标文件中规定了具体保证金金额，办理的方式主要有现金支票、银行汇票、银行保函或招标人规定的其他形式等，办理时要严格按照招标文件要求办理，以免导致废标。

（4）投保书附表齐全完整，内容均按规定填写。按照要求规定需提供证件复印件的，确保证件清晰可辨、有效；资格没有实质性下降，投标文件仍然满足并超过资格预审中的强制性标准（经验、人员、设备、财务等）。

（5）投标文件的互检，要多人、多次审查。在投标截止时间允许的情况下，不要急于密封投标文件，要多人、多次全面审查。在核查中主要注重如下几点。

- 内容符合。投标文件的内容要严格按照招标文件的要求填写。
- 格式符合。如果招标文件中规定了资格格式，一定要按照招标文件的资格格式填写。
- 有效性、完整性。投标文件的有效性是指投标书、投标书附录等招标文件要求签署加盖印章的地方投标人是否按规定签署、加盖印章；投标的完整性是指投标文件的构成是否完整；不能缺、露项，法定代表人授权代表的有效性等。

（6）投递标书应注意的问题，具体如下。

- 注意投标的截止时间。招标公告、招标文件、更正公告都详细地规定了投标的截止时间，一定要在规定的截止时间之前到指定地点送达投标文件，参加投标的人员在时间上一定要留有余地，并充分考虑天气、交通等情况，超过规定的截止时间的投标将作废标处理。
- 注意包封的符合性。由于地域不同、招标代理机构不同，对投标文件的密封要求也不相同，一定要按照招标文件的要求进行密封；对加盖印章有要求的，一定要按招标文件要求加盖有关印章。一些地方为了减少评标时的人为因素，规定进入评标室的技术标部分不得有任何标记，要求投标文件商务标部分与技术标分别装订、分别密封，并规定了技术标使用的字号、行距、字体、纸张型号等。对招标文件有此要求的，投标人在制作、装订和密封投标文件时，要加倍小心。没有按招标文件要求进行制作、装订、密封的投标文件，而作废标处理的事经常发生，应引起大家的高度重视。

- 当一个招标文件分为多个标段（包）时，要注意不要错装、错投。一个招标文件分为多个标段（包）时，投标文件要按招标文件规定的形式装订。

三、任务实施

【任务目标】通过对投标过程的模拟，全面了解项目投标的主要环节和关键性环节，学会编制投标文档，掌握竞争性谈判采购的流程以及评标的技术细节。

【任务场景】某公司得知招标事宜，经过公司团队的市场分析和技术分析，决定参与项目投标。本次任务的目标是作为项目管理负责人，受公司委派全面负责项目的投标管理工作。

STEP 1 成立投标项目小组

为了成功地完成该项目的投标管理工作，某系统集成公司应成立由销售团队和技术团队组成的投标项目小组，并明确项目管理负责人以及各成员的职责。

STEP 2 购买及分析招标文件

从指定招标代理机构手中购买该项目的招标文件，组织投标项目小组成员对招标文件进行认真的分析，主要分析技术方案和竞争对手的情况，确定公司投标工作的策略。

STEP 3 现场考察

根据招标文件规定的时间和地点，组织技术团队到招标单位进行现场考察，详细了解用户建设需求信息，现场估测工程量。投标项目小组成员根据现场考察信息，进一步细化技术方案，明确投标产品和价格策略等。

STEP 4 编制投标文档

网络综合布线工程项目投标文档一般由以下部分组成。

（1）投标书

投标书是指投标人按照招标书的条件和要求，向招标人提交报价并填具标单的文书。表 2-2 所示为某招标公司编制的投标函样本。要求将它密封后邮寄或派专人送到招标单位，故又称竞标函。它是投标人对招标文件提出的要求的响应和承诺，并同时提出具体的标价及有关事项来竞争中标。

表 2-2　某招标公司投标函（样例）

致：×××河南省政通招标有限公司 根据贵方的投标邀请（豫财招标采购［2008］401 号（总第 1817 号），签字代表×××经正式授权并代表投标人××公司（投标单位名称）提交下述文件正本一份和副本五份，并对之负法律责任。 一、开标一览表（唱标表） 二、投标报价一览表 三、货物分项报价一览表 四、备件、专用工具和消耗品价格表 五、货物规格一览表 六、技术规格/商务条款偏差一览表

续表

七、按招标文件投标人须知和商务/技术条款要求提供的有关文件

八、资格证明文件

九、金额为人民币 3 300 元投标保证金

据此函，签字代表宣布同意如下。

1. 所附投标报价表中规定的应提供的项目______投标总价为人民币（￥______）；（大写）______。

2. 我方已详细审阅条件书，同意从投标人须知规定的截标日期起遵循本条件书，在投标人须知第 14 条规定的投标有效期满之前均具有约束力，并按时到场参加谈判。

3. 我方承诺已经具备《中华人民共和国政府采购法》中规定的参加政府采购活动的供应商应当具备的条件。

（1）具有独立承担民事责任的能力。

（2）具有良好的商业信誉和健全的财务会计制度。

（3）具有履行合同所必需的设备和专业技术能力。

（4）有依法缴纳税收和社会保障资金的良好记录。

（5）参加此项采购活动前三年内，在经营活动中没有重大违法记录。

4. 我方根据条件书的规定，承担完成合同的责任和义务。

5. 我方已详细审核条件书，我方知道必须放弃提出含糊不清或误解问题的权利。

6. 我方声明在投标有效期内撤回投标或者有其他违约行为，我方同意被没收全部投标保证金。

7. 同意向贵方提供贵方可能要求的与本投标有关的任何数据或资料。

8. 我方完全理解贵方不一定要接受最低价的投标人为中标人。

9. 若贵方需要，我方愿意提供我方做出的一切承诺的证明材料。

10. 我方将严格遵守《中华人民共和国政府采购法》第七十七条规定，供应商有下列情形之一的，处以采购金额 5‰以上 10‰以下的罚款，并列入不良行为记录名单，在一至三年内禁止参加政府采购活动；有违法所得的，并处没收违法所得；情节严重的，由工商行政管理机关吊销营业执照；构成犯罪的，依法追究刑事责任。

（1）提供虚假材料谋取中标、成交的。

（2）采取不正当手段诋毁、排挤其他供应商的。

（3）与采购人、其他供应商或者采购代理机构恶意串通的。

（4）向采购人、采购代理机构行贿或者提供其他不正当利益的。

（5）未经招标人同意，在采购过程中与采购人进行协商谈判的。

（6）拒绝有关部门监督检查或提供虚假情况的。

与本投标有关的正式通信地址如下。

地址：______________________________ 邮政编码：__________

电话、电报、传真、电传：______________________________

开户银行：______________________________

开户名称：______________________________

续表

账号：______ 法定代表人或委托代理人签名：______ 投标人（公章）：______ 投标日期：______ 注：未按照本投标函要求填报的投标函将被视为非实质性响应投标，从而导致该投标被拒绝。

（2）资格证明文件

- 投标人有效的“法人营业执照”副本内页复印件。
- 法定代表人资格证明书或由国家质量技术监督局颁发的中华人民共和国组织机构代码证复印件。
- 法定代表人身份证复印件。
- 法人授权委托书原件和委托代理人身份证复印件。
- 国家或省级有关政府部门颁发的计算机信息系统集成资质证书。
- 投标人认为有必要提供的声明及文件资料。

（3）投标保证金缴纳证明

各地对保证金的收取方式不一，有的地方要求将投标保证金交给发标机构，由发标机构提供保证金缴讫证明。

（4）投标报价表

报价是投标的核心环节，受许多因素的影响。投标报价由三大部分组成：直接成本估算价、加价和税金。不同投标人的计算结果不一样，若想报出具有强竞争力的价格，必须设计合理的技术方案、准确的成本计算和适当的加价策略。

① 设计合理的技术方案。在满足综合布线系统工程招标文件要求的条件下，可能有不同的技术方案。不同技术方案的投标报价可能有较大差别，投标人要对每一个可能的方案进行经济技术比较，以便确定最终方案。有时出现最合理的技术方案与招标文件技术要求相抵触的特殊情况，但仍然要以招标文件为准，该技术方案以合理化建议的方式提出。

② 准确的成本计算。成本是投标价格的最低线，必须设法准确计算成本，以便把直接成本估算的误差减到最小。成本计算要考虑如下因素。

- 投标成本费，包括购买招标文件的费用、投标期间的差旅费、标书印刷装订费和投入的人工工资等。
- 综合布线系统二次深化设计费。系统集成商一般需要进行施工图的二次深化设计，所以要计算相应经费的投入。
- 设备材料成本费。综合布线系统包含设备的品牌多、品种多、数量多、质量不一、价格差别大，设备价有一定的灵活性。首先，主要设备要选用建设方有意向的品牌，若建设方意向不明确，就根据建设资金的情况确定参与投标设备的档次；其次，要根据招标文件提供的图纸、拟定的技术方案，精确统计所需设备和主要材料的数量；第三，还要与设备材料供应商建立良好的合作关系，力争获得他们的支持，购买到性价比高的设备材料。
- 安装调试费。要套用安装预算定额来计算该部分费用。
- 竣工检验和验收费。综合布线系统包含多个子系统，若系统的竣工检查和验收等工作由第三方负责，则应考虑该部分费用。

- 其他成本费。仔细研究招标文件，把一切可以预见的支出，如贷款利息、服务费等列入成本。

③ 适当加价，包括公司管理费、利润和风险补偿费。

- 公司管理费。公司管理费考虑的因素有房租、总部人员的工资、行政管理费、通信费、水电暖气费、修理费、折旧费、交通费、财务费及其他费用等。
- 利润。决定利润的主要因素是对市场行情的判断。目前，综合布线系统工程市场竞争激烈，考虑的利润越大，中标率就越小。盲目追求高利润，非但没有利润，反而会赔上投标费用。
- 风险费。投标风险表现在国家政策调控、经济、资金、技术、施工、管理和公共关系等多方面，投标时要采取措施对可能发生的风险进行防范。预估算多少风险费主要取决于参加投标的系统集成商或承包商自身的实力、对招标文件理解的程度及对市场的预测。“没有风险，就没有利润。”投标人不但时刻要有风险意识，还要通过实践和学习，准确预测风险，对风险合理地加以利用，达到盈利的目的。

完成上述工作后，即可按格式填写投标报价表，如表 2-3 所示。

表 2-3　投标报价表

设备部分（软、硬件）报价（要求列出所有系统设备报价）							
序号	设备名称	品牌型号	技术参数、性能配置	数量	单价（元）	单项合价	备注
1							
…							
N							
系统集成（运输、安装、调试、售后服务等）报价							
1	名称	内容					
…							
N							
______分标总报价（人民币大写）					（￥	元）	
交付使用期：							

投标人盖公章______________________________

法定代表人或委托代理人签字____________________

投标说明：投标人必须要加盖公章并签字，无盖章和签字的投标无效。

（5）售后服务承诺书

售后服务承诺书主要体现在工程价格的优惠条件及备件提供、工程保证期、项目的维护响应、软件升级和培训等方面的承诺。售后服务承诺书如表 2-4 所示。

表 2-4　售后服务承诺书（样例）

售后服务承诺（由投标人就《货物需求一览表》中售后服务及要求自行填写）。

1. 质保期：我公司对于本次投标所提供的设备提供三年的质保期服务，厂商提供的服务详见所附厂商服务承诺。

续表

2．质保期内的服务：在三年质保期内，我公司对用户实行三年人工免费上门服务；三年免费系统软件升级；三年内免费为用户设备维护、保养，保证用户设备的正常运行。对于在质保期内更换的故障部件，从更换之日起，依然按照三年质保期计算。 **3．质保期外的服务：**质保期外，对于用户设备故障，我公司依然免费上门为用户服务。对于软件方面的故障，配合用户，现场处理；对于设备硬件故障，需要更换零配件时，我公司只收取零件成本费用，不收取上门服务费用以及来回的运费。 **4．维修保养服务：**对于本次投标的所有产品设备，我公司将派出专门技术人员，定期地对设备进行巡检、维护和保养，每季度 1 次，每年不少于 4 次；并且在每年的寒暑假开学前，对所有设备进行全面的大型检修、维护。 **5．人员培训计划：**免费提供 5～10 人次使用的培训，教会为止。 **6．故障反应时间：**凡设备或系统出现故障，自接到用户报修电话时起，限时 1 小时内响应，并派出合格的技术专业的工程师在 4 小时内到达用户现场并解决问题。如不能及时解决问题，我公司将为用户提供备机服务，直到原设备修复。 **7．维修技术人员安排：** 服务电话：　　　　　；联系人：　　　　　；联系手机：　　　　　；电子邮箱： 每周 7 天，每天 24 小时（24×7）随时机动地派出技术服务人员为用户排除故障。 **8．免费服务项目：**A．免费运送货上门；B．免费对全部产品进行安装、调试，直到所有产品正常运行投入使用；C．免费提供技术咨询、技术解决方案；D．免费培训技术操作人员。 投标人（公章）________________________ 法定代表人或委托代理人签字____________ 日期________________________________

（6）技术规格偏离表

此表的本意是列出和招标文件的要求不符合的条款，但建议利用此表对全部技术指标进行说明。如果与招标文件的技术规格要求有偏离的就填写，如果技术规格与招标文件的要求相同则可以不填写。技术规格偏离表的规范格式如表 2-5 所示。

表 2-5　技术规格偏离表

请按所投标产品的实际品牌型号及其技术参数性能（配置），逐条对应投标条件书《投标需求一览表》中的要求认真填写本表（本表仅指投标条件书《投标需求一览表》中货物技术参数不明确或有误，以及投标人选用同一品牌其他型号替代的）。

分标号	项号	货物名称或技术条款	发标要求	投标规格	偏离说明

投标人（公章）________________________

法定代表人或委托代理人签字____________

（7）投标人基本情况登记表

投标人的基本情况包括投标人组织机构和法律地位、投标人的财务状况以及投标人目前涉及的诉讼案或仲裁的情况等。

（8）技术方案

技术方案关系到技资与效益，不仅对投标报价有很大影响，而且也是衡量投标人技术力量的依据，是技术评标的重点之一。方案设计以招标文件、建设方的需求和有关规范要求为依据，确定综合布线系统的构成并选择设备。系统设备选型应综合技术和经济各项指标，进行全面、客观的分析比较，并选择实际应用（或实地考查）过的产品。设备选型的基本准则是稳定可靠，将发生故障的概率降到最低限度。技术方案提供的功能指标和量化指标要切实可行。

综合布线系统投标书所提供的是一个初步技术方案，包括系统设计说明、系统配置点数表、系统图和平面图等。技术方案的针对性要强，应该是充分研究了本工程具体情况之后做出的设计方案。有的投标人准备不足，所提供的技术方案针对性不强。综合布线系统中每一个子系统的设计均不能出现错误，技术方案上的失误则很有可能使投标人被淘汰出局。

（9）施工组织设计

投标施工组织设计是评价投标人施工技术水平和组织能力的依据，其编制的基础是招标文件及有关规范要求。施工组织设计要严密且可操作性强，主要内容包括施工组织机构及人员配备、施工工期安排、施工程序和施工技术要点、施工材料和人工用量计划、确保工程质量和工期的措施等。建设方关注项目经理的选择，项目经理不仅要有丰富的施工经验、技术上满足要求，而且要有管理和组织协调能力。

（10）工程测试验收与竣工验收

为保证工程质量，综合布线系统建设方非常重视工程测试与竣工验收，投标人在投标书中必须论述清楚，且中标后严格执行相应的测试标准。

（11）系统维护、培训及售后服务

该部分投标书中要有切实可行的方案，例如对系统维护的内容（设备的检查、清理、调试）、培训方法、备品备件的提供、软件版升级和保修等问题均要阐述清楚。

STEP 5 交纳竞标保证金

根据招标文件的要求，竞标方需要根据所投标的金额交纳一定比例的竞标保证金。公司投标负责人将具体要求交给指定人员办理，必须在指定时间内将保证金打到招标代理机构指定的银行账户，并将银行存款单据的复印件发传真给招标代理机构。竞标保证金将在招标结束后，由招标代理机构退还给竞标人，如果竞标弃权不参加投标，招标代理机构将依法没收竞标保证金。

由于竞标保证金是按所投标金额的一定比例交纳的，因此交纳竞标保证金的过程一定要保密，否则很容易泄露公司的竞标标的，影响到招投标的公正性。

STEP 6 递交竞标文件

（1）投标书的标记与密封

投标人应将投标文件正、副本分别装订成册，在每个文本封面上标明“正本”“副本”投标书和投标保证金缴纳证明、名称、投标编号、投标人名称等内容。

投标人应将投标书及投标保证金缴纳证明复印件一并装入投标书文件袋加以密封，将投标人资格证明文件和投标人基本情况登记表一并装入投标人资格文件袋加以密封，并在每一封贴处密封签章，未按要求密封、标记的，发标机构有权拒收。

（2）投标截止时间

投标人应当在招标文件要求提交投标文件的截止时间前，将投标文件送达投标地点。超过投标截止时间送达的投标文件，招标人将不予受理。

（3）投标书的修改和撤回

根据《中华人民共和国招投标法》第二十九条的规定，投标人在招标文件要求提交投标文件的截止时间前，可以补充、修改或者撤回已提交的投标文件，并书面通知招标人。补充、修改的内容为投标文件的组成部分。

STEP 7 现场应标

竞标人员递交投标文件后，不能马上离开，必须在评标现场的等候室等待专家的询问。如果投标需要进行设备演示，还需要组织演示人员立刻准备好现场演示的设备，并等候专家观看演示。竞争性谈判过程中，专家会提出标书的各种问题和要求，需要竞标公司组织团队及时响应，并根据竞标的策略及时报送最终的投标金额。

还要注意的问题是，竞标公司回复的竞争性谈判函除了回答专家的问题及报价之外，还需要签上竞标代理人姓名及公司法人章，因此竞标人员还应随身携带法人印章。

STEP 8 签订合同

评标结束后，如果中标，招标代理机构将及时发出中标通知。系统集成公司将凭中标通知书与建设单位协商合同签订事宜，进一步明确进场施工人员和时间等相关事宜。

四、任务总结

综合布线系统投标文档的内容一般包括投标书、投标报价、设备材料清单、安装工程预算、技术方案、施工组织设计、系统竣工验收、售后维护及培训、投标人资格证明和工程业绩与经验等。招标文件对投标书的组成与装订格式都有要求，投标人要严格按照招标文件的规定做。投标书的文字要通顺，切记不应出现不适合该工程的文字叙述，否则将被视为重视程度和投入不足，从而导致废标。还要注意一定按时递交投标文件，一旦超过截止时间，投标资格将被作废。

任务四 工程招标合同的签订

一、任务分析

根据《中华人民共和国招投标法》第四十六条的规定，招标人和中标人应当自中标通知书发出之日起三十日内，按照招标文件和中标人的投标文件订立书面合同。招标人和中标人不得再行订立背离合同实质性内容的其他协议。

在进行综合布线工程之前，招标人要与中标人签订合同，要做好签订合同工作，要熟悉合同签订的相关知识和流程，能够进行合同签订的谈判事宜，保护各方利益。本次任务要完成的工作主要是学习综合布线工程合同签订的知识、流程和谈判技巧，能够编制工程项目签订的合同文本。

二、相关知识

（一）招投标合同

招投标合同是招标人与中标人签订的合同，招投标合同的拟定必须以招标文件为蓝本，不能脱离招标文件的基本要求与范围。根据《中华人民共和国招标投标法》的规定，在确定中标人后，招标人和中标人应当及时签订合同。

（二）书面合同的内容

书面合同的主要内容包括以下几项。

（1）招标公告中招标人的名称和地址，招标项目的内容、规模和资金来源，综合布线工程项目的实施地点和工期，作为书面合同的一方当事人的名称（或姓名）和住所，标的履行期限、地点和方式。

（2）招标文件中的招标邀请书、合同主要条款、技术条款、设计图纸和评标标准等，即告知投标人投标的标准和评标的标准。

（3）投标文件中的合同主要条款、技术条款、设计图纸、商务和技术偏差表等部分，即确定了工程的质量等级、技术资料。

中标通知书是招标人表明关于要授予特定中标人合同的意向和通知他在30日内提供一份可接受的履约保证并签订合同的文件。因此，中标通知书应当是招标人和投标人就标的达成一致的结果。也就是说，中标通知书的发出，表示招标人和投标人已就招投标合同的主要条款达成一致。书面文件中的这一部分是对中标通知书，即对招投标过程中的要约邀请、要约和承诺的确认，属于确认书的性质。

三、任务实施

【任务目标】招投标完成后，通过对合同签订的模拟，全面了解签订合同注意事项、合同签订谈判技巧，能够起草合同。

【任务场景】在某学院智慧校园的综合布线工程招标中，由于××系统集成有限公司的投标能够满足招标文件的各项要求，并经评标专家小组评审后推荐为第一中标候选单位，经建设单位确认中标，并最终通过政府采购管理部门审核后，向公司发出了中标通知书。中标通知中规定，在中标通知发出后的30天内，××系统集成有限公司应到指定地点与某学院签订书面合同。

STEP 1 合同谈判

发出中标通知书之后，法律规定招标人和中标人应当“按照招标文件和中标人的投标文件订立书面合同”，双方或多或少总会存在一些在招标文件或投标文件中没有包括（或有不同认识）的内容需要交换意见、进行协商，并以书面方式固定下来，订立书面合同的过程也是谈判的过程。

（1）合同谈判的基础

招标文件（包括合同文件与技术文件）是双方合同谈判的基础，任何一方都有理由拒绝对方提出的超出原招标文件的要求，双方应以招标文件为基础，通过协商达成一致。

（2）合同谈判的内容

合同谈判的主要内容通常涉及工程内容与范围的明确、合同条款的理解与修改、技术要求及资料的确定、价格及价格构成分析、工期长短与误期赔偿等。

① 工程内容与范围的确认。合同有关工程内容与范围的描述及说明应当明确，避免含糊不清。在投标人须知、合同条件、技术规范、图纸及工程量清单各文件中对工程内容与范围的描述及说明应当完全一致，不应出现二义性或矛盾。如有不一致处，应通过谈判予以澄清和调整。建设方在接受系统集成商或承包商的建议方案时，要进行技术经济比较及经济评价，

对其技术可行性、经济合理性以及对合同条件的影响进行综合分析，权衡利弊后表示接受或拒绝。

② 明确技术要求。系统集成商或承包商应严格按照招标文件中的技术规范和图纸的要求编制投标报价（包括施工方案、方法、进度、技术要求、质量标准等），均应符合招标文件的要求。建设方应尽可能提供较为明确的技术基础资料，如建筑平面图等。对建设方所提供的技术基础资料，系统集成商或承包商应进行充分分析和理解，并拟定相应的措施与费用。

③ 价格及价格构成分析。通常，价格是合同谈判的核心问题。价格受工程内容、工期及合同责权利的制约。除单价、合价、总价及其他各项费用外，谈判中常涉及的内容还有预付款、保留金、税收、物价调整、法律变化、合同价调整等涉及价格的内容以及支付条件等。建设方通常在评标及谈判中坚持招标文件中有关报价的规定，并要求承包商提交单价分析，以保证价格的响应性及合理性。

④ 工期的确认。承包综合布线工程项目的工期一般都规定得较短。工期虽是时间，但与经济费用息息相关。建设方通常坚持招标文件中已规定的工期，审查系统集成商或承包商的施工方案及报价与工期的吻合性，并要求系统集成商或承包商在签约时予以确认。

（3）合同谈判策略

合同谈判是双方为各自目标和利益较量的过程，也是双方协商，最终达成协议的过程。谈判是一门艺术，综合布线工程合同的谈判具有更高的难度，要求合同双方较好地运用策略和技巧。

每一方都有其特殊的优势和劣势。建设方是买方，是综合布线工程的拥有者，在招标文件中已对合同条件和技术要求进行了深入研究和明确规定，应坚持这些条件和要求，以确保利益和目标的实现。

系统集成商或承包商是工程的实施者，对工程成本了如指掌，能调整其价格分布使收益增大，通过条款的变化和施工方案的调整，争取获取利益。

双方采取的策略将会有所相同或不同，以下是双方各自可能用到的策略与技巧。

- 充分准备，熟悉情况，知己知彼。
- 强调己方优势与长处，促成对方签约合作。
- 设法保持对会议的控制权，成为谈判中的主动方。
- 注意倾听，发现对方的漏洞与薄弱环节。
- 具备实力，使对方感到难以应付。
- 对事强硬，对人调和。
- 抓住实质性问题，例如工作范围、价格、工期、支付条件、违约责任等主要的实质性问题，不轻易让步或有限度地让步，防止对方纠缠于小问题而转移视线。

STEP 2 合同的签订

（1）签订合同应遵循的原则

综合布线工程合同一经签订，就具有严格的法律约束力。签订合同应遵循的原则如下。

① 合法的原则。合同的内容和规定的双方权利义务以及合同签订的程序都必须符合所涉及的国家法律、法令和社会公共利益。《合同法》规定：“依法成立的合同，自成立时生效。法律、行政法规规定应当办理批准、登记等手续生效的，依照其规定。”

② 法人资格的原则。合同的双方都应具有法人资格，以确保履约以及任何一方的利益不受损害。

③ 平等互利、协商一致的原则。在商签合同的过程中双方处于平等的地位，任何一方都不应接受对方强加的、使其只享有权利而不承担义务或权利义务严重失衡的不合理条款，应通过协商达成一致。

（2）签订合同

双方谈判取得一致意见，并确定了书面的合同文本后，即应由各方当事人签订合同。签订合同时，双方应签上法人的全称和签约人的姓名。签约人应在合同文件中附有公司法人授权签字的委托书。签约人除应在合同协议书末尾签名外，在页与页之间均应签名。签约当事人不能同时集中签订合同时，经双方同意也可在不同的时间或地点签署，但签约日期及地点应以最后一个当事人签署合同的时间和地点为准。招标合同书的规范格式如表 2-6 所示。

表 2-6　合同书规范格式（样例）

合同书

合同名称：________________________________

合同编号：________________________________

甲方：____________________________________（招标方）

乙方：____________________________________（中标方）

甲乙双方同意按下述条款和条件签署本合同书（以下简称合同）。

1. 合同文件

本合同所附下列文件是构成本合同不可分割的部分。

（1）合同基本条款。

（2）投标人提交的投标函、投标报价表和售后服务承诺等全部投标文件。

（3）投标需求一览表。

（4）中标通知书。

（5）甲、乙双方商定过的补充协议。

2. 合同范围和条件

本合同的范围和条件应与上述合同文件的规定相一致。

3. 货物采购和服务内容

本合同所涉及的乙方应提供的货物和服务内容详见“投标需求一览表”及应答文件中所列内容和“合同基本条款”。

4. 合同金额

根据中标通知书的中标内容，合同的总金额为（大写）：____________（￥__________）人民币。

5. 付款条件

本项目无预付款，交货调试验收合格后，由甲方在一年内付清全部货款，乙方收到货款之日起三个工作日内开具发票给甲方。

6. 交货时间和验收办法

本合同货物的交货时间和验收办法在合同的基本条款中有明确规定，即_____年_____月_____日前交清。

续表

7. 交货地点及数量

在＿＿＿＿＿＿，共＿＿＿＿＿＿台（套）交清。

8. 合同生效及其他

本合同一式三份，经甲乙双方法定代表人或委托代理人签字并加盖公章后生效。甲乙双方各执一份，××招标有限公司执一份。

甲方名称及公章：	乙方名称及公章：
法定代表人 或委托代理人：	法定代表人：
地址：	或委托代理人：
联系电话：	地址：
	联系电话：
	开户名称：
	开户银行：
	银行账号：

合同签订时间：

合同签订地点：

四、任务总结

在综合布线工程招投标活动中，中标人收到中标通知书后，应当按照中标通知书中规定的时间、地点与建设方签订书面合同。如中标人不按中标通知书的规定签订书面合同，则按中标人违约处理。

招标文件是双方合同谈判的基础，任何一方都有理由拒绝对方提出的超出原招标文件的要求。招标文件中所附合同基本条款、投标书、投标报价表和售后服务承诺、投标需求一览表、中标通知书、双方谈判取得一致的补充协议均为构成合同的不可分割的部分。

项目考核表

专业：＿＿＿＿＿＿　　班级：＿＿＿＿＿＿　　课程：＿＿＿＿＿＿

项目名称：项目二　项目背景和招投标	**工作任务：** 任务一　项目设计功能和技术要素 任务二　工程项目招标管理 任务三　工程项目投标管理 任务四　工程招标合同的签订
考核场所：	**考核组别：**

项目考核点	分值
1. 能够根据需求，进行工程项目的功能设计	15
2. 能够根据需求和功能设计，明确工程项目的技术要素	5

续表

项目考核点	分值
3. 了解招标基本知识，即招标方式、招标流程、招标注意事项等	10
4. 能够根据招标任务进行招标申请、确定招标代理机构等一系列工作	10
5. 了解招标文档的组成，能够进行招标文档的编制	15
6. 了解投标基本知识，即主要环节、关键环节	5
7. 了解投标文档的组成，能够进行投标文档的制订	10
8. 了解合同签订的注意事项、谈判策略和流程	10
9. 了解合同的主要内容，可以制订签约合同	10
10. 善于团队协作，营造团队交流、沟通和互帮互助的气氛	10
合　计	100

考核结果（答辩情况）

学号	姓名	各考核点得分										自评	组评	综评	合计
		1	2	3	4	5	6	7	8	9	10				

组长签字：____________ 教师签字：____________ 考核日期：　　年　月　日

思考与练习

一、填空题

1. 网络综合布线工程招标过程中，最为关键的环节就是________。

2. 无论哪一种招标方式，业主都必须按照规定的程序进行招标，要制定统一的________，投标也要按照________的规定进行。

3. 招标的程序包括 6 个步骤，分别是________、________、________、________、________和________。

4. 招标文件一般包括________和________，特别注重________的描述。

二、选择题

1. 招标文件是投标的重要依据，研究招标文件重点应考虑（　　）。

   A. 投标人须知　B. 合同条件　C. 设计图纸　D. 工程量

2. 招标文件不包括（　　）。

   A. 投标邀请书　B. 投标人须知　C. 合同条款　D. 施工计划

3. 下列描述正确的是（ ）。

A. 投标人是响应招标、参加投标竞争的法人或其他组织

B. 综合布线系统招标是指综合布线工程施工招标

C. 公开招标属于有限竞争招标

D. 邀请招标属于无限竞争招标

4. 综合布线工程施工合同应包含的重要条款有（ ）。设（1）工程造价；（2）施工日期；（3）验收条件；（4）付款日期；（5）售后服务承诺。

A.（1）（2）（3）（4）（5） B.（1）（2）（3）（5）

C.（1）（2）（3）（4） D.（1）（3）（4）（5）

5. 常用的招标方式有（ ）。

A. 公开招标和邀请招标 B. 电视招标和邀请招标

C. 电视招标和协议招标 D. 网络招标和广告招标

三、思考题

1. 在几个技术方案中，当最合理的技术方案与招标文件的技术要求不一致时，如何处理？

2. 签订网络综合布线工程招投标合同应遵循哪些原则？

PART 3 项目三 网络工程项目总体规划

知识点

- 分析用户需求
- 分析网络应用目标
- 分析网络应用约束
- 分析网络工程指标
- 网络工程规划
- 网络工程设计

技能点

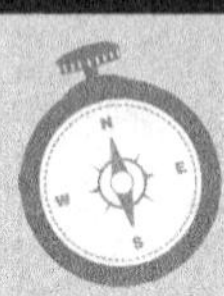

- 掌握用户需求分析方法
- 掌握分析网络应用目标
- 掌握分析网络应用约束
- 掌握分析网络工程指标
- 掌握网络工程规划
- 掌握网络工程设计

建议教学组织形式

- 根据网络工程实例进行需求分析

本项目主要介绍如何进行用户需求分析、网络需求分析、网络工程的规划以及网络工程设计。首先，对用户需求进行分析、细化，据此讨论分析网络应用目标的步骤，明确设计的目标和项目范围；然后，分析有关网络应用方面的约束，如政策、预算、时间等方面的约束；接着，介绍影响网络性能的主要因素以及进行网络分析的技术指标；最后，讨论分析网络通信特征的一些常用方法。当网络设计者完成网络需求分析和通信规范后，就可以进入网络的规划设计阶段。网络规划设计的目标是建立一个总体框架，其内容主要涉及网络规模、拓扑结构、业务需求、安全管理等方面。

任务一　用户需求分析

一、任务分析

综合布线系统是智慧校园建设的重要基础之一。为了更好地满足客户需求，在综合布线系统工程规划和设计之前，必须对智慧校园的用户信息需求进行分析。用户信息需求分析就是对信息点的数量、位置以及通信业务需求进行分析，其结果的准确和完善程度将会直接影响综合布线系统的网络结构、设备配置、布线路由和工程投资等重大问题。

本次任务的具体工作主要有以下几项。

（1）阅读智慧校园建设的建设方案或招标书，查阅建筑平面图。

（2）确定建筑物的种类、信息点数量和分布情况。

（3）估算管槽结构的工程量。

二、相关知识

（一）建筑物现场勘察

需求分析之前，综合布线的设计和施工人员必须熟悉建筑物结构。主要通过两种方法来了解建筑物结构，即查阅建筑图纸和到现场勘察。勘察工作一般是在新建大楼主体结构完成、综合布线工程中标，并将布线工程项目移交到工程设计部门之后进行。勘察参与人包括工程负责人、布线系统负责人、施工督导人、项目经理及其他需要了解工程现场状况的人，当然还应该包括建筑单位的有关技术负责人，以便现场研究决定一些事情。

有关人员到工地对照平面图查看建筑物，逐一完成以下任务。

（1）查看各楼层、走廊、房间、电梯间和大厅等吊顶情况，包括吊顶是否可以打开、吊顶高度、吊顶距梁的高度等；然后根据吊顶的情况确定水平主干线槽的敷设方法。对于新楼，要确定是走吊顶内线槽，还是走地面线槽；对于旧楼，改造工程需确定线槽的敷设线路。找到布线系统要用的电缆竖井，查看竖井有无楼板，询问同一竖井内有哪些其他线路（包括自控系统、空调、消防、闭路电视、保安监视和音响等系统的线路）。

（2）计算机网络线路可与哪些线路共用槽道，特别注意不要与电话以外的其他线路共用槽道；如果需要共用，要有隔离设施。

（3）如果没有可用的电缆竖井，则要和甲方技术负责人商定垂直槽道的位置，并选择垂直槽道的种类是梯级式、托盘式、槽式桥架还是钢管等。

（4）在设备间和楼层配线间，要确定机柜的安放位置，确定到机柜的主干线槽的敷设方式，设备间和楼层配线间有无高架活动地板，并测量楼层高度数据。特别要注意的是，一般主楼和裙楼、一层和其他楼层的楼层高度有所不同。

（5）如果竖井内墙上挂装楼层配线箱，则要求竖井内要有电灯，并且有楼板，而不是直通的。如果是在走廊墙壁上暗嵌配线箱，则要看墙壁是否贴大理石，是否有墙围需要作特别处理，是否离电梯或者房间门太近而影响美观。

（6）讨论大楼结构方面尚不清楚的问题，一般包括：哪些是承重墙，大楼外墙哪些部分有玻璃幕墙，设备层在哪层，大厅的地面材质，各墙面的处理方法（如喷涂、贴大理石、不锈钢包面等）。

（二）用户需求分析的对象与范围

1. 需求分析对象

通常，综合布线系统建设对象分为智能建筑和智能小区两种类型。

（1）智能建筑

综合布线系统是随着智能建筑技术的发展而发展起来的。有关智能建筑的定义，目前尚无统一的标准。我国对其的定义是：将楼宇自动化系统、通信自动化系统和办公自动化系统通过综合布线系统和计算机网络有效结合，便于集中统一管理，具备舒适、安全、节能等特点的建筑物。

（2）智能小区

智能小区是继智能建筑后的又一个热点。随着智能建筑技术的发展，人们把智能建筑技术应用到一个区域内的多座建筑物中，将智能化的功能从一座大楼扩展到一个区域，实现统一管理和资源共享，这样的区域就称为智能小区。

从目前的发展情况看，智能小区可以分为以下几种。

- 住宅智能小区（有时称为居民智能小区），是城市中居民居住、生活的聚集地。小区内除了基本住宅外，还应有与居住人口规模相适应的公共建筑、辅助建筑及公共服务设施。
- 商住智能小区，由部分商业区和部分住宅区混合组成，一般位于城市中的繁华街道附近。有一边或多边是城市中的骨干道路，其两侧都是商业建筑，其他边或小区内部不是商业区域，有大量城市居民的住宅建筑。
- 校园智能小区，通常由高等院校、科研院所、医疗机构等大型单位组成。在小区内，除了教学、科研、医疗等公共活动需要的大型智能化建筑（如教学楼、科研楼和门诊住院楼）外，还有上述单位的大量集体宿舍和住宅楼，以及配套的公共建筑（如图书馆、体育馆）等。

2. 用户信息需求分析的范围

综合布线系统工程设计的范围就是用户信息需求分析的范围，这个范围包括信息覆盖的区域和区域上有什么信息两层含义，因此要从工程地理区域和信息业务种类两方面来考虑。

（1）工程区域的大小

综合布线系统的工程区域有智能建筑和智能小区两种。前者的用户信息预测针对的只是单幢建筑的内部需要，后者则包括由多幢大楼组成的智能小区的内部需要。显然，后者用户信息调查预测的工作量要增加若干倍。

（2）信息业务种类的多少

从智能建筑的3A功能来说，综合布线应当满足以下几个子系统的信息传输要求。

- 语音、数据和图像通信系统。
- 保安监控系统（包括闭路监控系统、防盗报警系统、可视对讲、巡更系统和门禁系统）。
- 楼宇自控系统（空调、通风、给排水、照明、变配电、换热站等设备的监控与自动调节）。
- 卫星电视接收系统。

● 消防监控系统。

也就是说，建筑物内的所有信息流、数据流均可接入综合布线系统。

随着社会经济的快速发展、智能建筑技术的不断提高，建筑物的智能化程度将越来越高，加入到综合布线系统中的信息子系统也将越来越多。因此，必须根据建筑物的功能和智能化程度，做好信息业务种类的需求分析。

（三）用户需求分析的基本要求

为了准确分析用户信息需求，必须遵循以下基本要求。

（1）确定工作区数量和性质。对用户的信息需求进行分析，确定建筑物中需要信息点的场所，也就是综合布线系统中工作区的数量，摸清各工作区的用途和使用对象，从而为准确预测信息点的位置和数量创造条件。

（2）主要考虑近期需求，兼顾长远发展需要。智能建筑建成后，其建筑结构已形成，并且其使用功能和用户性质一般变化不大。因此，一般情况下智能建筑物内设置满足近期需求的信息插座的数量和位置是固定的。建筑物内的综合布线系统主要是水平布线和主干布线。水平布线一般敷设在建筑物的天花板内或管道中，如果要更换或增加水平布线，不仅会损坏建筑结构，影响整体美观，且施工费要比初始施工时高得多；而主干布线大多敷设在建筑物的弱电井中，和水平布线相比，更换或扩充相对简单。综合布线系统也是随着新技术的发展和新产品的问世，逐步完善而趋于成熟的。以“近期为主，兼顾长远”作为需求预测的方针是非常必要的。目前，国际上各种综合布线产品都提出了15年的质量保证，却没有提出多少年投资保证。为了保护建筑物投资者的利益，应采取“总体规划，分步实施，水平布线尽量一步到位”的策略。因此，在用户信息需求分析中，信息插座的分布数量和位置要适当留有发展和应变的余地。

（3）多方征求意见。根据调查收集到的资料，参照其他已建智能建筑的综合布线的情况，初步分析出该综合布线系统所需的用户信息。将得到的用户信息分析结果与建设单位或有关部门共同讨论分析，多方征求意见，进行必要的补充和修正，最后形成比较准确的用户信息需求报告。

三、任务实施

【任务目标】对校园网进行需求分析，掌握基本资料，进行初步设计。

【任务场景】对校园网的建筑物做系统的考察和分析，掌握建筑物基本情况、信息系统应用情况以及信息点数量和分布情况，做出结构和平面草图。

STEP 1 阅读分析建设方的建设方案或招标书，初步获取信息

阅读、分析建设方的建设方案或招标书，查阅所有学院建筑分布图以及建筑物平面图，获取以下信息。

（1）校园内要进行综合布线系统建设的建筑物的概况，包括功能、结构、面积等。

（2）各建筑物信息应用系统的种类、信息点数量和分布情况。

（3）设备间和楼层电信间位置。

（4）建筑群子系统、干线子系统和配线（水平布线）子系统管槽路由和距离等信息。

STEP 2 咨询建设方相关人员，解决问题并调研用户需求

联系建设方相关人员，咨询在阅读建设方案和招标书过程中遇到的问题，并了解校园网建设中的教师需求、学生需求、安保需求等用户需求。

STEP 3 进行现场勘察，初步确定综合布线系统结构

对照建设方案或招标书和建筑平面图进行现场勘察，重点进行以下几项工作。

（1）画出各建筑物的结构和平面草图。

（2）估算管槽结构的工程量。

（3）初步确定综合布线系统结构。

STEP 4 整理资料，确定综合布线系统设计依据

整理工程概况、综合布线系统结构、信息点类型、数量与分布等资料，与建设方进行沟通交流，得到建设方确认后，需求分析数据才能作为综合布线系统设计的依据。

四、任务总结

本次任务主要介绍了用户需求分析的对象和范围，进行建筑物勘察的步骤和勘察内容，需要整理的建筑物概况、信息点类型等资料，得到建筑方确认后，最终形成用户需求分析数据。

任务二　网络需求分析

一、任务分析

在综合布线系统规划和设计时，必须对校园内所有建筑的网络需求进行分析。由于智能建筑在使用功能、业务范围、人员数量、组成成分以及对外联系的密切程度上不同，每个具体的综合布线的建设规模、工程范围和性质都不一样，因此网络需求分析的准确性和完善程度将会直接影响到综合布线系统的网络结构、线缆规格、设备配置、布线路由和工程投资等重大问题。本次任务的具体工作主要有以下两项。

（1）对校园网智能建筑进行详细分析，充分调研分析建筑物近期及将来的网络需求，得出信息点数量和可能的网络瓶颈。

（2）与建设方沟通，将进行反复确定后的网络需求分析结果作为设计规划和施工的依据。

二、相关知识

（一）分析网络应用目标

网络需求分析是在网络设计过程中用来获取和确定系统需求的方法。在需求分析阶段，应确定客户有效完成工作所需的网络服务和性能水平。

网络需求描述了网络系统的行为、特征或属性，是设计、实现网络系统的基础。但令人遗憾的是，许多网络在设计过程中并没有投入足够的精力进行需求分析。究其根本，是因为需求分析是整个设计过程的难点，为了搞清客户网络需求，需要与各方面的人员进行沟通，了解客户所需、所想，并学习必要的客户方面的业务知识；其次是需求分析不能立即提供一个结果，它只是设计和建立网络的整体战略的一部分。诸如此类的原因还有很多，但这绝不能成为忽视、放松网络需求分析的借口。必须使网络设计结果与客户应用需求相一致，否则会产生不可预测的严重后果。

良好的需求分析有助于为后续工作建立起一个稳定的工作基础，从而使网络设计结果与客户应用需求相一致。在设计前期没有就需求与客户达成一致，其结果可想而知。

了解客户的网络应用目标及其约束是网络设计中一项至关重要的工作，只有对客户的需求进行全面的分析，才能提出得到客户认可的网络设计方案。

（二）工作步骤

需求分析是要决定“做什么，不做什么”。了解需求的主要步骤是：首先，从管理者开始收集商业需求；其次，收集客户群体需求；最后，收集支持客户和客户应用需求。

在与客户探讨网络设计项目的网络目标之前，可以先研究一下该客户的现实情况。例如，搞清该客户从事的行业，研究该客户的市场、供应商、产品、服务和竞争优势。了解到该客户的商业及外部关系以后，就可以对技术和产品进行定位，帮助客户提高其在行业内的地位。

（1）要请客户解释公司的组织结构。最终的网络设计很可能要体现公司的结构，因此最好对公司在部门、商业流程、供应商、商业伙伴、商业领域以及本地区或远程办公室等方面的情况有所了解。对公司结构的了解有助于确定其主要的用户群及通信流量特征。公司中信息技术部门的职工，可能对公司在这方面的目的和任务较为了解，同时也能够更多地提供与商业一致的网络需求。

（2）要请客户说明该网络设计项目的整体目标，简要地说明新网络的目标。

（3）要请客户帮助制定衡量网络成功的标准。对管理者或关键人物的访问通常有助于成功地完成该任务。

（4）对于整个网络的设计和实施，费用是一个需要考虑的重要因素。至少要有一个 IT 主管能够决定用于项目的资金。

（三）明确网络设计目标

要想设计一个好的网络，首先要明确网络设计目标。典型的网络设计目标包括以下方面。

（1）增加收入和利润。

（2）加强合作交流，共享数据资源。

（3）加强对分支机构或部属的调控能力。

（4）缩短产品开发周期，提高雇员生产力。

（5）与其他公司建立伙伴关系。

（6）扩展进入世界市场。

（7）转变为国际网络产业模式。

（8）使落后的技术现代化。

（9）降低通信及网络成本，包括与语音、数据、视频等独立网络有关的开销。

（10）将数据提供给所有雇员及所属公司，助其做出更好的商业决定。

（11）提高关键任务应用程序和数据的安全性与可靠性。

（12）提供新型的客户服务。

（四）明确网络设计项目范围

确定网络设计的项目范围是网络需求分析的一个重要方面。要明确是设计一个新网络还是修改现有的网络；是针对一个网段、一个局域网、一个广域网，还是针对远程网络或一个完整的企业网。

设计一个全新、独立的网络的可能性非常小。即使是为一个新建筑物或一个新的园区设计网络，或者用全新的网络技术来代替旧的网络，也必须考虑与 Internet 相连的问题。在更多的情况下，需要考虑现有网络的升级问题，以及升级后与现有网络系统兼容的问题。

（五）明确客户的网络应用

网络应用是网络存在的真正原因。要使网络更好地发挥作用，需要搞清客户的现有应用及新增加的应用，如开展以下应用。

（1）电子邮件。

（2）视频会议。

（3）文件传输。

（4）Internet 或 Intranet 语音。

（5）文件共享/访问。

（6）Internet 或 Intranet 传真。

（7）数据库访问/更新。

（8）电子商务。

（六）分析网络应用约束

除了分析客户目标和判断客户支持新应用的需求之外，由于客户需求对网络设计影响较大，因此也需要对其进行认真分析。

1. 正常因素约束

与网络客户讨论他们公司的办公政策和技术发展路线是必要的，但应尽量少发表自己的意见。了解约束的目的是发现隐藏在项目后面可能导致项目失败的事务安排、持续的争论、偏见、利益关系或历史等因素。要与客户就协议、标准、供应商等方面的内容进行讨论，搞清客户在传输、路由选择、桌面或其他协议方面是否已经有了清晰的想法，是否有关于开发和专有解决方案的规定，是否有认可供应商或平台方面的相关规定，是否允许不同厂商竞争等。如果客户已为新网络选择好了技术和产品，那么新的设计方案就一定要与该计划相匹配。

2. 预算因素约束

网络设计必须符合客户的预算。预算应包括采购设备、购买软件、维护和测试系统、培训工作人员以及设计和安装系统的费用等。此外，还应考虑信息费用及可能的外包费用。

应当就网络设计的投资回报问题向客户进行说明，分析、解释由于降低运行费用、提高劳动生产率和市场扩大等诸多方面的影响，新网络能以多快的速度回报投资。

3. 时间因素约束

网络设计项目的日程安排是需要考虑的另一个问题。项目进度表规定了项目的最终期限和重要阶段。通常是由客户负责管理项目进度，但设计者必须就该日程表是否可行提出自己的意见，使项目日程安排符合实际工作要求。

开发进度表的工具有多种，这些工具可以用于对重要阶段、资源分配和重要步骤的分析等。在全面了解项目范围后，要对设计者自行安排的项目计划的分析阶段、逻辑设计阶段和物理设计阶段的时间与项目进度表的时间进行对照分析，及时与客户沟通存在的疑问。

4. 环境因素约束

环境因素约束是指施工单位的周边环境，如应用环境、技术环境、地理环境等因素对系统集成的约束。

（七）分析网络应用约束

建设网络信息系统必须要满足设计目标中的要求，遵循一定的系统总体原则，并以总体原则为指导，设计经济合理、技术先进和资源优化的系统方案。网络信息系统的建设原则通常包括以下方面。

1. 影响网络性能的主要因素

随着人们需求的不断提高，也要求网络在性能、范围和综合能力等方面不断扩展。网络所提供的基本架构，要能满足传输、访问和处理信息的需要，而与距离远近无关。

2. 网络系统可扩缩性

可扩缩性是指网络技术或设备随着客户需求的增长而扩充的能力。对许多企业网设计而言，可扩缩性是最基本的目标。有些企业常以很快的速度增加客户数量、应用种类以及与外部的连接，网络设计应当能够适应这种增长需求。

3. 网络系统的安全性

随着越来越多的公司加入 Internet，安全性（Security）设计成为企业网设计最重要的方面之一。大多数公司的总体目标是安全性问题不应干扰公司开展业务。在网络设计中，客户希望得到这样的保证，即安全性设计能防止商业数据和其他资源的丢失或破坏，因为每个公司都有商业秘密、业务操作需要保护。

4. 网络系统可管理性

每个客户都可能有其不同的网络可管理性目标。例如，有的客户明确希望使用简单网络管理协议（Simple Network Management Prodocol，SNMP）来管理网络互联设备，记录每个路由器的接收和发送字节数量；另一些客户可能没有明确管理目标。如果客户有这方面的计划，一定要记录下来，因为选择设备时需要参考这些计划。在某些情况下，为了支持管理功能，可能要排除部分设备而选用另一些设备。

5. 网络系统适应性

适应性是指在客户应用需求改变时网络的应变能力。一个优秀的网络设计应当能适应新技术和新变化。例如，使用便携机的移动客户对通过访问客户局域网来实现电子邮件和文件传输的需求正是对网络适应性的检验。另一个例子是在短期工程项目设计时，能提供客户逻辑分组的网络服务。对于一些企业来说，能适应类似的网络需求是很重要的；但对于另一些机构来说，可能完全没有考虑的必要。

三、任务实施

【任务目标】对校园网进行网络需求分析，调研各建筑物的建设规模、工程范围，充分调研分析建筑物近期及将来的网络需求。

【任务场景】调研校园智能建筑物各类用户的网络需求，即对使用功能、业务范围、使用范围以及对外联系的密切程度的需求，保证网络需求分析的详细性和准确性。

STEP 1 与学校信息部门联系，了解校园网网络硬件规模

校园网建设目标：整网核心、万兆骨干改造、实现汇聚核心万兆链路、接入汇聚千兆链路，并实现千兆端口到桌面。

（1）完成学院所有建筑网络覆盖，包括学生宿舍网建设、校园网教学办公区建设，同时部署网络运维管理系统。

（2）完成学院无线校园网络建设。

（3）完成校区互联互通建设。

（4）所有建筑敷设 24 芯以上光缆，在学生宿舍区和教学办公区分别设置光缆汇聚点，再由汇聚点光缆引入网络中心机房。

STEP 2 调研校园网各类用户，确认校园网网络应用需求

（1）一个平台：指统一的支撑平台，包括信息标准、统一用户管理、数据交换等底层集成平台。

（2）两个门户：建设学院信息门户平台，建设手机掌上校园门户。

（3）四类应用：第一是教学科研类应用，第二是学生管理类应用，第三校园服务类应用，第四是资源信息类应用。

STEP 3 制订网络需求分析文档，与学校信息部门联系沟通其他网络需求

（1）要求网络出口必须放在学院网络中心统一管理，建立日志服务器实时记录上网日志。

（2）部署用户上网认证平台，提供基于 Web 认证和客户端认证两种方式，所有用户不能通过代理或路由方式接入网络。

（3）学生宿舍区上网和教学办公区上网互相独立，之间一般不可互访。学生宿舍区可以访问互联网、教育网和校内服务器。教学办公区至少保证网络出口 1 000 M 以上，同时出口与学生宿舍区上网出口独立。

（4）为物联网预留光纤，随着传感技术的发展进程，逐步开发物联网应用。

STEP 4 整理资料，编制需求分析文档

整理各建筑物近期以及将来的网络需求，将反复确认后的分析结果作为设计施工的依据。

四、任务总结

本次任务主要介绍了网络需求分析的工作步骤、网络设计目标、网络设计项目范围、网络应用约束以及网络系统的适应性。按步骤得出校园网的网络需求文档，并将其作为设计施工的依据。

任务三　网络工程规划与设计

一、任务分析

在网络工程中，网络规划是必不可少的。实施网络工程的首要工作就是要进行周密的规划。深入、细致的规划是成功构建计算机网络的基础。完成网络规划后就要进行网络设计，包括工程需求与建网目标、建网原则、网络总体设计等内容，本次任务主要工作有以下两项。

（1）进行校园网网络规划。

（2）进行校园网网络设计。

二、相关知识

（一）网络规划

1. 网络规划的任务和工作

网络规划的主要任务是对以下指标给出尽可能准确的定量或定性的分析和估计。

- 用户业务需求。
- 网络规模。
- 网络结构。
- 网络管理需求。
- 网络增长预测。
- 网络安全需求。
- 与外部网络的互联方式等。

网络规划的主要工作如下。

- 网络需求分析，包括环境分析、业务需求分析、管理需求分析、安全需求分析。
- 网络规模与结构分析，包括网络规模确定、拓扑结构分析、与外部网络互联方案。
- 网络扩展性分析，包括综合布线需求分析、施工方案分析。
- 网络工程预算分析，包括资金分配分析、工程进度安排等。

只有通过科学、合理的规划，才能够用最低的成本建立最佳的网络，达到最高的性能，提供最优的服务。

2. 规划原则

网络建设在智能化小区建设中不可或缺，规划和设计十分重要。网络建设包括局域网建设、广域互联、移动无线等方面。在此从局域网的建设入手，提供企业网建设的一种简单方法。局域网的建设是一项系统工程，无论规模大小，都希望建成后能够提供高效的服务，长时间稳定运行，在短期内不会技术落后。

局域网建设的规划设计与建筑工程的规划设计有许多相似之处，应遵循以下原则。

- 实用为本原则。建设局域网的目的是满足用户的应用需要。用户的需求是规划的基础，因此实用为本就是以人为本、以用户利益为本。另外，如果是对现有网络进行升级改造，还应该充分考虑如何利用现有资源，尽量发挥设备效益。
- 适度先进原则。规划局域网，不但要满足用户当前的需要，还应该有一定的技术前瞻性和用户需求预见性，即应该考虑到未来几年内用户对网络功能和带宽的需求。当然，这并不意味着什么都求新求时髦。如果花费高昂的代价，盲目引入用户在相当长的时期内都用不上的网络技术和产品，就是一种浪费。同样，为了省钱而购买刚刚能够满足用户需求且很快就要被淘汰的技术和产品也是一种浪费。所谓适度，就是要实事求是地根据建设方的投资实力，针对网络基础设施中不便更新的构成部分，在规划中选择适度超前的技术方案和产品。
- 开放性原则。应该采用开放技术、开放结构、开放系统组件和开放用户接口，以便于将来的维护、扩展升级以及与外界的交流和沟通。
- 可靠性原则。可靠性是指局域网要具有容错能力，能保证在各种环境下系统、可靠地运行。
- 可扩展原则。可扩展是指网络规模和带宽的扩展能力。在技术飞速发展的今天，谁都无法预见将来，但是可以通过规划为将来预留充分的可扩展空间，使系统拥有平滑升级的能力。一旦新技术诞生或用户提出新的需求，可以在保护原来投资的情况下，方便地将新技术和新产品融合到现有网络中，以提供更高水平的服务。
- 可维护管理原则。由于越来越多的关键业务依赖于局域网环境运行，网络的管理与维护变得越发重要，因为它关系到网络系统的运行效率、共享资源的使用效率和业务运转的工作效率等。是否能够进行有效的管理直接影响到网络的可用性。
- 安全保密原则。如今，信息安全越来越受到重视。为了保证网上信息和各种应用系统的安全，在规划时就要为局域网考虑一个周全的安全保密方案。

3. 网络环境分析

网络环境分析是指对企业信息环境的基本情况的了解和掌握，如单位业务中信息化的程度、办公自动化的应用情况、计算机和网络设备的数量配置和分布、技术人员掌握专业知识和工程经验的状况，以及地理环境（如建筑物的结构、数量和分布）等。通过环境分析，可以对组网环境有一个初步的认识，便于后续工作的开展。

4. 网络规模认定

确定网络的规模即明确网络建设的范围，是全面考虑网络设计问题的前提。网络规模一般分为以下 4 种。

- 工作组或小型办公室局域网。
- 部门级局域网。
- 骨干网络/楼宇间的网络。
- 企业级网络。

明确网络规模的一个明显好处是便于制定合适的方案，准确做出工程预算，选购合适的设备，提高网络的性能价格比。确定网络的规模主要涉及以下方面的内容。

- 哪些部门需要连入网络。
- 哪些资源需要在网络中共享。
- 有多少网络用户/信息插座。
- 采用什么档次的设备。
- 网络及终端设备的数量等。

5. 业务需求规划

业务需求分析的目标是明确企业的业务类型、应用系统软件种类，确定其所产生的数据类型，以及它们对网络功能指标（如带宽、服务质量等）的要求。

业务需求分析是企业建网中首先要考虑的环节，是进行网络规划与设计的基本依据。

那种以设备堆砌来建设网络、缺乏企业业务需求分析的网络规划是盲目的，会为网络建设埋下各种隐患。通过业务需求分析，可为以下方面提供决策依据。

- 实现或改进企业的网络功能。
- 相应技术支持的企业应用。
- 电子邮件服务。
- Web 服务器。
- 是否连入网络。
- 数据共享模式。
- 带宽范围。
- 网络升级或扩展。

6. 管理需求规划

网络的管理是企业建网不可或缺的一个方面。网络是否能按照设计目标提供稳定的服务主要依靠有效的网络管理。

网络管理包括两个方面：制定各种管理规定和策略，用于规范相关人员操作网络的行为；网络管理员利用网络设备和网管软件提供的功能对网络进行操作、维护。

通常所说的“网管”主要是指第二点，它在网络规模较大、结构复杂时，具有人工不可替代的作用，可以较好地完成网管职能。然而，随着现代企业网络规模的扩大，第一点也逐渐显示出它的重要性，尤其是网管策略的制定对保证网管的有效实施和网络的高效运行是至关重要的。

网络管理的需求分析要回答类似以下的问题。

- 是否需要对网络进行远程管理。

- 谁来负责网络管理，其技术水平如何。
- 需要哪些管理功能。
- 选择哪个供应商的网管软件，是否有详细的评估。
- 选择哪个供应商的网络设备，其可管理性如何。
- 怎样跟踪和分析处理网管信息。
- 如何更新网管策略。

7. 安全性需求规划

随着企业网络规模的扩大和开放程度的增加，网络的安全问题日益突出。网络在为企业做出贡献的同时，也为企业间谍和各种黑客提供了更加方便的入侵手段和途径。早期一些没有考虑安全性的网络不但因此蒙受了巨额经济损失，而且使企业形象遭到无法弥补的破坏。一个著名的例子便是 Yahoo 网站遭黑：在 Yahoo 举办最新网络安全技术发布会的前夜，黑客入侵 Yahoo.com，更改了主页，一时举世哗然。

企业网络安全性分析要明确以下安全性需求。

- 企业的敏感性数据及其分布情况。
- 网络用户的安全级别。
- 可能存在的安全漏洞。
- 网络设备的安全功能要求。
- 网络系统软件的安全评估。
- 应用系统的交互要求。
- 防火墙技术方案。
- 安全软件系统的评估。
- 网络遵循的安全规范和达到的安全级别。

网络安全要实现的目标包括以下方面。

- 网络访问的控制。
- 信息访问的控制。
- 信息传输的保护。
- 攻击的检测和反应。
- 偶然事故的防备。
- 事故恢复计划的制定。
- 物理安全的保护。
- 灾难防备计划等。

8. 网络扩展性规划

网络的扩展性有两层含义：其一是指新的部门（设备）能够简单地接入现有网络；其二是指新的应用能够无缝地在现有网络上运行。可见，在规划网络时，不但要分析网络当前的技术指标，还要预测网络未来的发展，以满足新的需求，保证网络的稳定性，保护企业的投资。

扩展性分析要明确以下指标。

- 企业需求的新增长点有哪些。
- 网络节点和布线的预留比率是多少。
- 哪些设备便于网络扩展。

- 带宽的增长估计。
- 主机设备的性能。
- 操作系统平台的性能。
- 网络扩展后对原来网络性能的影响。

9. 与外部网络的互联规划

建网的目的就是要拉近人们交流信息的距离，网络的范围当然越大越好（尽管有时不是这样）。电子商务、家庭办公、远程教育等 Internet 应用的迅猛发展，使网络互联成为企业建网必不可少的方面。

与外部网络的互联涉及以下方面的内容。

- 是接入 Internet 还是连接专用网络。
- 接入 Internet 选择哪个 ISP。
- 用拨号上网还是租用专线。
- 企业需要和 ISP 提供的带宽是多少。
- ISP 提供的业务选择。
- 上网用户授权和计费。

（二）网络工程设计

完成网络规划后，接下来要做的就是网络设计，其中包括工程需求与建网目标、建网原则、网络总体设计、综合布线、设备选型、系统软件、应用系统、工程实施步骤、测试与验收等。

1. 设计目标与原则

根据目前计算机网络的现状和需求分析以及未来的发展趋势，在进行网络设计时需要考虑以下方面。

（1）确定目标

首先要确定用户对局域网应用系统的需求和期望。典型的局域网构建需求可以归纳为以下 3 种。

- 部门级局域网。部门级局域网的用户数量较少，入网计算机的位置分布相对集中，要求的网络功能相对简单，主要是运行管理应用系统和办公自动化系统，实现资源共享、无纸化办公，能够访问 Internet 查询信息和收发电子邮件等。
- 企业级局域网。企业级局域网的用户数量较多，分散在机构内的多个部门，但是入网计算机通常集中在一座建筑物内或几个相距不远的建筑物内。企业级局域网通常作为 Intranet 提供各种应用服务和管理服务，运行办公自动化系统，实现广泛的资源共享，并提供如电子邮件、网站等的信息服务。企业级局域网常常需要设立信息中心，对信息网络服务和建设提供统一的管理。
- 园区级局域网。园区级局域网是指那些连入的部门较多、有众多用户的网络，入网各个部门的地理位置分布相对分散，有时还有远程连接的需求。在园区级局域网中，各个部门往往独立管理自己的局域网，独立建设本部门的信息服务。在园区级局域网上运行的是服务于整个机构的办公自动化系统和 Internet 服务。园区级局域网常常需要设立网络中心，统一规划、管理整个园区网的建设；对内统一提供 Intranet 信息访问服务和电子邮件服务；对外提供基于 Internet 网站的信息服务和电子邮件服务；必要时还要提供电话拨号或专线方式的远程连接服务。

（2）设计原则

① 先进性。

- 采用具有国际先进水平的综合布线系统。
- 设计具有前瞻性，以适应未来技术的发展。
- 采用星型拓扑结构，会采用区域布线的方法。
- 起点要高，采用目前和未来一段时期内符合国内、国际标准，具有代表性和先进性的技术和设备。

② 可靠性。

- 采用高品质的器材，以保证整个系统的正常运行。
- 采用模块化的系统结构，以保证任何单一系统发生故障或被更改时不会影响其他系统的运行。

③ 灵活性。布线系统的设计应尽量考虑到使用时的方便，以适应设备的移位、更新换代的需求，适应办公室的重新组合。终端设备的移动只需将设备移到新的位置，在配线架上进行一些简单的跳接即可完成。

采用区域布线方法，以使局部的变化不影响整个系统的结构。

④ 兼容性。

- 系统应尽量保持与用户以往系统的兼容，以保护投资。
- 系统应支持不同应用、不同厂家、不同产品类型，如支持 IBM、HP、DEC、Honeywell 等系列，支持局域网（以太网、令牌环网）/广域网，支持远程控制/楼宇管理、保安监控等系统。

⑤ 扩充性。设计时应尽量考虑到将来系统扩充上的需要。扩充系统时应只需增加一些设备，而布线系统则不需改变或变化很小。

⑥ 开放性和标准化。采用开放和标准化的技术保证互联简单易行。

⑦ 安全性。建成的网络要有严格的权限管理、先进可靠的安全保密和应急措施，以确保数据/系统万无一失。

⑧ 实用性。根据办公自动化或业务处理等方面的需求，采用适度的规模、适用的通信平台和网络设备，力求简单实用、易学易用。

⑨ 可维护性。网络系统在运行中尚需不断修正、完善、调整和扩充，因此在设计时要充分考虑到可维护性，要具有可读性、可测试性。

2. 总体设计步骤

当确定建网目标并按照设计原则对计算机网络进行了全面规划后，就进入了设计阶段。该阶段可分为 5 个步骤来进行。

（1）确定用户需求

计算机网络设计的第一步是分析和确定用户需求，在分析前必须调查清楚用户都有哪些需求。

- 网络使用单位的工作性质、业务范围和服务对象。
- 网络使用单位目前的用户数量及准备入网的节点计算机数量，预计将来发展会达到的规模等。
- 分布范围是在一座建筑物内，还是在一个园区内跨越多座建筑物。如果是分布在一座建筑物内，是否最终分布到各个楼层，在每层中是否所有的房间都有入网需求。计划每个房间最多允许多少台设备连入局域网，建筑物的公共使用空间（如走廊、门厅、地下室、会议室等）是否有设备临时接入局域网的需求。

- 网络使用单位是否有建立专门部门（如网络中心、信息中心或数据中心）进行信息业务处理的需求。
- 是否有多媒体业务的需求，对多媒体业务的服务性能要求达到什么程度。
- 是否考虑将本单位的电信业务（电话、传真）与数据业务集成到计算机网络中统一处理。
- 网络使用单位对网络安全性有哪些需求，对网络与信息的保密性有哪些需求，需求的程度怎样。
- 网络使用单位是否有距离较远的分公司、分园区，是否需要互联，以及互联要求是什么。

只有在对网络使用单位和部门的需求进行了充分的调研和分析之后，才能搞清用户建设网络的实现目标和将来的期望目标。计算机网络的总体设计必须以这些目标作为基本依据。

（2）确定计算机网络的类型、分布架构、带宽和网络设备类型

清楚了系统的建设目标后，就可以对局域网的类型、分布架构、带宽和网络设备类型进行设计。

① 确定类型。根据用户需要确定合适的局域网类型。目前在局域网建设中，由于以太网性能优良、价格低廉、升级和维护方便，通常都将它作为首选。当然，这里的以太网通常是指通信速率不低于 100 Mbit/s 的以太网。是选择快速以太网还是千兆以太网，还需要根据用户的应用需求和资金条件来决定。如果网络使用单位的环境在布线方面存在困难，也可以选择无线局域网。

② 确定网络分布架构。局域网的网络分布架构与入网计算机的节点数量和网络分布情况直接相关。如果所建设的局域网在规模上是一个由数百台至上千台入网节点计算机组成的网络，在空间上跨越一个园区的多个建筑物，则称这样的网络为大型局域网。对于大型局域网，通常在设计上将它分为核心层、分布层和接入层 3 层来考虑。接入层节点直接连接用户计算机，它通常是一个部门或一个楼层的交换机。分布层的每个节点可以连接多个接入层节点，通常它是一个建筑物内连接多个楼层交换机或部门交换机的总交换机。核心层节点在逻辑上只有一个，它连接多个分布层交换机，通常是一个园区中连接多个建筑物总交换机的核心网络设备。如果所建设的局域网在规模上是由几十台至几百台入网节点计算机组成的网络，在空间上分布在一座建筑物的多个楼层或多个部门，这样的网络称为中型局域网。在设计上常常分为核心层和接入层两层来考虑，接入层节点直接连接到核心层节点。如果所建设的局域网是由空间上集中的几十台计算机构成的小型局域网，设计就相对简单多了，在逻辑上不用考虑分层，在物理上使用一组或一台交换机连接所有的入网节点即可。

③ 确定带宽和网络设备类型。计算机网络的带宽需求与网络上的应用密切相关。一般而言，快速以太网足够满足网络数据流量不是很大的中小型局域网的需要。如果入网节点计算机的数量在百台以上且传输的信息量很大，或者准备在局域网上运行实时多媒体业务，宜选择千兆以太网。主干设备或核心层设备需要选择具备第二层交换功能的高性能主干交换机。如果要求局域网主干具备高可靠性和可用性，还应该考虑核心交换机的冗余与热备份方案设

计。分布层或接入层的网络设备，通常选择普通交换机即可，交换机的性能和数量由入网计算机的数量和网络拓扑结构决定。

（3）确定布线方案

局域网布线设计的依据是网络的分布架构。由于网络布线是一次完成、多年使用的工程，因此必须有较长远的考虑。对于大型局域网，连接园区内各个建筑物的网络通常选择光纤，统一规划，冗余设计，使用线缆保护管道并且埋入地下。建筑物内又分为连接各个楼层的垂直布线子系统和连接同一楼层各个房间入网计算机的水平布线子系统。如果设有信息中心网络机房，还应该考虑机房的特殊布线需求。由于计算机网络的迅速普及，在局域网布线时，应该充分考虑到将来网络扩展可能需要的最大接入节点数量、接入位置的分布和用户使用的方便性。若整座建筑物接入局域网的节点计算机不多，可以采用从一个接入层节点直接连接所有入网节点的设计。若建筑物的每个楼层都分布有大量的接入节点，就需要设计垂直布线子系统和水平布线子系统，并且在每层楼设置专门的配线间，安置该楼层的接入层节点网络设备和配线装置。

（4）确定操作系统和服务器

网络操作系统的选择与计算机网络的规模、所采用的应用软件、网络技术人员与管理的水平、网络使用单位的资金投入等多种因素有关。目前，网络操作系统基本上是三大类产品：微软公司的 Windows Server 2003/2008 系统、传统的 UNIX 系统和新兴的 Linux 系统，以及 Novell 公司的 Netware 系统。

各种服务器既是计算机局域网的控制管理中心，也是提供各种应用和信息服务的数据服务中心，其重要性可想而知。服务器的类型和档次，应该同局域网的规模、应用目的、数据流量和可靠性要求相匹配。如果是服务于几十台计算机的小型局域网，数据流量不大，工作组级服务器基本上就可以满足要求；如果是服务于数百台计算机的中型局域网，一般来说至少需要选用部门级服务器，甚至企业级服务器。对于大型局域网来说，用于网络主干的服务和应用必须选择企业级服务器，其下属的部门级应用则可以根据需求选择其他类型的服务器。对于一个需要与外部世界通过计算机网络进行通信并且有联网业务需求的机构来说，选择功能与档次合适的服务器用于电子邮件服务、网站服务、Internet 访问服务及数据库服务非常重要。根据业务需要，可以由一台物理服务器提供多种应用服务，也可以由多台物理服务器共同完成一种应用服务。

（5）确定服务设施

一个计算机网络建成后，还需要相应的服务设施支持，才能正常运行。若需要保障小型局域网服务器的安全运行，至少需要配备不间断电源设备。对于中、大型局域网，通常需要专门设计安置网络主干设备和服务器的信息中心机房或网络中心机房。机房本身的功能设计、供电照明设计、空调通风设计、网络布线设计和消防安全设计等都必须一并考虑周全。

3. 网络的规模设计

局域网按照其规模可以分为小型、中型和大型 3 种。小型局域网接入的计算机节点一般为几十个，各个节点相对集中，每个节点距离交换机不到 100 m；中型局域网一般包括上百个计算机节点，各个节点的距离较远，超过 100 m 甚至更远；大型局域网则一般包括数百上千个计算机节点，节点分散且间隔更远。可以通过调查并统计园区内部有多少栋楼、多少楼层、多少房间、每个房间内有多少机器入网等，计算出信息点数，作为布线的设计依据。根据对网络需求应用的轻重缓急定出入网的计算机台数，以便进行设备采购和投资预算。如果是行业性网络，可以按照同样的方法把各个单位和部门的信息点数及工作站台数求和，作为全网的设计规模。

4. 网络拓扑结构设计

拓扑学是几何学的一个分支，是从图论演变而来的。拓扑学首先把实体抽象成与其大小、形状无关的点，将连接实体的线路抽象成线，进而研究点、线、面之间的关系。网络拓扑结构就是把工作站、服务器等网络单元抽象为点，把网络中的电缆等通信媒体抽象为线，从拓扑学的观点看计算机和网络系统，就形成了点和线组成的平面几何图形，从而抽象出网络系统的具体结构。科学、合理的拓扑结构是网络稳定、可靠运行的基础，也是网络工程成功实施的前提。

（1）分层网络设计方法

一个大规模的网络系统往往被分为几个较小的部分，它们之间既相对独立又互相关联。这种化整为零的做法是分层进行的。通常网络拓扑的分层结构包括 3 个层次，即核心层、分布层和接入层。

在这种典型的分层结构中，每一层都有其自身的规划目标。

① 核心层处理高速数据流，其主要任务是数据包的快速交换。

② 分布层负责聚合路由路径，收敛数据流量。

③ 接入层将流量接入网络，提供网络访问控制和接入服务，并且提供其他相关的边缘服务。

（2）拓扑设计原则

按照分层结构规划网络拓扑时，应遵循以下基本原则。

① 网络中因拓扑结构改变而受影响的区域应被限制到最低。

② 路由器（及其他网络设备）应传输尽量少的信息。

③ 在不影响应用的前提下，应尽量有利于工程的实施。

（3）分层结构特点

不同的拓扑结构采用不同的控制策略，使用不同的网络连接设备。具体采用哪种网络拓扑结构，与采用的传输介质和对介质的访问控制方式密切相关。

（4）拓扑结构

计算机网络的组成元素可以分为两大类，即网络节点（又可分为端节点和转发节点）和通信链路。网络中节点的互联模式即网络的拓扑结构。在局域网中常用的拓扑结构有星型结构、环型结构和总线型结构。

三、任务实施

【任务目标】在校园网需求分析的基础上，对校园网进行网络规模与结构分析、网络扩展性分析、网络工程预算分析等方面的规划，并完成校园网的设计

【任务场景】根据校园网用户需求、网络需求、网络安全需求以及与外部网络的互联方式等进行总结，对校园网进行规划和设计。网络设计包括网络总体设计、综合布线、设备选型、系统软件、工程实施步骤、测试与验收等内容。

STEP 1 网络规划

网络规划的任务是在需求分析的基础上对网络规模、网络结构、网络管理需求、网络增长预测、网络安全需求以及与外部网络的互联方式进行定性分析和估计。

（1）网络规模，根据需求分析，此校园网的网络规模为 4 个校区互联的园区级网络。

（2）网络结构规划，采用千兆以太网结构，楼宇之间用光缆互联。

（3）网络的业务需求规划，在网络综合布线中考虑数据中心和远程会议系统、标准化考场等建设。

（4）网络安全规划，配备两级防火墙保证安全、流控设备和负载均衡保证网速。

（5）网络扩展性规划，预留物联网传感器接口、数据中心升级空间，规划拓扑如图 3-1 所示。

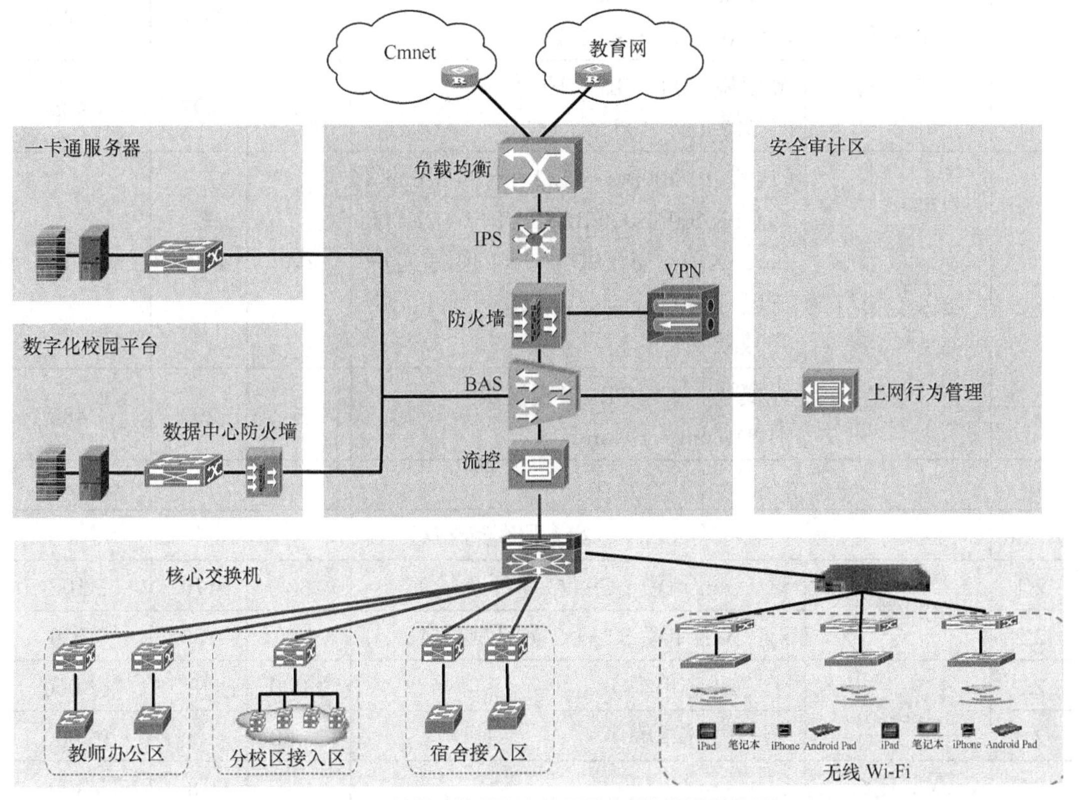

图 3-1 某学院校园网主校区网络规划拓扑结构图

（6）网络工程预算分析与工程进度安排，网络工程预算包括硬件设施造价、施工费用、租用设备费用以及软件费用，以学生宿舍网硬件设备（见表 3-1）和施工预算表（见表 3-2）为例。

表 3-1 某学院学生宿舍网投资预算表

学生宿舍网投资预算					
序号	设备类型	描述	数量	单价（元）	报价（元）
1	宿舍区设备				
1.1	汇聚交换机	（24 个 10/100/1 000Base-T，机箱，双电源槽位，电源线 3 米，不含插卡和电源），2 个风扇（无用户数限制）	26	5 595	145 470
		交流电源模块组件	26	898	23 348

续表

学生宿舍网投资预算					
序号	设备类型	描述	数量	单价（元）	报价（元）
1.1	汇聚交换机	2端口 10GE SFP+光接口板	26	3 818	99 268
		光模块-SFP+-10G-单模模块（1 310 nm，10 km，LC）	26	2 642	68 692
		光模块-SFP-GE-单模模块（1 310 nm，10 km，LC）	5	297	1 485
1.2	接入交换机	（24个10/100Base-T，2个千兆Combo口（10/100/1 000 BASE-T+100/ 1000 Base-X），交流供电），内置单电源+电源线（3 m），无风扇设计（无用户数限制）	290	1 235	358 150
		光模块-SFP-GE-单模模块（1 310 nm，10 km，LC）	5	297	1 485
设备小计					697 898
2	宿舍区综合布线				
2.1	光纤跳线	对（3 m 单模 LC-LC 光纤跳线）	30	170	5 100
2.2		对（3 m 单模 ST-LC 光纤跳线）	60	150	9 000
2.3	光缆	米（24芯单模）	1 000	12	12 000
2.4		米（12芯单模）	2 000	8	16 000
2.5	双头尾纤	根（3 m）	300	18	5 400
2.6	宽带箱	个	208	350	72 800
2.7	水晶头	个（AMP）	7 000	2	10 500
2.8	双绞线	米（AMP）	257 000	1.94	498 580
2.9	光交箱	个	3	300	900
	信息面板	单口	6 268	3	18 804
	信息插座底盒		6 268	1	6 268
	pvc 管	Φ外 20	54 692	1	65 630
	pvc 管	Φ外 50	15 904	4	58 527
	电力电缆	RVVZ3*2.5	520	10	5 070
设备材料小计					784 579
设备材料合计					1 482 477

表 3-2　某学院建筑安装工程费用预算表

项目名称：某公司河南宽带驻地网工程

工程名称：某学院宿舍楼综合布线工程单项工程　建设单位：河南某公司工程建设中心　表格编号：GL−02　全页

序号	费用名称	依据和计算方法	合计（元）	序号	费用名称	依据和计算方法	合计（元）
Ⅰ	Ⅱ	Ⅲ	Ⅳ	Ⅰ	Ⅱ	Ⅲ	Ⅳ
	建筑安装工程费	一+二+三+四	2 413 221	8	夜间施工增加费	人工费×3%	15 512
一	直接费	（一）+（二）	1 857 934	9	冬雨季施工增加费	人工费×2%	10 342
（一）	直接工程费	1+2+3+4	1 638 175	10	生产工具用具使用费	人工费×3%	15 512
1	人工费	(1)+(2)	517 075	11	施工用水电蒸气费		
（1）	技工费	技工工日×48	343 776	12	特殊地区施工增加费		
（2）	普工费	普工工日×19	173 299	13	已完工程及设备保护费		
2	材料费	(1)+(2)	1 071 964	14	运土费		
（1）	主要材料费	详见表 3−3	1 068 758	15	施工队伍调遣费		
（2）	辅助材料费	主材×0.3%	3 206	16	大型施工机械调遣费		
3	机械使用费	见表 3−4		二	间接费	（一）+（二）	320 587
4	仪表使用费	见表 3−5	49 136	（一）	规费	1+2+3+4	165 464
（二）	措施费	1+…+16	219 759	1	工程排污费		
1	环境保护费	人工费×1.5%	7 756	2	社会保障费	人工费×26.81%	138 628
2	文明施工费	人工费×1%	5 171	3	住房公积金	人工费×4.19%	21 665
3	工地器材搬运费	人工费×5%	25 854	4	危险作业意外伤害保险费	人工费×1%	5 171
4	工程干扰费	人工费×6%	31 025	（二）	企业管理费	人工费×30%	155 123
5	工程点交、场地清理费	人工费×5%	25 854	三	利润	人工费×30%	155 123
6	临时设施费	人工费×10%	51 708	四	税金	（一+二+三−光电缆费）×3.41%	79 577
7	工程车辆使用费	人工费×6%	31 025				

表 3-3 主要材料费用预算表

项目名称：中国移动河南宽带驻地网工程

工程名称：某学院光缆接入单项工程　　建设单位：中国移动河南公司工程建设中心　　表格编号：GL−04 甲

序号	名称	规格程式	单位	数量	单价（元）	合计（元）	备注
Ⅰ	Ⅱ	Ⅲ	Ⅳ	Ⅴ	Ⅵ	Ⅶ	Ⅷ
1	光缆	GYSTA−24B1	m	11 307	3.1	35 051.7	
2	光缆	GYSTA−48B1	m	1 434	5.2	7 456.8	
3	光缆	GYSTA−96B1	m	1 724	9.3	16 033.2	
4	落地光缆交接箱	288 芯	台	1	5 614.54	5 614.54	
5	落地光缆交接箱	576 芯	台	3	9 755.7	29 267.1	
6	光缆终端盒	24 芯	只	41	395	16 195	
7	镀锌钢绞线	7/2.2	kg	928.14	8.22	7 629.31	
8	镀锌铁线	ϕ1.5	kg	26.466	13.88	367.35	
9	镀锌铁线	ϕ4.0	kg	20.985	8.22	172.5	
10	钢管卡子		副	6	2	12	
11	引上钢管	ϕ110	根	6	197.56	1 185.36	
12	光缆标志牌		个	263	1	263	按设计
13	光缆托板		块	55	5.72	314.6	
14	U 型钢卡	ϕ6.0	副	417	1.43	596.31	
15	膨胀螺栓	M12	套	869	1.5	1 303.5	
16	托板垫		块	55	2	110	
17	中间支撑物		套	256	8.74	2 237.44	
18	终端转角墙担		根	98	7.71	755.58	
19	拉线衬环	5 股	只	98	2.57	251.86	
20	地脚螺丝	M12×100	副	16	1	16	
21	电缆挂钩	#25	只	11 641	0.18	2 095.38	

续表

序号	名称	规格程式	单位	数量	单价（元）	合计（元）	备注
22	板方材Ⅲ等		m^3	0.04	1 600	64	
23	胶带（PVC）		盘	70.148	2.5	175.37	
24	聚乙烯波纹管		m	36.018	2.08	74.92	
25	七孔梅花管	110mm	m	32.32	17	549.44	
26	双壁波纹管	110mm	m	48	6.5	312	
27	塑料子管	ф28/32	m	144	2.7	388.8	
28	保护软管		m	102.1	1.5	153.15	
29	塑料卡钉	D=10mm	只	1 689	0.055	92.9	
30	水泥	c32.5	t	0.322	580	186.76	
31	碎石	0.5~3.5	t	0.96	28	26.88	
32	粗砂		t	0.684	52	35.57	
	总　计					128 988.32	

表 3-4　机械使用费预算表

项目名称：中国移动河南宽带驻地网工程

工程名称：某学院光缆接入单项工程　　建设单位：中国移动河南公司工程建设中心　　表格编号：GL-03 乙

序号	定额编号	项目名称	单位	数量	机械名称	单位定额值		合计值	
						数量（台班）	单价（元）	数量（台班）	合价（元）
Ⅰ	Ⅱ	Ⅲ	Ⅳ	Ⅴ	Ⅵ	Ⅶ	Ⅷ	Ⅸ	Ⅹ
1	TGD1-002	人工开挖路面 混凝土路面（150 以下）	$100m^2$	0.050	燃油式路面切割机	0.700	121	0.040	4.84
2	TGD1-002	人工开挖路面 混凝土路面（150 以下）	$100m^2$	0.050	燃油式空气压缩机（含风镐）$6m^3/min$	1.500	330	0.080	26.4
3	TXL5-015	光缆成端接头	芯	2 640.000	光纤熔接机	0.030	168	79.200	13 305.6
		总　计							13 336.84

表 3-5　仪表使用费预算表

项目名称：中国移动河南宽带驻地网工程

工程名称：某学院光缆接入单项工程　　建设单位：中国移动河南公司工程建设中心　　表格编号：GL−03 丙

序号	定额编号	项目名称	单位	数量	仪表名称	单位定额值		合计值	
						数量（台班）	单价（元）	数量（台班）	合价（元）
Ⅰ	Ⅱ	Ⅲ	Ⅳ	Ⅴ	Ⅵ	Ⅶ	Ⅷ	Ⅸ	Ⅹ
1	TXL1−002	架空光(电)缆工程施工测量	100m	129.300	地下管线探测仪	0.050	173	6.47	1 119.31
2	TXL3−185	挂钩法架设架空光缆（丘陵、城区、水田）24 芯	千米条	4.680	光时域反射仪	0.150	306	0.7	214.2
3	TXL3−186	挂钩法架设架空光缆（丘陵、城区、水田）48 芯	千米条	0.291	光时域反射仪	0.200	306	0.06	18.36
4	TXL4−010	敷设管道光缆 24 芯	千米条	1.310	光时域反射仪	0.150	306	0.2	61.2
5	TXL4−013	敷设管道光缆 96 芯	千米条	0.039	光时域反射仪	0.300	306	0.01	3.06
6	TXL5−015	光缆成端接头	芯	2 640.000	光时域反射仪	0.050	306	132	40 392
7	TXL5−070	40km 以下中继段光缆测试 48 芯以下	中继段	1.000	稳定光源	2.400	72	2.4	172.8
8	TXL5−070	40km 以下中继段光缆测试 48 芯以下	中继段	1.000	光时域反射仪	2.400	306	2.4	734.4
9	TXL5−070	40km 以下中继段光缆测试 48 芯以下	中继段	1.000	光功率计	2.400	62	2.4	148.8
10	TXL5−074	40km 以下中继段光缆测试 96 芯以下	中继段	3.000	稳定光源	3.800	72	11.4	820.8
11	TXL5−074	40km 以下中继段光缆测试 96 芯以下	中继段	3.000	光时域反射仪	3.800	306	11.4	3 488.4
12	TXL5−074	40km 以下中继段光缆测试 96 芯以下	中继段	3.000	光功率计	3.800	62	11.4	706.8
13	TXL5−097	用户光缆测试 24 芯以下	段	41.000	光时域反射仪	1.400	306	57.4	17 564.4
		合　计							65 444.53

STEP 2 网络设计

（1）确定用户需求，见任务一和任务二。

（2）确定计算机网络的类型、分布架构、带宽和网络设备类型。

- 网络类型，首选以太网，实现万兆骨干网、汇聚核心万兆链路、接入汇聚千兆链路并实现千兆端口到桌面。
- 分布架构为大型局域网，架构分为核心层、分布层和接入层，如图 3-1 所示。
- 带宽和网络设备类型，带宽确定为千兆，所选设备需为具备第三层交换功能的主干交换机，如表 3-1 中所列设备。

（3）确定布线方案。

- 建筑物之间互联使用光纤。
- 每个楼层设多媒体箱。
- 水平布线采用超 5 类双绞线。
- 垂直布线使用光纤。

（4）确定操作系统和服务器。

使用 Linux 操作系统，采购包括日志服务器、计费服务器、数据库服务器、DNS 服务器以及数据服务器在内的服务器 20 台。

（5）数据中心网络设计。

- 主机房走线方式。主机房区布线子系统采用上走线的方式，通过布防走线架来实现通信设备电缆、通信信号线的布防。走线架效果图如图 3-2 所示。

图 3-2　主机房区上走线方式示意图

- 辅助工作区间：UPS 配电系统、接地系统。
- 空调及新风子系统。
- 防雷方案设计。

目前，各种建筑大楼大多数仍采用避雷针保护建筑物的安全，多年的使用证明避雷针用来防止直击雷害非常有效。但是，高精度的微电子计算机设备内含大量的 CMOS 半导体集成模块，导致过压、过流保护能力极其脆弱。需要根据实际环境因素和用户实际需要而新建一套比较完整的防雷方案，从而达到主机房设备系统安全地运行。

图 3-3　UPS 电池组加固及空调制冷示意图

四、任务总结

本次任务主要介绍了网络规划和网络设计的方法和具体内容，结合某学院校园网建设给出了网络规划和网络设计的实例，在进行网络规划和设计时重点还要进行因地制宜的修改。

任务四　施工图纸的绘制

一、任务分析

绘制施工图纸是网络设计的重要组成部分，目前用于绘制网络工程图纸的工具有 Auto CAD 和微软公司的 Microsoft Visio。本次任务的具体工作主要有以下两点。

（1）使用 AutoCAD 软件绘制综合布线管线设计图、楼层信息点分布图以及布线施工图等。

（2）使用 Microsoft Visio 软件绘制网络布线图和网络结构拓扑图。

二、相关知识

（一）网络绘图工具 AutoCAD

1. AutoCAD 的基本功能和特点

AutoCAD 广泛应用在综合布线的设计中，当建设单位提供了建筑物的 CAD 建筑图纸的电子文档后，设计人员要在建筑图纸上进行布线系统的设计。目前，AutoCAD 在网络工程中主要用于综合布线管线设计图、楼层信息点分布图和布线施工图等。

（1）AutoCAD 中提供了丰富的绘图工具，利用它们可以绘制直线、圆、矩形、多边形、椭圆等基本图形，再借助修改工具对其进行相应的修改，便可以绘制出各种平面图。

（2）利用 AutoCAD 新增的参数化绘图功能，可以动态地控制图形对象的形状、大小和位置，从而高效地对图形进行修改。

（3）对所绘图形进行尺寸标注和文字注释（如表面处理要求、加工注意事项等）是整个绘图过程中不可缺少的一步。在 AutoCAD 中，系统提供了一套完整的尺寸标注与编辑命令，使用它们可以方便地为二维和三维图形标注各种尺寸，如线性尺寸、角度、直径、半径、公差等。

2. AutoCAD 的操作界面

AutoCAD 的界面包括标题栏、“应用程序”按钮、快捷访问工具栏、功能区、绘图区、经典菜单栏与快捷菜单、命令行与文本窗口、状态栏等部分，如图 3-4 所示。

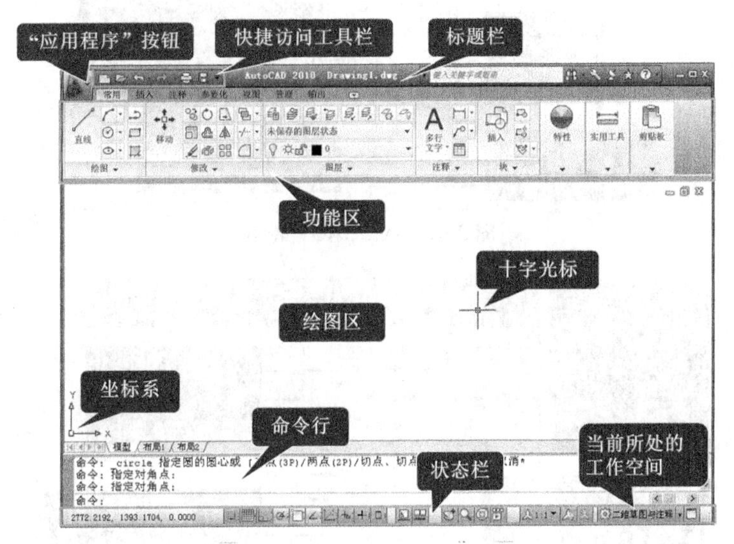

图 3-4　AutoCAD 界面分区图

（1）标题栏

标题栏位于 AutoCAD 窗口的最上端，用于显示当前正在运行的程序名及文件名（如“AutoCAD2010 Drawing1.dwg”）。

标题栏中的文件名右侧是 AutoCAD 的信息中心，在其编辑框中输入需要帮助的问题，然后单击“搜索”按钮，可获得相关的帮助，如果直接单击“单击此处访问帮助”按钮，则可打开 AutoCAD 的帮助窗口。此外，单击“通信中心”按钮，可获得最新的软件信息，单击“收藏夹”按钮，可以收藏一些重要信息，以便随时查看。

（2）应用程序菜单

“应用程序”按钮位于 AutoCAD 2010 操作界面的左上角，单击该按钮，将打开一个下拉菜单，从中可执行“新建”“打开”“保存”“输出”“打印”和“查找”等命令。

（3）快速访问工具栏

快速访问工具栏位于“应用程序”按钮的右侧，用于放置一些使用频率较高的命令按钮。默认情况下，快速访问工具栏中只有“新建”“打开”“打印”“保存”“撤销”和“恢复”6 个常用按钮，用户可根据需要在该工具栏中添加或删除按钮，方法是单击其右侧的按钮，在弹出的下拉列表中选择所需命令。

（4）功能区

AutoCAD 2010 将大部分命令分类组织在功能区的不同选项卡中，如“常用”选项卡、“插入”选项卡等，如图 3-5 所示。单击某个选项卡标签，可切换到该选项卡。在每一个选项卡中，命令又被分类放置在不同的面板中。

（5）经典菜单栏与快捷菜单

经典菜单栏分类存放着 AutoCAD 2010 的大部分命令，要执行某项命令，可单击该命令所在的主菜单名称，打开一个下拉菜单，然后继续选择需要的菜单项即可，如图 3-6 所示。

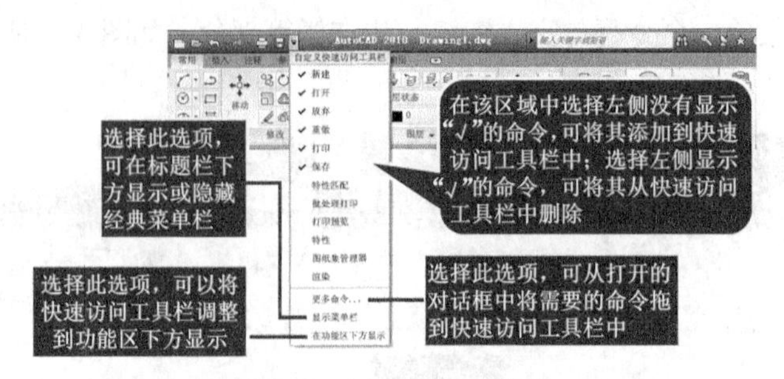

图 3-5　AutoCAD 功能区

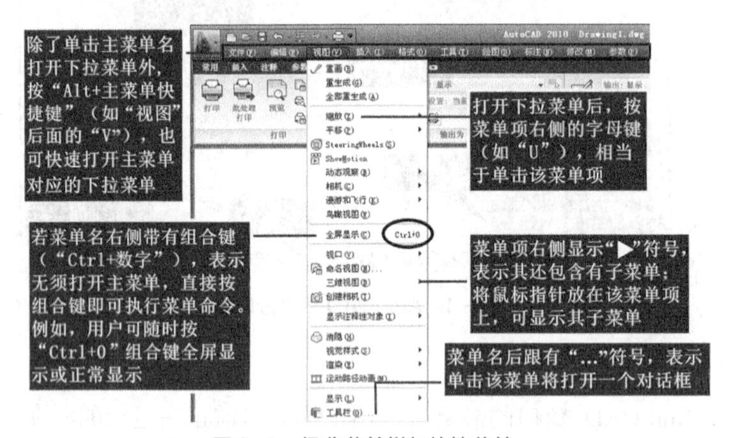

图 3-6　经典菜单栏与快捷菜单

（6）绘图区

AutoCAD 的十字光标用来指示当前的操作位置，移动鼠标时十字光标将随之移动，并在状态栏中显示十字光标所在位置的坐标值。

坐标系图标反映了当前坐标系的类型、原点和 X、Y 轴方向。默认情况下，系统采用世界坐标系（World Coordinate System，WCS）。如果重新设置了坐标系原点或调整了坐标系的其他设置，世界坐标系将变成用户坐标系（User Coordinate System，UCS），如图 3-7 所示。

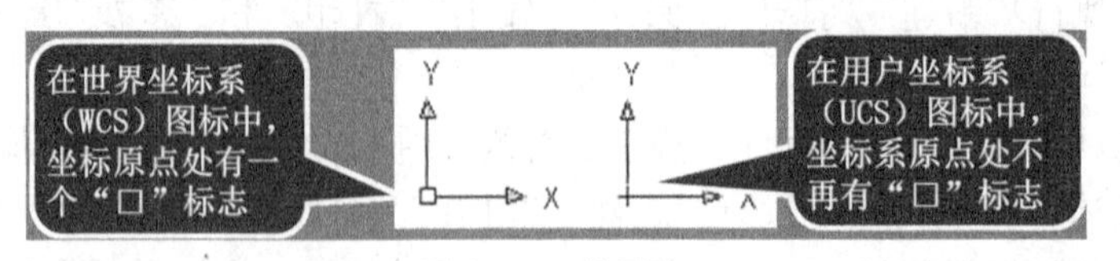

图 3-7　绘图区

（7）命令行与文本窗口

命令行是一个交互式窗口，用户可以通过命令行输入 AutoCAD 的各种命令及参数，而命令行也会显示出各命令的具体操作过程和信息提示。例如，在命令行中输入“LINE”并按“Enter”键，此时命令行窗口将提示您指定直线的第一点 。

文本窗口是记录 AutoCAD 所执行过的命令的窗口，它实际上是放大的命令行窗口。单击

“视图”选项卡“窗口”面板中的“文本窗口”按钮或按“F2”键都可以打开AutoCAD的文本窗口。此外，通过按快捷键“Ctrl+9”还可以控制是否显示命令行。

（8）状态栏

状态栏位于AutoCAD操作界面的最下方，主要用于显示当前十字光标的坐标值，以及控制用于精确绘图的捕捉、栅格、正交、极轴追踪、对象捕捉、对象追踪等选项的打开与关闭；此外，还可以利用状态栏缩放和平移视图，调整注释比例和可见性，以及切换工作空间等，如图3-8所示。

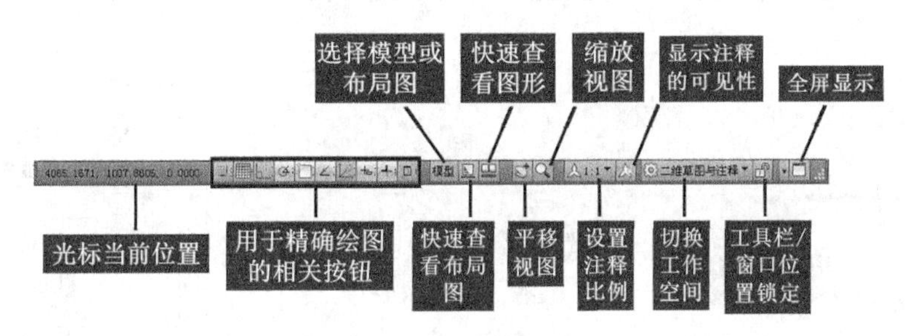

图3-8　状态栏

（二）网络制图工具Microsoft Visio 2010

Visio系列软件是微软公司开发的高级绘图软件，属于Office系列，可以绘制流程图、网络拓扑图、组织结构图、机械工程图、流程图等。它功能强大，易于使用，就像Word一样。它可以帮助网络工程师创建商业和技术方面的图形，对复杂的概念、过程及系统进行组织和文档备案。Visio 2010还可以通过直接与数据资源同步自动化数据图形，提供最新的图形，还可以自定制来满足特定需求。

1. Microsoft Visio 2010的功能和特点

（1）借助模板快速入门

通过 Office Visio 2010，用户可以使用结合了强大的搜索功能的预定义 Microsoft Smart Shapes 符号来查找计算机或网络上的合适形状，从而轻松地创建图表。Office Visio 2010 提供了特定工具来支持IT和商务专业人员的不同图表制作需要。

（2）快速访问常用的模板

使用Office Visio 2010启动时显示的新增“入门”窗口中的全新“最近使用的模板”视图来访问最近使用的模板。

（3）使数据在图表中更引人注目

使用Office Visio Professional 2010中新增的数据图形功能，从多个数据格式设置选项中进行选择，以引人注目的方式显示与形状关联的数据。只需单击一次，便可将数据字段显示为形状旁边的标注，将字段放在形状下的框中，并将数据字段直接放在形状的顶部或旁边。

（4）轻松刷新图表中的数据

Office Visio Professional 2010中新增的“刷新数据”功能可以自动刷新图表中的所有数据，无需手动刷新。如果出现数据冲突，则可使用Office Visio Professional 2010中提供的刷新冲突任务窗格来轻松地解决这些冲突。

2. 熟悉Microsoft Visio 2010操作

（1）基于模板创建图形文档

模板是Visio针对各类特定的绘图任务而组织起来的一系列主控图形的集合。每一个模板都由模具、绘图页的设置信息、主题样式等组成，适合于某个特定类型的绘图。

Visio 为用户提供了包括流程图、网络图、工程图、数据库模型图和软件图等多类模板，可用于可视化业务流程、跟踪项目和资源、绘制组织结构图、映射网络、绘制建筑地图以及优化系统等绘图任务。

打开如图 3–9 所示的 Microsoft Visio 2010 界面，即可选择通过模板创建图形文档。图中为新建 Visio 文件并选择“地图和平面布置图”模板类别时所列出的模板。

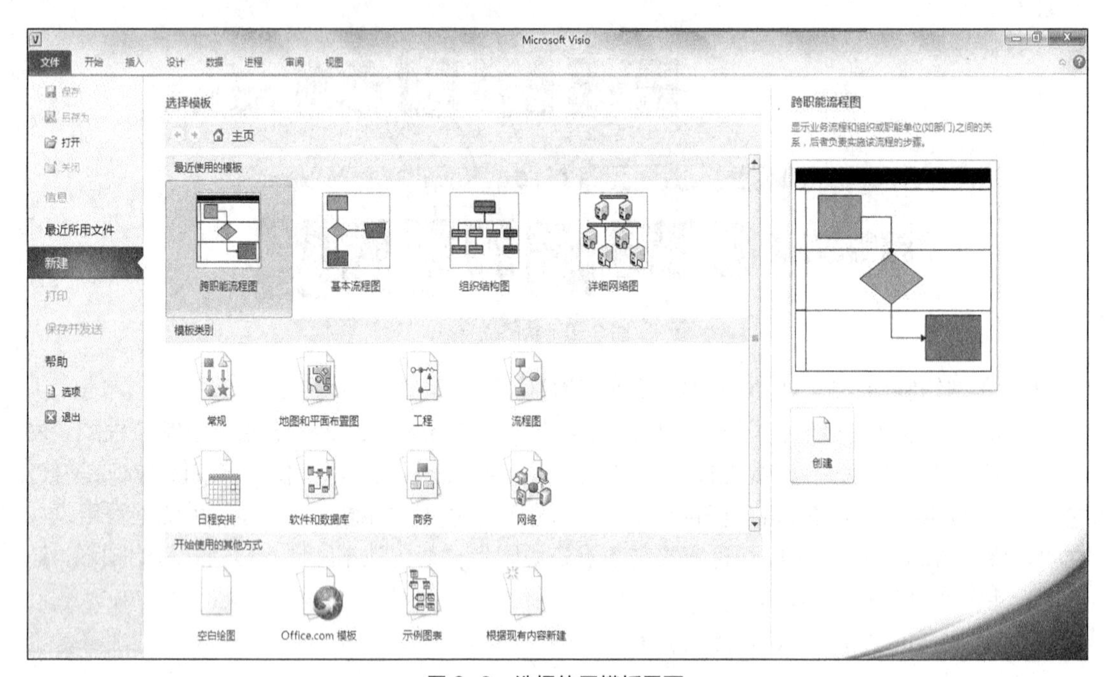

图 3–9　选择使用模板界面

若要再次使用最近使用过的某个模板，可在“最近使用的模板”下单击要使用的模板，然后单击“创建”。

若要使用内置模板之一，可在“模板类别”下依次单击要使用的类别和模板，单击“创建”。

若要使用以前创建的模板，可在“开始使用的其他方式”下单击“根据现有内容新建”，导航到要使用的文件，然后单击“新建”。

若要在 Office.com 上查找模板，可在“开始使用的其他方式”下单击“Office.com 模板”，选择要使用的模板，然后单击“下载”将该模板从 Office.com 下载到计算机中。

（2）创建新的图形文档

用户可以创建一个新的绘图文件。新绘图文件将打开一个空白的、不带任何模具的、无比例的绘图页，如图 3–10 所示。它为用户提供了足够的灵活性，使用户可以按自己喜欢的任何方式创建绘图，步骤如下。

- 单击“文件”选项卡，打开 Backstage 视图。
- 单击“新建”。
- 在“选择模板”下的“开始使用的其他方式”下，单击“空白绘图”。
- 单击“创建”。

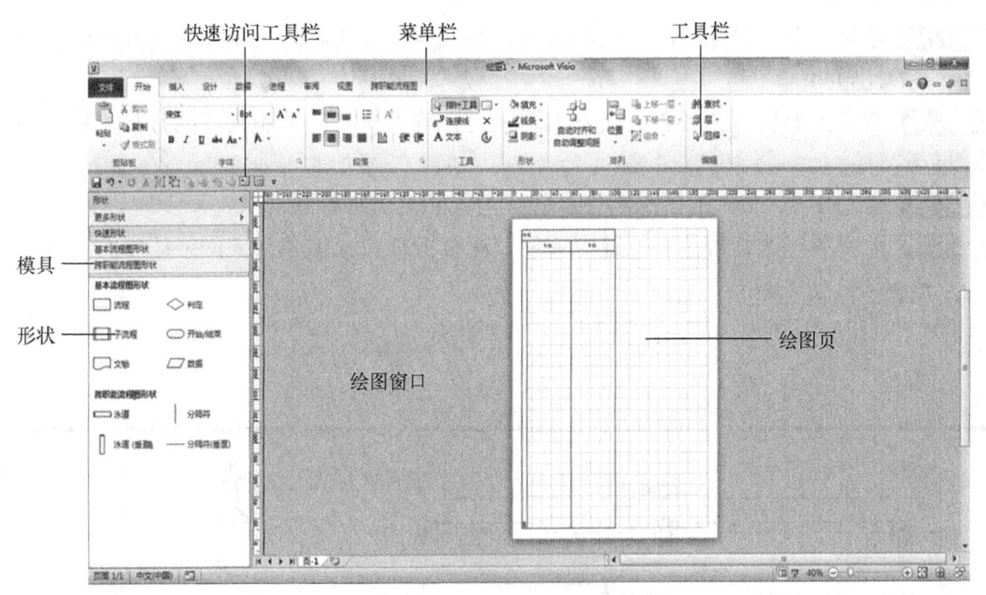

图 3-10 Microsoft Visio 2010 绘图窗口

（3）打开图形文档

- 单击“文件”选项卡，然后单击“打开”。
- 在“打开”对话框的左窗格中，单击包含绘图的驱动器或文件夹。
- 在“打开”对话框的右窗格中，打开包含所需绘图的文件夹。
- 单击该绘图，然后单击“打开”。

（4）保存图形文档

用户可以将图表保存为标准的 Visio 文件，可以与安装有 Visio 的其他人员共享此文件。此外，“另存为”对话框中还有许多不同格式，用户可以将图表直接保存为这些格式。

- 标准图像文件：包括 JPG、PNG 和 BMP 格式。
- 网页：采用 HTM 格式。
- PDF 或 XPS 文件。
- AutoCAD 绘图：采用 DWG 或 DXF 格式。

三、任务实施

【任务目标】熟悉绘制网络拓扑结构图的软件，并能够使用绘图软件绘制综合布线所需的网络结构图。

【任务场景】根据需求绘制校园网网络拓扑结构图、楼宇机柜配线架信息点分布图、综合布线平面图等图形，学会使用绘图软件。

1. 使用 Microsoft Visio 2010 绘制网络拓扑结构图（以图 3-1 为例）

STEP 1 启动 Visio，选择 Network 目录下的 Basic Network（基本网络形状）样板，进入网络拓扑图样编辑状态，按图 3-1 绘制图。

STEP 2 在基本网络形状模板中选择服务器模块，并将其拖放到绘图区域中创建它的图形实例。

STEP 3 加入防火墙模块。选择防火墙模块，并将其拖放到绘图区域中，适当调整其大小，创建它的图形实例。

STEP 4 绘制线条。选择不同粗细的线条，在服务器模块和防火墙模块之间连线，并画出与其余模块相连的线。

STEP 5 双击图形后，图形进入文本编辑状态，输入文字。按照同样的方法分别给各个图形添加文字。

STEP 6 使用 Text Tool 工具画出文本框，为绘图页添加标题。

STEP 7 改变图样的背景色。设计完成后，保存图样，文件名为“网络拓扑结构图”。

2. 综合布线图示例

（1）学院中心机房设备放置图，如图 3-11 所示。

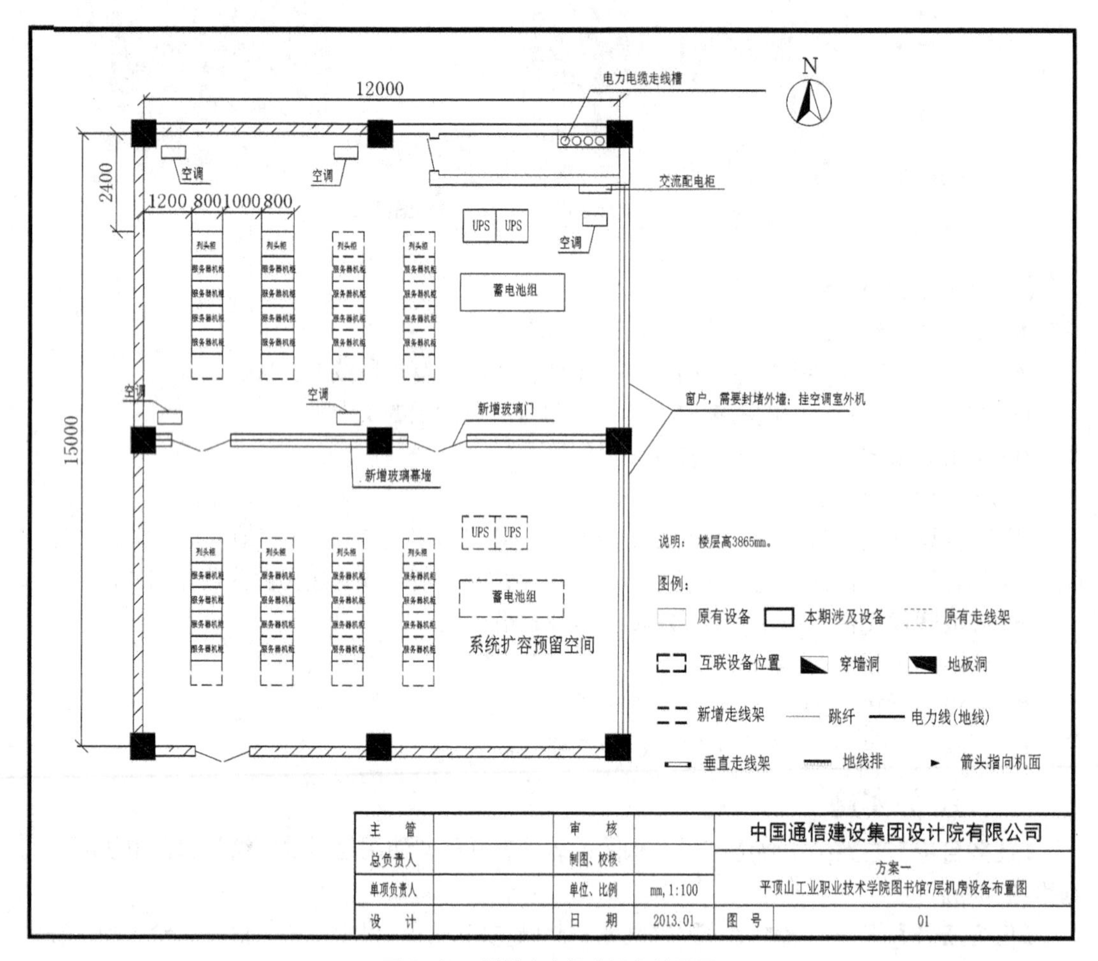

图 3-11 学院中心机房设备放置图

（2）学院主校区光缆分布图，如图 3-12 所示。

（3）学院餐厅综合布线示意图，如图 3-13 所示。

（4）学院公寓楼综合布线示意图，如图 3-14 所示。

（5）学院公寓楼楼层综合布线示意图，如图 3-15 所示。

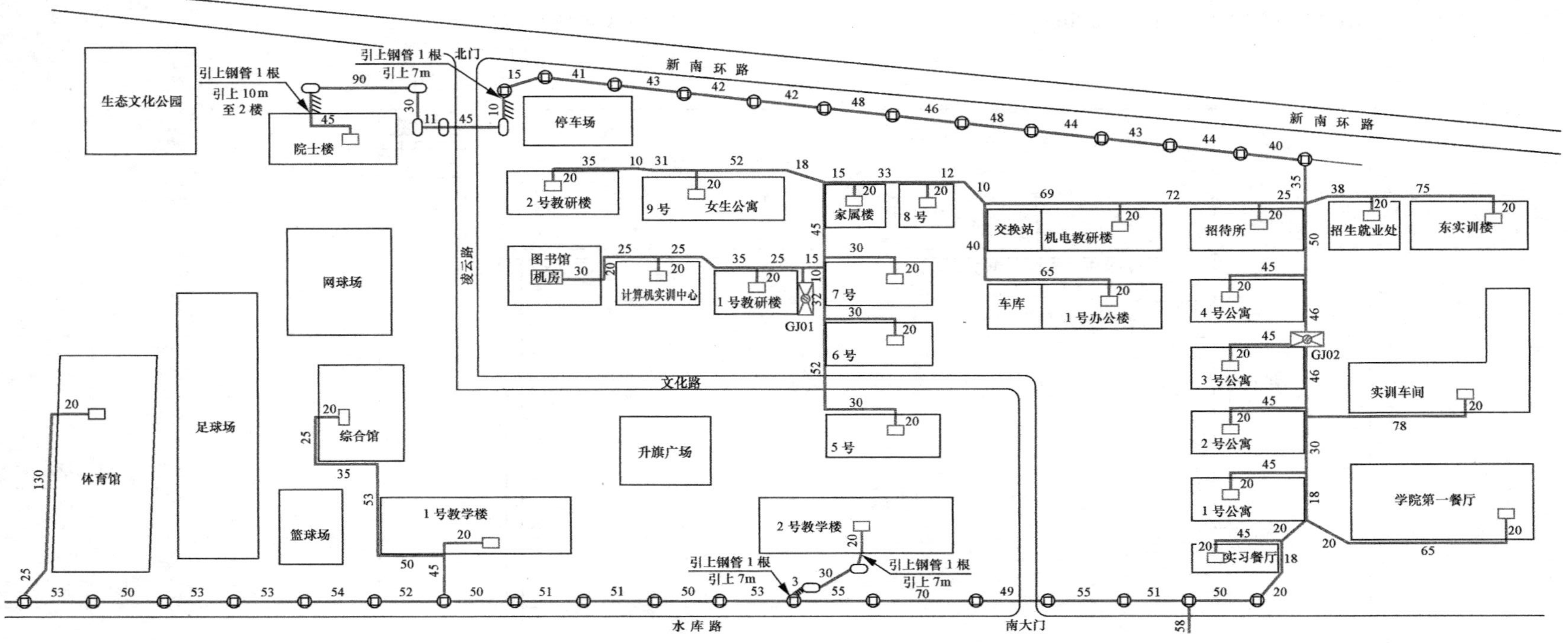

图 3-12　学院主校区光缆分布图

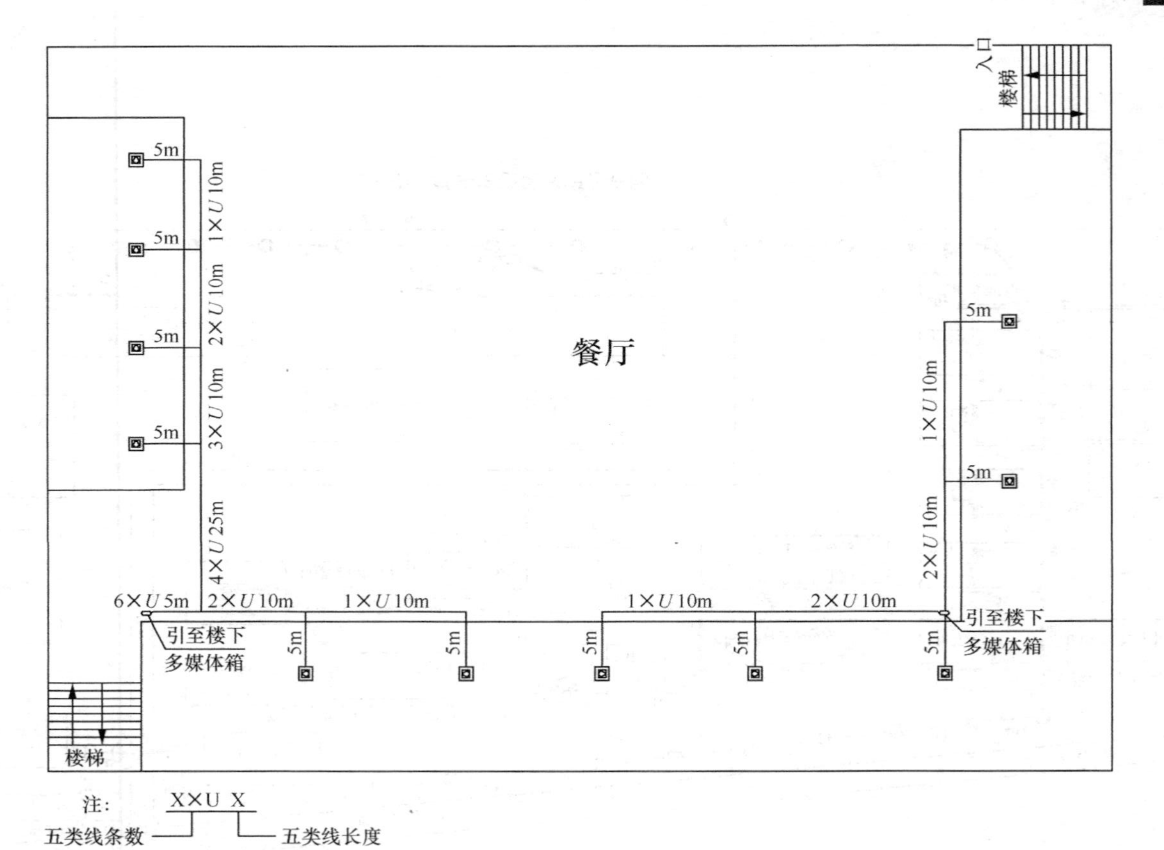

图 3-13　学院餐厅综合布线示意图

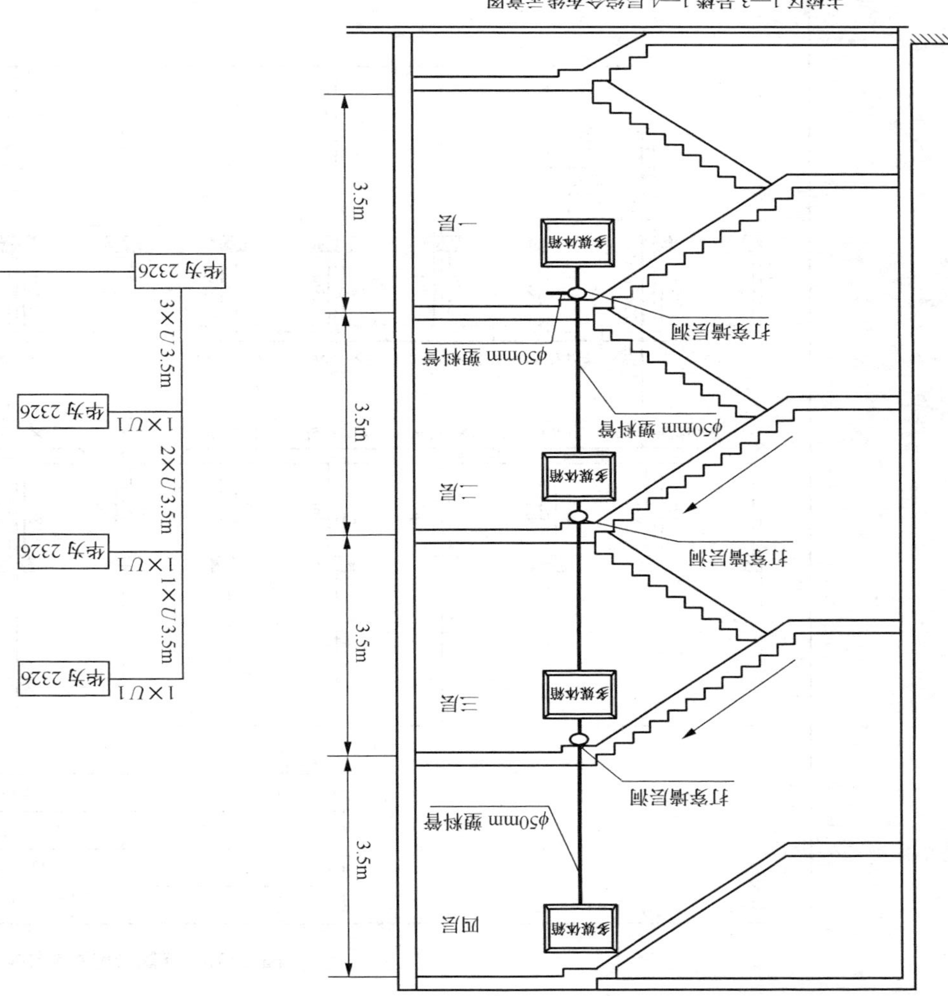

图 3-14 学院公寓楼综合布线示意图

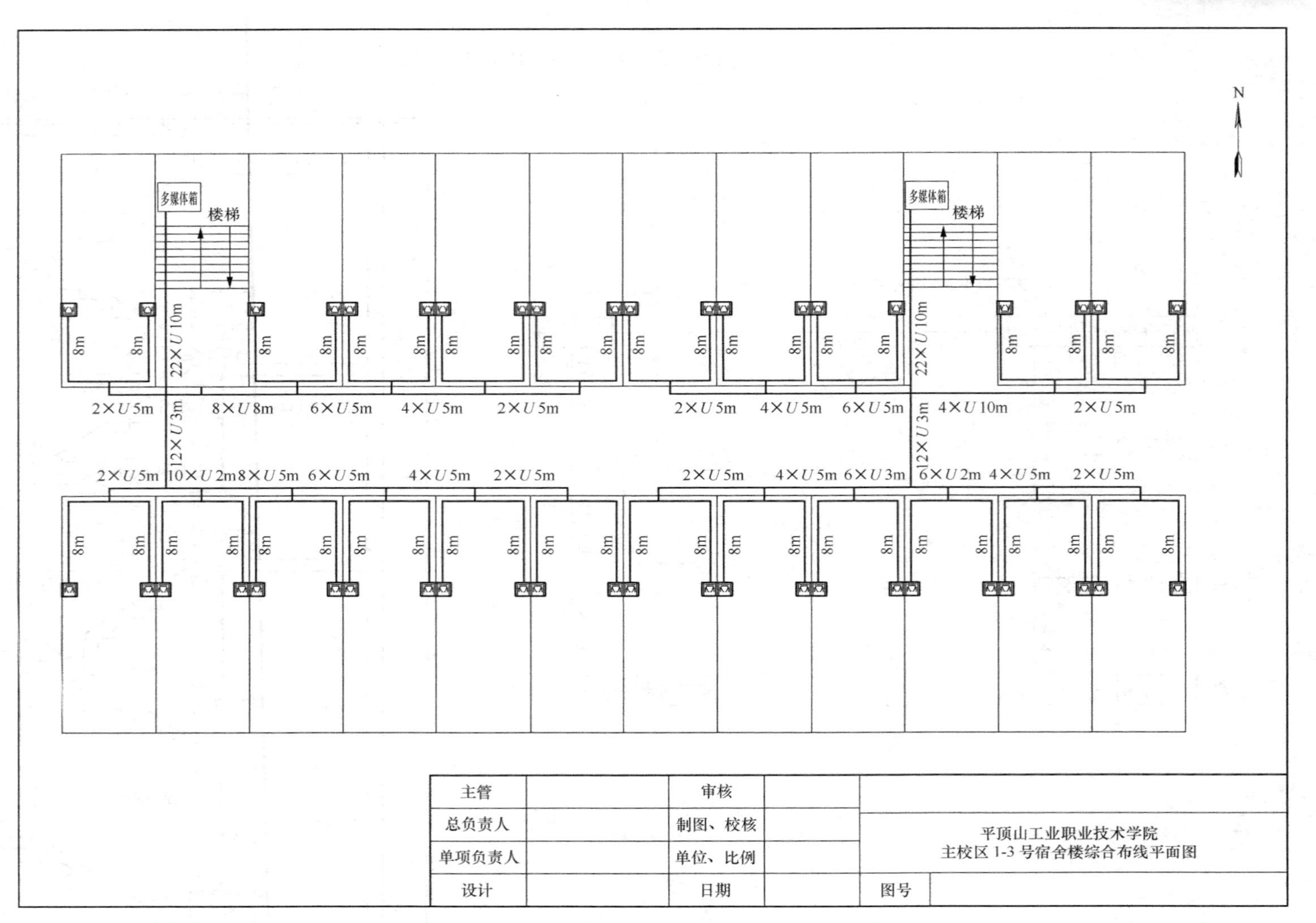

图 3-15　学院公寓楼楼层综合布线示意图

四、任务总结

本次任务主要介绍了综合布线中绘制各种图纸时需要用到的绘图软件 AutoCAD 2010 和 Microsoft Visio 2010 的基本操作和用法，提供了综合布线需要绘制的各类图纸绘制样例。

项目考核表

专业：____________　　班级：____________　　课程：____________

项目名称：项目三　网络工程项目总体规划	**工作任务：** 任务一　用户需求分析 任务二　网络需求分析 任务三　网络工程规划与设计 任务四　施工图纸的绘制
考核场所：	**考核组别：**

项目考核点	**分值**
1. 掌握用户需求分析方法，能够进行需求分析	15
2. 能够根据调研和分析，确定网络应用目标	10
3. 能够根据调研和分析，分析网络工程指标	10
4. 能够根据需求，进行网络工程规划	20
5. 能够根据需求，进行网络工程设计	15
6. 能够使用 AutoCAD 绘制综合布线图形	10
7. 能够使用 Microsoft Visio 绘制综合布线网络图	10
8. 善于团队协作，营造团队交流、沟通和互帮互助的气氛	10
合　计	100

考核结果（答辩情况）

学号	姓名	各考核点得分								自评	组评	综评	合计
		1	2	3	4	5	6	7	8				

组长签字：____________　　教师签字：____________　　考核日期：　　年　月　日

思考与练习

一、填空题

1. 目前，智能小区分为________、________和住宅智能小区 3 类。
2. 网络规模认定通常分为工作组或小型办公室局域网、__________、__________以及__________4 种。
3. 典型的局域网构建需求可以归纳为部门级局域网、________和________3 种。

二、选择题

1. 下列哪些是影响网络性能的主要因素？（　　）

   A. 距离　　B. 时段　　C. 服务类型　　D. 信息冗余

2. 下列哪些是网络规划原则？（　　）

   A. 实用为本　　B. 适度先进　　C. 可靠性　　D. 可扩展性

3. 绘制网络拓扑图一般使用下列哪些软件？（　　）

   A. AutoCAD　　B. Microsoft Visio

   C. Photoshop　　D. Flash

三、思考题

1. 网络设计原则有哪些？
2. 网络规划的内容是什么？
3. 网络拓扑结构有哪些？它们的优缺点有哪些？

PART 4 项目四 选择综合布线产品

知识点

- 交换机的作用和分类
- 路由器的作用和分类
- 防火墙的作用和分类
- 服务器的作用和服务
- 网络中其他设备
- 布线器材的分类和特点
- 双绞线的分类和特点
- 同轴电缆的分类和特点
- 光纤的分类和应用环境
- 布线工具
- 无线介质

技能点

- 能够根据需求选购合适的交换机
- 能够根据需求选购合适的路由器
- 能够根据需求选购合适的防火墙
- 能够根据需求选购合适的服务器
- 能够根据网络需求配备其他网络设备
- 能够根据布线需求选购双绞线电缆和同轴电缆
- 能够根据需求和网络设备选购光缆及光纤跳线等
- 能够根据应用需求和应用环境选购合适的线槽（管）和机柜等综合布线器材

建议教学组织形式

- 参观学院的校园网络中心
- 使用中关村在线等报价网站选购产品

任务一　选择网络设备

一、任务分析

要为学校建立技术先进、经济实用、效率高、扩展性好的综合布线系统，必须综合各个子系统要求，应用系统工程的理论和方法，统一规划布线，优选网络设备，提高性价比。

根据网络需求分析和扩展性要求选择合适的网络设备，是构建一个完整的计算机网络系统非常关键的一环。本次任务需要完成的工作有以下两项。

（1）了解交换机、路由器、防火墙、服务器等设备的性能指标和主流产品，并根据需求为校园网所需的交换机、防火墙等网络设备进行选型。

（2）了解上网行为管理、流控、负载均衡等设备的作用、性能指标，通过网络获取设备主流产品信息，根据需求为校园网的上网行为管理、IPS 等网络优化设备进行选型。

二、相关知识

随着技术的不断进步和下一代互联网的出现（IPv6），各种网络设备不断推陈出新。目前，高校校园网仍以 IPv4 网络为主，但是，在很多学校的校园网中 IPv4 网络存在 IP 地址资源短缺、QoS、安全等问题。同时，高校作为学术研究的基地，建立起 IPv6 校园网以推动高校师生对 IPv6 技术的研究和实践，抢占 IPv6 技术制高点同样有迫切的需求，所以在现行的综合布线系统中，网络设备是否具备 IPv4 和 IPv6 双协议转发要作为网络设备选型的重要参数之一。

作为网络工程技术人员，必须了解一些知名的网络设备厂商，如表 4-1 所示，熟知其产品和解决方案，这对以后的网络工程设计会有非常大的帮助。

表 4-1　国内、外知名的网络设备厂商

国内知名厂商	H3C	HUAWEI	ZTE中兴®
	Ruijie锐捷 Networks	上海贝尔 Alcatel·Lucent	MAIPU迈普
国外知名厂商	CISCO	Juniper NETWORKS	enterasys Networks that Know

以前国内的网络设备市场基本上是洋品牌的天下，而以华为、H3C、锐捷、中兴等品牌为代表的国产网络设备厂商后来居上，目前已占到了 70%~80% 的市场份额。2011 年，各厂商在中国网络设备市场所占份额如图 4-1 所示。

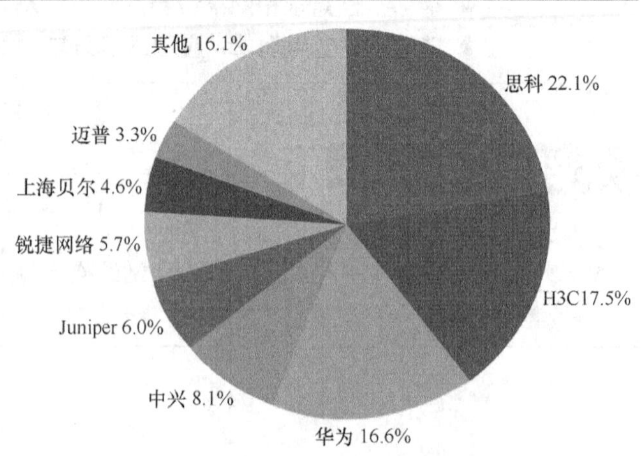

图 4-1　2014 年中国网络设备市场厂商份额

局域网和互联网的主要设备有交换机、路由器、防火墙、服务器、光纤收发器等，下面分别进行介绍。

（一）交换机

交换机（Switch）也称为交换式集线器，是一种基于 MAC 地址（网卡的硬件标志）识别，能够在通信系统中完成信息交换功能的设备，如图 4-2 所示。

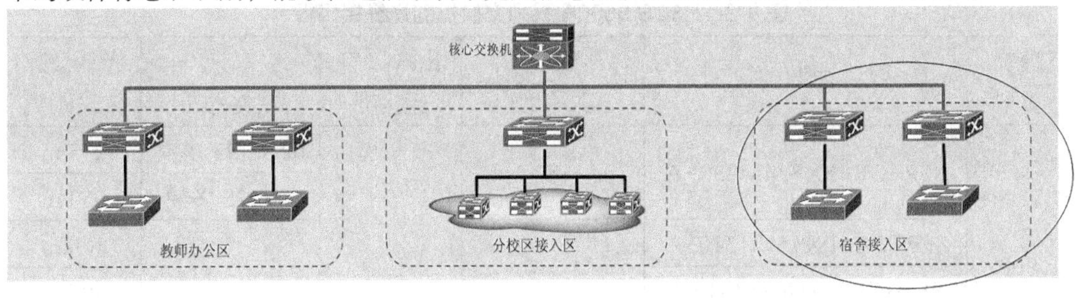

图 4-2 网络中的交换机

1. 交换机的分类

目前，市场上可供选择的交换机种类繁多，可以按照不同的标准对其进行分类，如按端口可以分为 5 口、8 口、16 口以及 24 口交换机等；按端口的传输速率可以分为 10 Mbit/s 交换机、100 Mbit/s 交换机、10/100 Mbit/s 自适应交换机、10/100/1 000Mbit/s 自适应交换机、1 000Mbit/s 交换机，以及 10 Gbit/s 交换机等。

2. 常见的交换机厂家及其代表产品

思科（Cisco）、华三通信（H3C）、锐捷等是目前比较知名的交换机生产厂商，其相关产品采用了大量新的技术，有非常高的背板带宽，支持 VLAN 和 IPv6。

思科代表产品：Cisco Catalyst 2960 系列交换机、Cisco Catalyst 3560-E 系列交换机、Cisco Catalyst 3750-X 系列交换机、Cisco Catalyst 6500 系列交换机等。详情参见 http://www.cisco.com.cn。

H3C 代表产品：H3C S10500 系列核心交换机、H3CS9500E 系列路由交换机、H3C S9500 系列核心路由交换机、H3C S7500 系列路由交换机、H3C S3100-EI 系列以太网交换机、H3C E328/ 352 教育网以太网交换机。详情参见 http://www.h3c.com.cn。

锐捷代表产品：RG-S9600 系列交换机、RG-S6800 系列交换机、RG-S2900 系列交换机。详情参见 http://www.ruijie.com.cn。

3. 交换机的接口板及端口

目前最新的交换机和线路板，已经与之前的产品有了很大的区别。在此，我们主要熟悉交换机常用的端口，只要能够识别以太网电口、各种类型的光口，如现在流行的 SFP/LC 光模块和最新的 l0 G XFP/LC 光模块，如图 4-3 所示，可以连接即可。这方面的具体情况可以查看各公司详细的产品安装手册和技术手册。

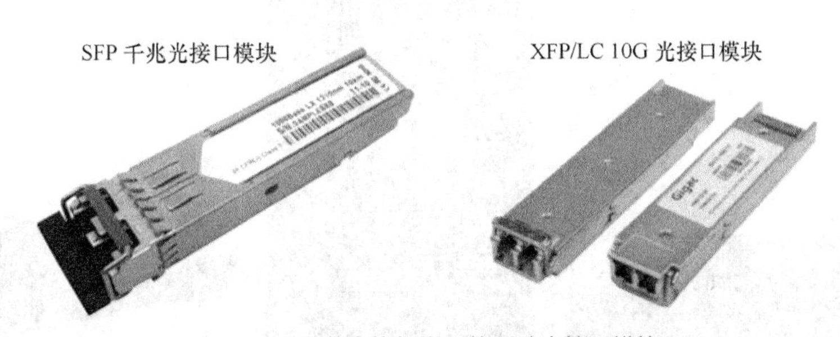

图 4-3 目前交换机常用的两种光接口模块

以 H3C S9500E 系列交换机为例，其光纤接口板如表 4-2 所示。

表 4-2　H3CS 9500E 系列交换机的光纤接口板

模块类型	型号	中心波长/nm	用户接口连接器	接口光纤规格/μm	光纤最大传输距离
SFP	SFP-GE-SX-MM850-A	850	LC	62.5/125 多模	275 m
				50/125 多模	550 m
	SFP-GE-LX-SM1310-A	1 310		9/125 单模	10 km
	SFP-GE-LH40-SM1310				40 km
	SFP-GE-LH70-SM1550	1 550			70 km
	SFP-GE-LH100-SM1550				100 km
XFP	XFP-SX-MM850	850		62.5/125 多模	33 m
				50/125 多模	300 m
	XFP-POS-LH10-SM1310	1 310		9/125 单模	10 km
	XFP-LX-SM1310	1 310			10 km
	XFP-LH40-SM1550-F1	1 550			40 km
	XFP-LH80-SM1550	1 550			80 km

目前，常用的光纤连接器的连接头有 FC、SC 和 LC 三种。

FC 型——最早由日本 NTT 公司研制。外部加强件采用金属套，紧固方式为螺丝扣。测试设备选用该种接头较多。

SC 型——由日本 NTT 公司开发的模塑插拔耦合式连接器。其外壳采用模塑工艺，用铸模玻璃纤维塑料制成，呈矩形；插针由精密陶瓷制成，耦合套筒为金属开缝套管结构。紧固方式采用插拔销式，不需要旋转。

LC 型——由朗讯公司设计。套管外径为 1.25 mm，是通常采用的 FC-SC、ST 套管外径 2.5 mm 的一半，提高了连接器的应用密度。

SFP（Small Form Pluggable）是一种千兆以太网光接口板，可实现高速的业务交换。用户可以根据实际应用选择不同端口密度的千兆以太网光接口板，并根据传输距离选择光模块。图 4-4 为 H3C 交换机及光纤面板。

H3C 以太网交换机

H3C S9512 路由交换机

H3C XFP 光纤接口面板

图 4-4　H3C 交换机及光纤面板

XFP（10 Gigabit Small Form Factor Pluggable）为 10 G 光模块，遵循 802.3ae 的标准，传输的距离和选用光纤类型、光模块光性能相关，可用在“万兆以太网”、SOVET 等多种系统中，多采用 LC 接口。

（二）路由器

路由器（Router）是一种用于连接多个网络或网段的网络设备，如图 4-5 所示。这些网络可以是几个使用不同协议和体系结构的网络（如互联网与局域网），也可以是几个不同网段的网络（如大型互联网中不同部门的网络，当数据信息要从一个部门网络传输到另外一个部门网络时，就可以用路由器来完成）。

图 4-5　H3C MSR 50 系列多业务开放路由器

路由器在连接不同网络或网段时，可以对这些网络之间的数据信息进行“翻译”，将其转换成双方都能“读”懂的数据，这样就可以实现不同网络或网段间的互联互通。同时，它还具有判断网络地址、选择路径，以及过滤和分隔网络信息流的功能。目前，路由器已成为各种骨干网络内部、骨干网之间以及骨干网和互联网之间连接的枢纽。网络中路由器的位置如图 4-6 所示。

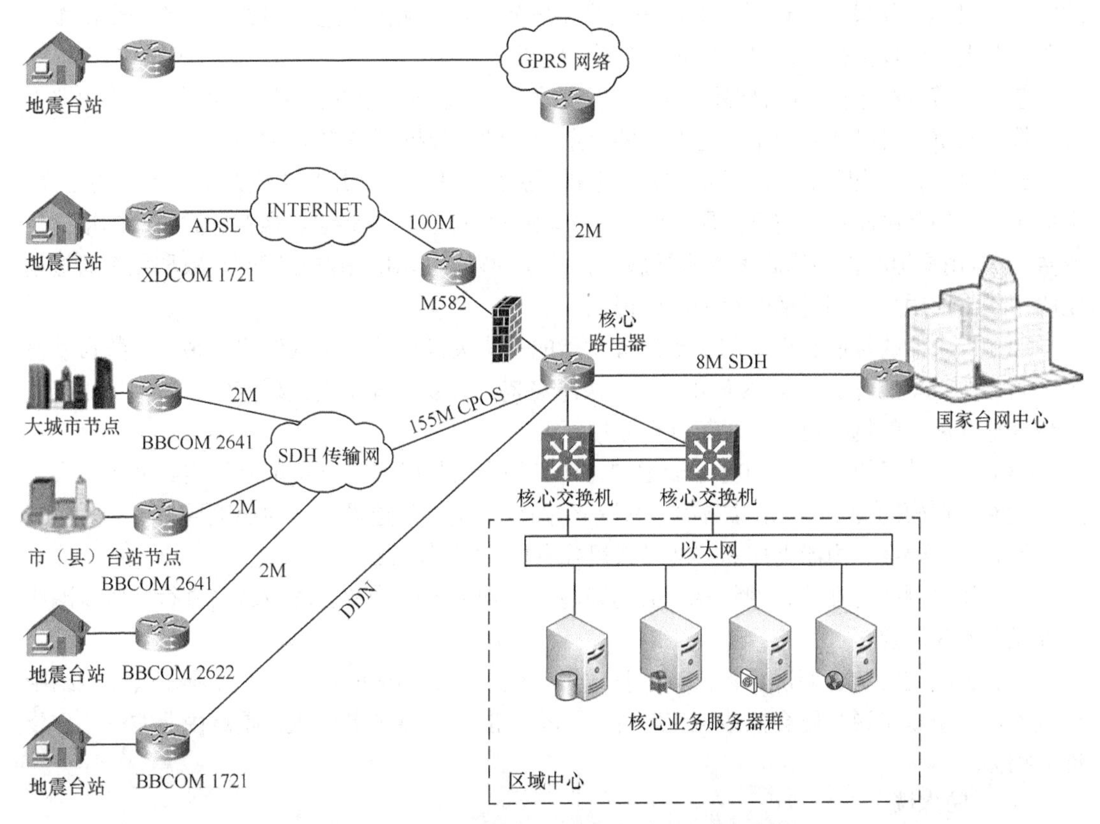

图 4-6　某省地震数据服务中心路由器布局示意图

选择路由器时应注意安全性、控制软件、网络扩展能力、网管系统、带电插拔能力等方面。

（1）由于路由器是网络中比较关键的设备，针对网络存在的各种安全隐患，路由器必须具有如下的安全特性。

① 可靠性与线路安全。可靠性要求是针对故障恢复和负载能力而提出来的。对于路由器来说，可靠性主要体现在接口故障和网络流量增大两种情况下，为此，备份是路由器不可或缺的手段之一。当主接口出现故障时，备份接口会自动投入工作，保证网络的正常运行。当网络流量增大时，备份接口又可承担负载分担的任务。

② 身份认证。路由器中的身份认证主要包括访问路由器时的身份认证、对端路由器的身份认证和路由信息的身份认证。

③ 访问控制。对于路由器的访问控制，需要进行口令的分级保护。有基于 IP 地址的访问控制和基于用户的访问控制。

④ 信息隐藏。与对端通信时，不一定需要用真实身份进行通信。通过地址转换，可以做到隐藏网内地址，只以公共地址的方式访问外部网络。除了由内部网络首先发起的连接，网外用户不能通过地址转换直接访问网内资源。

⑤ 数据加密。为了避免因为数据窃听而造成的信息泄漏，有必要对所传输的信息进行加密，只有与之通信的对端才能对此密文进行解密。通过对路由器所发送的报文进行加密，即使在 Internet 上进行传输，也能保证数据的私有性、完整性以及报文内容的真实性。

⑥ 攻击探测和防范。路由器作为一个内部网络对外的接口设备，是攻击者进入内部网络的第一个目标。如果路由器不提供攻击检测和防范，则是攻击者进入内部网络的一个桥梁。在路由器上提供攻击检测，可以防止一部分的攻击。

⑦ 安全管理。内部网络与外部网络之间的每一个数据报文都会通过路由器，在路由器上进行报文的审计可以提供网络运行的必要信息，有助于分析网络的运行情况。

调查显示，无线路由器也正成为被黑客利用进行攻击、威胁用户上网及隐私安全的工具，七成用户担心路由器存在安全问题。其中，63%用户最担心路由器被黑客控制后窃取网银支付账号，61%用户担心被利用后植入木马病毒，另有 44%和 43%的用户对蹭网现象和黑客通过控制路由器监控用户上网隐私的行为表示担忧。

（2）路由器的控制软件是路由器发挥功能的一个关键环节。从软件的安装、参数自动设置，到软件版本的升级都是必不可少的。软件安装、参数设置及调试越方便，用户使用起来就越容易掌握，就越能更好地对其进行应用。

（3）随着计算机网络应用的逐渐增加，现有的网络规模有可能不能满足实际需要，会产生扩大网络规模的要求，因此扩展能力是一个网络在设计和建设过程中必须要考虑的。扩展能力的大小主要看路由器支持的扩展槽数目或者扩展端口数目。

（4）随着网络的建设，网络规模会越来越大，网络的维护和管理就越难进行，所以网络管理显得尤为重要。

（5）在我们安装、调试、检修、维护或者扩展计算机网络的过程中，免不了要在网络中增减设备，也就是说可能会插拔网络部件。那么，能否支持带电插拔，是路由器的一个重要性能指标。

（三）防火墙

防火墙（Firewall）是一种协助确保信息安全的设备，会依照特定的规则，允许或是限制传输的数据通过。防火墙可以是一台专属的硬件设备，也可以是架设在一般硬件上的一套软件。

所谓防火墙，指的是一个由软件和硬件设备组合而成、在内部网和外部网之间、专用网与公共网之间的界面上构造的保护屏障，是一种获取安全性方法的形象说法。它是一种计算机硬件和软件的结合，使 Internet 与 Intranet 之间建立起一个安全网关（Security Gateway），从而保护内部网免受非法用户的侵入。防火墙主要由服务访问规则、验证工具、包过滤和应用网关 4 个部分组成。它就是一个位于计算机和它所连接的网络之间的软件或硬件。该计算机流入流出的所有网络通信和数据包均要经过此防火墙。

在网络中，防火墙是指一种将内部网和公众访问网（如 Internet）分开的方法，它实际上是一种隔离技术。防火墙是在两个网络通信时执行的一种访问控制尺度，它能允许用户"同意"的人和数据进入该用户自己的网络，同时将用户"不同意"的人和数据拒之门外，最大限度地阻止网络中的黑客来访问用户的网络。防火墙的位置如图 4-7 所示。

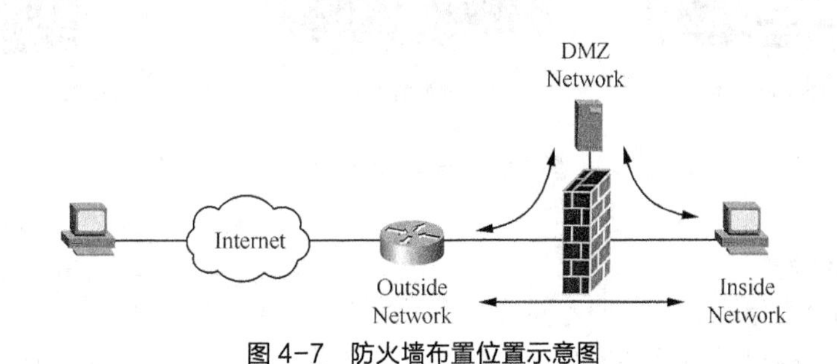

图 4-7　防火墙布置位置示意图

目前，国内的防火墙几乎被国外的品牌占据了一半的市场，国外品牌的优势主要是在技术和知名度上比国内产品高。而国内防火墙厂商对国内用户的了解更加透彻，价格上也更具有优势。防火墙产品中，国外主流厂商为思科（Cisco）、Checkpoint、Net Screen 等，国内主流厂商为东软、天融信、山石网科、网御神州、联想、方正等，他们都提供不同级别的防火墙产品。

（四）服务器

在普通计算机用户眼里，服务器总是显得神秘莫测。随着网络环境的普及和众多服务的提供，服务器得到越来越多的应用，普通用户接触服务器的机会也越来越多。下面就来介绍服务器的一些相关知识。

1. 服务器的概念

服务器（Server）指的是网络环境下为客户机（Client，是指安装有 Windows XP/7、Linux 等操作系统，供普通用户使用的计算机）提供某种服务，安装有网络操作系统（如 Windows 2008 Server、Linux、UNIX 等）和各种服务器应用系统软件（如 Web 服务、电子邮件服务）的专用计算机。如图 4-8 所示为一些常见的服务器。

服务器的处理速度和系统可靠性都要比普通 PC 高得多，这是由两者所扮演的角色决定的。普通 PC 一般情况下运行时间不会太长，死机后重启即可，数据的丢失也仅限于单台计算机；服务器则完全不同，许多重要的数据都保存在其中，各种网络服务也要通过它来运行，一旦发生故障，将会丢失大量的数据，而且其提供的各种功能，如代理上网、安全验证、电子邮件服务等都将失效，从而造成网络的瘫痪。因此，对服务器的要求非常高，要求 365 天 × 24 小时不间断运行。

曙光天阔 A840r-G

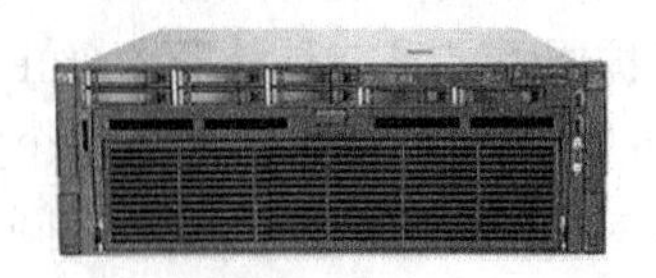

HP ProLiant DL580

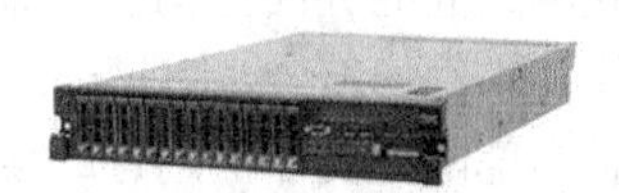

IBM System x3650 M4

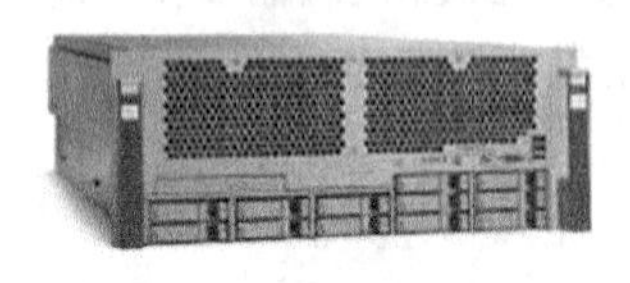

CISCO UCS C460 M1

浪潮英信 NX580

联想 Think Server TS230

图 4-8　典型服务器型号

2. 服务器的种类

按照不同的分类标准，可将服务器分为多种类型。

（1）按网络规模可以将服务器分为工作组级服务器、部门级服务器、企业级服务器。

（2）按架构可以将服务器分为 CISC 架构的服务器和 RISC 架构的服务器。

（3）按用途可以将服务器分为通用型服务器和专用型（或称功能型）服务器。

通用型服务器是指没有为某种特殊服务而专门设计，可以提供各种服务功能的服务器。当前大多数服务器是通用型服务器。

专用型（或称功能型）服务器是为某一种或某几种服务专门设计的服务器，在某些方面与通用型服务器有所不同。例如，光盘镜像服务器是用来存放光盘镜像的，需要配备大容量、高速的硬盘以及光盘镜像软件。

（4）按外观可以将服务器分为台式服务器和机架式服务器。

台式服务器有的采用大小与 PC 台式机大致相当的机箱，有的采用大容量的机箱，像一个硕大的柜子一样。

机架式服务器看起来不像计算机，更像是交换机，有 1U（1U=1.75 英寸）、2U、4U 等规格，安装在标准的 19 英寸机柜里面。

3. 服务器提供的服务

服务器软件工作在客户端/服务器（C/S）或浏览器/服务器（B/S）模式的服务器端，有很多形式的服务器，常用的包括以下几种。

- 文件服务器（File Server），如 Novell 的 NetWare。
- 数据库服务器（Database Server），如 Oracle 数据库服务器、My SQL、SQL Server 等。
- 邮件服务器（Mail Server），如 Send mail、Postfix、Gmail、Microsoft Exchange 等。
- 网页服务器（Web Server），如 Apache、微软的 IIS 等。
- FTP 服务器（FTP Server），如 Pureftpd、Proftpd、WU-ftpd、Serv-U 等。
- 域名服务器（DNS Server），如 Bind9 等。

- 应用程序服务器（AP Server），如 Bea 公司的 WebLogic、JBoss、Sun 的 GlassFish。
- 代理服务器（Proxy Server），如 Squid cache。

服务器服务的图示如表 4-3 所示。

表 4-3 服务器提供的服务

服务器图示	服务名称	服务器图示	服务名称	服务器图示	服务名称
	WWW 服务		文件服务		数据库服务
	邮件服务		流媒体服务		打印服务

（五）其他网络设备

1. 上网行为管理

上网行为管理是指帮助互联网用户控制和管理对互联网的使用，包括对网页访问过滤、网络应用控制、带宽流量管理、信息收发审计、用户行为分析。

2. 负载均衡

随着业务量的提高、访问量和数据流量的快速增长，目前现有网络的各个核心部分处理能力和计算强度也相应地增大，使得单一的服务器设备根本无法承担。在此情况下，如果扔掉现有设备去做大量的硬件升级，将造成现有资源的浪费。针对此情况而衍生出来的一种廉价、有效、透明的方法以扩展现有网络设备和服务器的带宽、增加吞吐量、加强网络数据处理能力、提高网络的灵活性和可用性的技术就是负载均衡（Load Balance）。

硬件负载均衡解决方案是直接在服务器和外部网络间安装负载均衡设备，这种设备我们通常称之为负载均衡器。它由专门的设备完成专门的任务，独立于操作系统，整体性能得到大量提高，加上多样化的负载均衡策略和智能化的流量管理，可达到最佳的负载均衡效果。

3. 流控

流控是流量控制的简称。通过监控网络流量、分析流量行为、设置流量管理策略，可实现基于时间、VLAN、用户、应用、数据流向等条件的智能流量管理。

智能流量管理系统（简称 ITM 或 NS-ITM）是基于应用层的、专业的流量管理产品，既适用于大中型企业、校园网、城域网等流量大、应用复杂的网络环境，也适用于需优化互联网接入、保证关键业务应用、控制网络接入成本的中小型企业的网络环境。

4. IPS

入侵预防系统（Intrusion Prevention System，IPS）是对防病毒软件和防火墙的补充，是一种能够监视网络或网络设备的网络资料传输行为的计算机网络安全设备。它能够即时地中断、调整或隔离一些不正常或是具有伤害性的网络资料的传输行为。

上网行为管理、负载均衡、流控与 IPS 等设备在网络中的位置如图 4-9 所示。

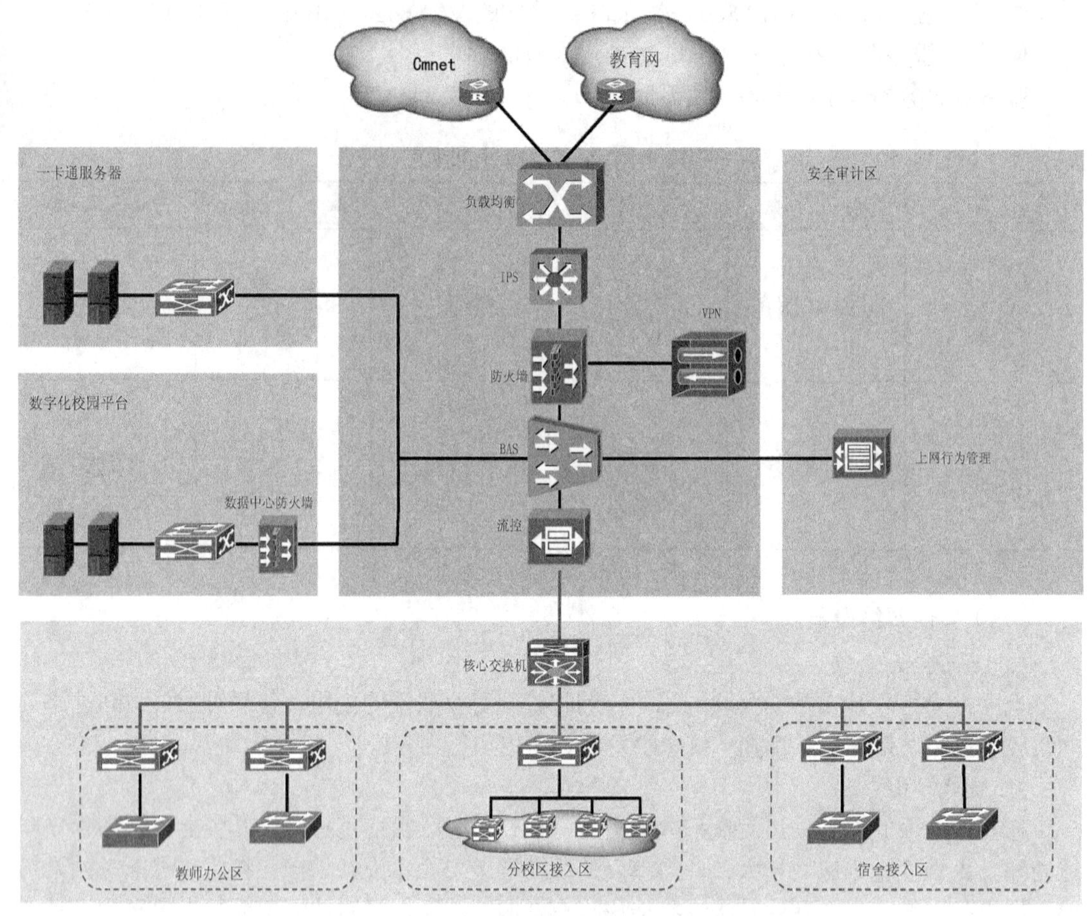

图 4-9 流控、IPS 等网络设备在网络系统中的位置

三、任务实施

【任务目标】根据需求确定网络设备及网络设备性能和参数，通过市场调查和网络数据分析可确定推荐的网络设备品牌。

【任务场景】根据校园网工程设计方案得知，校园网建设包括网络基础建设和数据中心建设，为工程选择合适的网络设备。

STEP 1 确定网络设备

通过对网络建设需求进行分析，可以得出校园网建设所需的网络设备有接入交换机、汇聚交换机、核心交换机、防火墙、服务器、存储、上网行为管理等设备，具体如表 4-4 所示。

表 4-4 校园网组建所需设备表

建设区域	所需设备
学生宿舍网	接入交换机、汇聚交换机
校园办公网	接入交换机、汇聚交换机
数据中心建设	汇聚交换机、核心交换机、服务器区交换机、出口防火墙、服务器区防火墙、各种服务器、存储设备、流控、上网行为管理、负载均衡、VPN、BRAS 等

其中，数据中心的流控设备、上网行为管理以及负载均衡用于优化网络、防护网络，VPN用户多校区局域网互联，BRAS 用于完成宽带的远程接入。

STEP 2 确定网络设备参数

通过对网络数据流量的估算以及网络的可扩展性预计，确定网络设备的设备参数，为做好 IPv4 网络到 IPv6 网络的逐步过渡，要求所有网络设备同时支持 IPv4 和 IPv6 协议。

以学生宿舍网的汇聚交换机为例。学生宿舍区网络设计为两层架构，每栋楼宇 1 台汇聚交换机，各楼宇接入交换机数量按实际需求确定。

汇聚交换机设备要求使用千兆接口，配备万兆光纤接口，配备不少于 24 个千兆电接口。与校园网核心实现双万兆连接，与各楼层接入交换机实现千兆链路连接，提供高密度端口的高速无阻塞数据交换。

网络接入层交换机要求具备提供高性能、完善的端到端的 QoS 服务质量、灵活丰富的安全策略管理、完备的安全认证机制，满足高速、高效、安全、智能的需求。百兆端口数不少于 24 个，千兆复用口不少于 2 个。具体参数如表 4-5 所示。

表 4-5　学生宿舍网交换机详细参数表

设备名称	设备参数及模块要求
汇聚交换机	（24 个 10/100/1 000Base-T，机箱，双电源槽位，电源线 3m，不含插卡和电源），2 个风扇（无用户数限制）
	交流电源模块组件
	2 端口 10GE SFP+光接口板
	光模块-SFP+-10 G-单模模块（1 310 nm，10 km，LC）
	光模块-SFP-GE-单模模块（1 310 nm，10 km，LC）
接入交换机	（24个10/100Base-T，2个千兆Combo口（10/100/1 000 BASE-T+100/1 000 Base-X），交流供电），内置单电源 + 电源线（3 m），无风扇设计（无用户数限制）
	光模块-SFP-GE-单模模块（1 310 nm，10 km，LC）

数据中心是整个网路的核心，核心交换机设备要求单台交换容量不小于 16 Tbit/s，包转发率不小于 10 000 Mpps，扩展能力要不少于 16 业务槽位。当前业务接口单台不少于 24 口万兆、24 口千兆，与各区域汇聚交换机实现双链路热备。汇聚设备要求为纯千兆支持万兆扩展的路由交换设备，24 口汇聚设备要求交换容量不少于 360 G，包转发率不小于 270 Mpps；48 口汇聚设备要求交换容量不少于 400 G，包转发率不小于 300 Mpps。具体参数如表 4-6 和表 4-7 所示。

表 4-6　数据中心交换机详细参数表

设备名称	设备参数及模块要求
核心交换机	提供不小于 16 Tbit/s 的交换容量和不小于 10 000 Mpps 的包转发率，业务插槽不少于 16 个
	48 端口百兆/千兆以太网电接口板（EC，RJ45）
	12 端口万兆以太网光接口板（SA，SFP+）

续表

设备名称	设备参数及模块要求
核心交换机	光模块-SFP+-10G-单模模块（1 310 nm，10 km，LC）
	光模块 - SFP - GE - 单模模块（1 310nm，10 km，LC）
汇聚交换机	24 个 10/100/1 000Base-T，机箱，4×1 000 Base-X SFP，2 个风扇（无用户数限制），不少于 2 个万兆光口，不少于 2 个扩展插槽
	交流电源模块组件
	2 端口 10 GE SFP+光接口板
	光模块-SFP+-10G-单模模块（1 310 nm，10 km，LC）
服务器区交换机	48 个 10/100/1 000 Base-T，机箱，2 个风扇（无用户数限制），不少于 2 个万兆光口，不少于 2 个扩展插槽
	2 端口 10 GE SFP+光接口板
	光模块-SFP+-10 G-单模模块（1 310 nm，10 km，LC）

表 4-7　数据中心其他设备详细参数表

设备名称	设备参数及模块要求
出口防火墙	万兆防火墙，标配 2 个 10 G 接口，不少于 12 个 1 000 M 路由接口（SFP 口不少于 8 个），业务扩展槽位不少于 2 个。支持全面的网络攻击防护，标配双电源，整机吞吐量为 40 Gbit/s，最大并发连接数为 450 万）
服务器区防火墙	万兆防火墙，标配 2 个 10 G 接口，默认包括 2 个可插拔的扩展槽和 2 个 10/100/1 000 BASE-T 接口，标配双电源，吞吐量为 26 G，最大并发连接数为 400 万，配置 4 个 SFP 插槽和 4 个 10/100/1 000 BASE-T
上网行为管理	具备识别全面、控制手段丰富、高性能应用控制功能，能对网络中的 P2P/IM 带宽滥用、网络游戏、炒股、网络视频、网络多媒体、非法网站访问等行为进行精细化识别和控制，保障网络关键应用和服务的带宽，对网络流量、用户上网行为进行深入分析与全面审计，优化带宽资源，为开展各项业务提供有力的支撑。吞吐量为 7 Gbit/s，最大并发连接数为 400 万，4 个千兆和 2 个万兆口
负载均衡	2U 机架式机构，标配 4 个 10G 接口，4 个 10/100/1 000BASE_TX 接口，4 个 SFP 插槽，2 个扩展槽，双电源，吞吐量为 8Gbit/s，最大并发连接数为 600 万，含链路负载均衡、服务器负载均衡、出口带宽保障等功能，优先用于链路负载均衡，具备智能 DNS 功能
流控	标配 2 个 10 G 接口，包含 4 个 10/100/1 000 BASE_TX 接口，4 个 SFP 插槽，1 个扩展槽，2 个 10/100/1 000 BASE-T 接口，吞吐量为 4 Gbit/s，最大并发连接数为 1 000 万，支持 BYPASS
VPN	吞吐量为 2 G，包含 4 个 10/100/1 000BASE-T 接口，最大并发连接数为 120 万，IPSEC 最大隧道数为 800，SSL 吞吐率为 200 Mbit/s，SSL 并发用户数不少于 1 000

续表

设备名称	设备参数及模块要求
服务器	2.66GHz Xeon E5640*2/48 GB 1 333 RDIMM/4*300G SAS 硬盘/LSI 6G Raid 卡（Raid0，1，5，6，10，60）/1 块 8 G HBA 卡/650W 双电源
存储	支持 FC 与 iSCSI；双冗余控制器，可配置为 Active-Active/Active-Standby 模式；最大支持存储容量≥224T，16 块 600 G SAS 15 000 转高速磁盘；采用双核 CPU，CPU 主频≥2.2 GHz，CPU 数量≥2，全冗余模块化体系结构；阵列控制器缓存≥16 Gb；8 个 8 Gb FC 通道主机通道与 4 个 1 Gbe ISCSI 主机通道，6 Gb SAS 硬盘通道；支持 Flash Disk 闪存驱动器；全交换式的 FC-SW 架构；支持 RAID 0、1、1/0、3、5 和 6
VTL	嵌入式专用 VTL 系统，2 个 4G FC 主机端口，2 个 1/10 GE ISCSI 主机端口，16 GB 高速缓存，支持 RAID0、1、3、5、6，支持 SAS 或 SATA 硬盘，可连接 8 个备份主机，可支持 24 个虚拟磁带库，最大可支持 1 024 个虚拟磁带库插槽；16*2TB SATA 6G 7200 转磁盘（含软件 License）
光交换	24 端口 4 GB/8 GB 光纤交换机，配置 16 个 4 GB 端口许可和 SFP，16 条光纤跳线；机架安装导轨
BRAS 设备	ME60－X3(双电源模块，双引擎)，不少于 1T 的转发性能支持 PPPOE 802.1X、WEB、Portal 等认证，最小支持 3 万以上的用户同时在线的 License；2 块灵活插卡宽带业务处理板（BSUF-40，2 个子槽位）；3 块 2 端口 10 GBase WAN/LAN-XFP 灵活插卡（BP40）；1 块 20 端口百兆/千兆以太网光接口板；2 个单模千兆模块（1 310 nm，10 km，LC）；2 个 1 000 Base-T RJ45 电接口 SFP 模块；6 个单模万兆模块（1 310 nm，10 km，LC）

STEP 3 推荐网络设备品牌

1. 进行市场调查，确定各设备行业知名品牌

交换机：Cisco、H3C、华为、锐捷、中兴、神州数码、联想、合勤、HP、SIEMENS 等。

防火墙：国外的有 Cisco、Juniper、Checkpoint、Nokia、Sonic wall 等；国内的有华为、锐捷、中兴、联想网御、天融信、深信服、方正、启明星辰、神州数码等。

服务器：国外的有 HP-Compaq、IBM、Dell 等；国内的有联想、方正、浪潮、ACER、实达和曙光等。

上网行为管理：网康、深信服、飞鱼星、艾泰、迅博、网域、单双、任子行等。

2. 搜集品牌资料，推荐设备品牌

交换机、服务器、防火墙等设备因种类繁多，不同档次的同一设备最好配备同一品牌。因此，一个品牌的设备能够满足不同需求至关重要。鉴于国产品牌性能不断改进，且存在不小的价格优势，建议从国产行业品牌中选择。对应于不同需求的各种设备型号可在网上查询，此处推荐中关村在线—网络设备频道 http://net.zol.com.cn/查询，如图 4-10 所示。

图 4-10　中关村在线网站交换机知名品牌

选中某一品牌，可根据所需的参数选择产品类型、传输速率、应用层级、端口数量、端口结构等特性，还可以根据情况按照最热门、最便宜、信用最高等进行排序，从而初步确定自己所需设备型号，如图 4-11 所示。

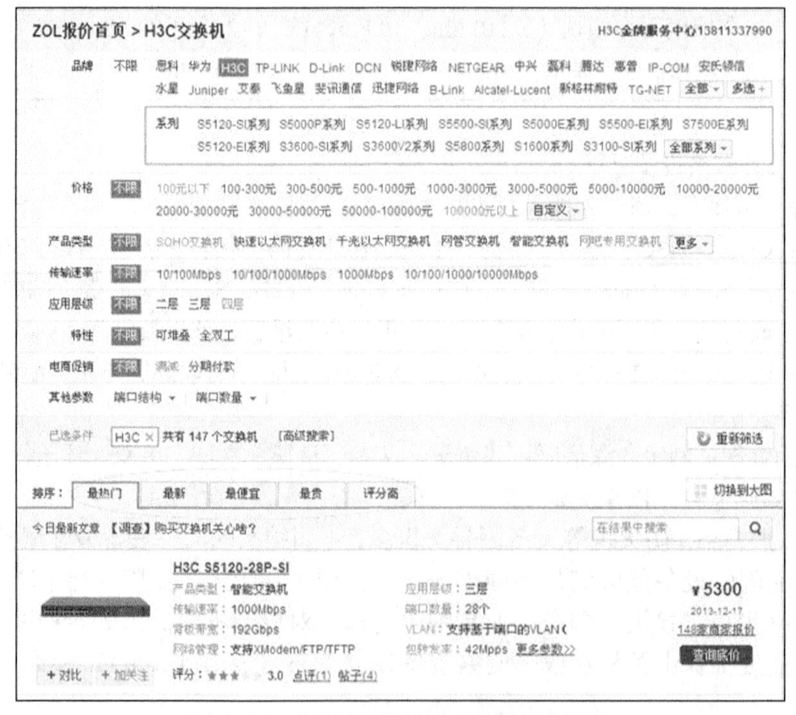

图 4-11　中关村在线 H3C 交换机选购界面

单击某一设备，可查阅该设备的报价、参数、图片、评测、行情等信息，甚至可以在线购买。本项目所涉及设备需进行招标，故只能推荐品牌和指定参数。

四、任务总结

本次任务主要介绍了综合布线系统中交换机、路由器、服务器等网络设备的特点分类，以及网络设备选型的方法和步骤。

任务二　选择综合布线器材和工具

一、任务分析

校园网的速率要求是 10 Gbit/s 核心层、1 Gbit/s 汇聚层、100 Mbit/s 接入到桌面。同时，校园中楼宇之间、楼内设备间到电信间、电信间到工作区的距离远近不同，而电缆和光缆在不同传输速率下的有效传输距离不一，这就要求在综合布线系统中，必须合理选择不同的综合布线器材。

本次任务需要完成的工作有以下几项。

（1）了解双绞线、同轴电缆等通信介质的特性，为接入网络做好通信介质的选型。

（2）了解光纤通信原理，为汇聚网络和校园网干线做好光缆和光纤跳线的选型。

（3）了解线槽（管）、机柜等布线器材的特点和综合布线常用工具的特点，做好综合布线系统的器材选型。

二、相关知识

（一）综合布线系统常用线缆

根据网络传输介质的不同，计算机网络通信分为有线通信系统和无线通信系统两大类。

有线通信利用电缆或光缆作为信号的传输载体，通过连接器、配线设备及交换设备将计算机连接起来，形成通信网络。无线通信系统则是利用卫星、微波、红外线作为信号传输载体，借助空气来进行信号的传输，通过相应的信号收发器将计算机连接起来，形成通信网络。

在有线通信系统中，线缆主要有铜缆和光纤两大类。铜缆又可分为同轴电缆和双绞线电缆两种。同轴电缆是 10 Mbit/s 网络时代的数据传输介质，目前主要应用于广播电视和模拟视频监控，正在逐步退出计算机通信市场。随着通信标准、通信速率、成本制约和环境干扰等问题的逐步解决，无线通信不仅仅只是作为解决有线系统不宜敷设、覆盖等问题的补充方案，而且与有线通信系统并驾齐驱、取长补短、互相融合，为传输数据服务。

1. 双绞线

双绞线是综合布线系统中最常用的传输介质，主要应用于计算机网络、电话语音等通信系统。双绞线由按规则螺旋结构排列的 2 根、4 根或 8 根绝缘导线组成。一个线对可以作为一条通信线路，各线对螺旋排列的目的是为了使各线对发出的电磁波相互抵消，从而使相互之间的电磁干扰最小。

双绞线电缆内每根铜导线的绝缘层都有色标标记，导线的颜色标记具体为橙白/橙、蓝白/蓝、绿白/绿、棕白/棕。根据双绞线电缆铜导线的直径大小，双绞线可分为多种规格，如 22～26 AWG 规格线缆（AWG 是美国制定的线缆规格，也是业界常用的参考标准，如 24 AWG 是指直径为 0.5 mm 的铜导线）。100 Ω 和 120 Ω 的双绞线铜导线直径为 0.4～0.65 mm，150 Ω 的双绞线铜导线直径为 0.6～0.65 mm。

双绞线分为屏蔽双绞线（Shielded Twisted Pair，STP）和非屏蔽双绞线（Unshielded Twisted Pair，UTP）两类。屏蔽双绞线电缆的外层由铝箔包裹，相对非屏蔽双绞线具有更好的抗电磁干扰能力，造价也相对高一些。屏蔽双绞线电缆和非屏蔽双绞线电缆的结构如图 4–12 所示。

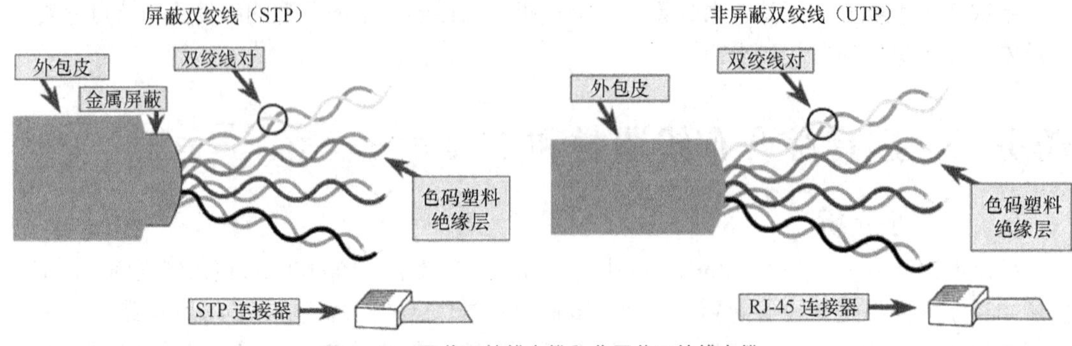

图 4–12 屏蔽双绞线电缆和非屏蔽双绞线电缆

非屏蔽双绞线由于没有屏蔽层，在传输信息的过程中会向周围发射电磁波，使用专用设备很容易被窃听到，因此在安全性要求较高的场合应选用屏蔽双绞线。屏蔽双绞线相对于非屏蔽双绞线来说，价格高一些，而且与屏蔽器件的连接要求较为严格，因此也更复杂些，在考虑需要较高性价比的民用建筑中多采用非屏蔽双绞线。

双绞线的传输性能与带宽有直接关系，带宽越大，双绞线的传输速率越高。根据带宽的不同，可将双绞线分为三至六类线缆。各类双绞线的带宽与传输速率的关系如表 4–8 所示。

表 4-8 各类双绞线的带宽与传输速率的关系

双绞线类别	双绞线类型	带宽（MHz）	最高传输速率（Mbit/s）
屏蔽双绞线	三类	16	10
	五类	100	155
非屏蔽双绞线	三类	16	10
	四类	20	16
	五类	100	100
	超五类	155	155
	六类	200	1 000

目前，网络综合布线中常用超五类双绞线和六类双绞线，六类双绞线主要用于千兆位以太网的数据传输，语音系统的布线常用三类双绞线和四类双绞线。双绞线的传输距离与传输速率有关。

- 在 10 Mbit/s 以太网中，三类双绞线的最大传输距离为 100 m。
- 在 100 Mbit/s 以太网中，五类双绞线的最大传输距离为 100 m。
- 在 1 000 Mbit/s 以太网中，六类双绞线的最大传输距离为 100 m。

2. 同轴电缆

同轴电缆由外层、屏蔽层（外导体）、绝缘体、内导体组成。外层为防水、绝缘的塑料，用于保护电缆，屏蔽层为网状的金属网，用于电缆的屏蔽，绝缘体为围绕内导体的一层绝缘塑料，内导体为一根圆柱形的硬铜芯。同轴电缆的内部结构如图 4–13 所示。

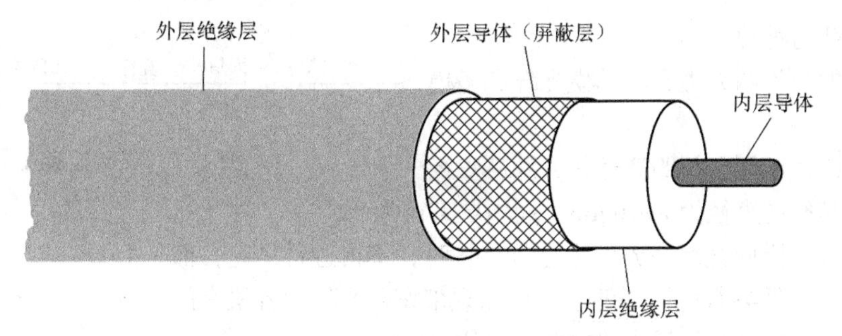

图 4-13　同轴电缆内部结构示意图

同轴电缆分为粗缆和细缆两种。在早期的网络中，经常使用粗同轴电缆作为连接网络的主干，后来随着光纤的广泛使用，已经不再使用粗同轴电缆。细同轴电缆的直径与粗同轴电缆相比要小一些，用于将桌面工作站连接到网络中，目前已经被价廉物美的双绞线所取代。

根据不同的应用，同轴电缆分为基带同轴电缆和宽带同轴电缆两种。基带同轴电缆的阻抗为 50 Ω，主要用于计算机网络通信，可以传输数字信号。宽带同轴电缆的阻抗为 75 Ω，主要用于有线电视系统传输模拟信号，通过改造后也可以用于计算机网络通信。

目前，综合布线常用的同轴电缆主要有用于粗缆以太网的 RG-8、用于细缆以太网的 RG-58 和用于有线电视系统的 RG-59。随着双绞线性能的不断提高，在以太网组网中双绞线已基本上取代了同轴电缆。在综合布线系统中，有线电视系统的布线常用 RG-59 同轴电缆。

3. 光纤

（1）光纤结构

光纤是一种能传导光波的介质，可以使用玻璃和塑料来制造光纤。超高纯度石英玻璃纤维制作的光纤传输损耗最低。光纤质地脆、易断裂，因此纤芯需要外加一层保护层。光纤结构如图 4-14 所示。

（2）光纤的传输特性

光导纤维通过内部的全反射来传输一束经过编码的光信号。由于光纤的折射系数高于外部包层的折射系数，因此可以使入射的光波在外部包层的界面上形成全反射现象，如图 4-15 所示。

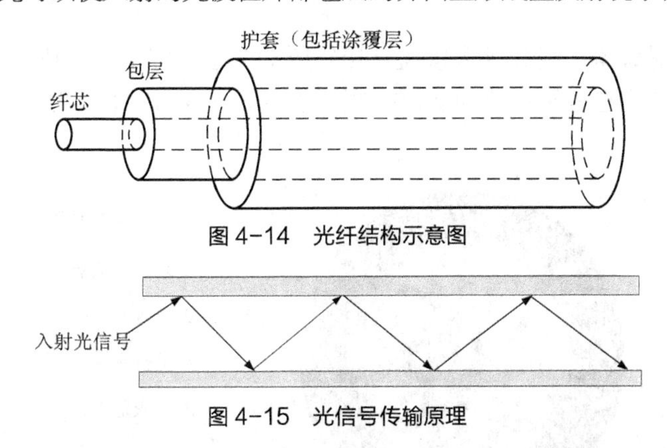

图 4-14　光纤结构示意图

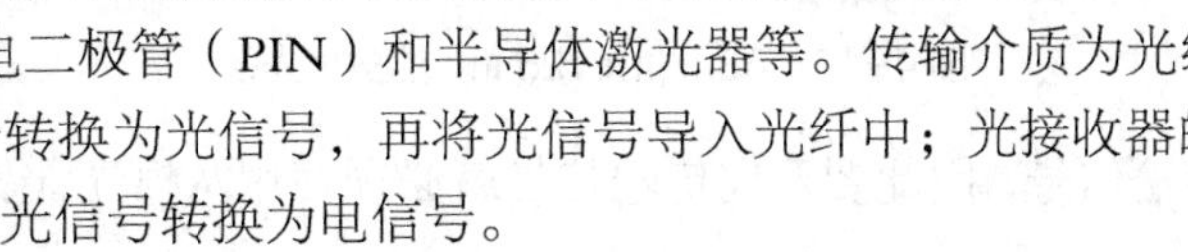

图 4-15　光信号传输原理

（3）光传输系统的组成

光传输系统由光源、传输介质、光发送器和光接收器组成，如图 4-16 所示。光源有发光二极管（LED）、光电二极管（PIN）和半导体激光器等。传输介质为光纤介质。光发送器的主要作用是将电信号转换为光信号，再将光信号导入光纤中；光接收器的主要作用是从光纤上接收光信号，再将光信号转换为电信号。

（4）光纤的种类

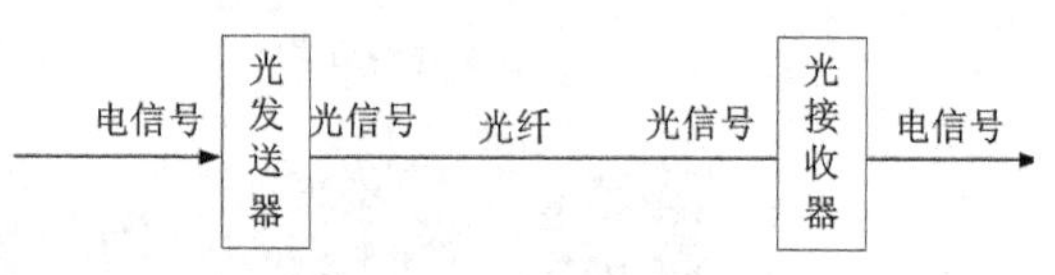

图 4–16 光传输系统

光纤主要分为两大类，即单模光纤和多模光纤。

单模光纤主要用于长距离通信，纤芯直径很小。通常其纤芯直径为 8~10 μm，而包层直径为 125 μm。由于单模光纤的纤芯直径接近一个光波的波长，因此光波在光纤中进行传输时，不再进行反射，而是沿着一条直线传输。这种特性使单模光纤具有传输损耗小、传输频带宽以及传输容量大的特点。在没有进行信号增强的情况下，单模光纤的最大传输距离可达 3 000 m。

多模光纤的纤芯直径较大，不同入射角的光线在光纤介质内部以不同的反射角传播，这时，每一束光线有一个不同的模式，具有这种特性的光纤称为多模光纤。多模光纤在光传输过程中比单模光纤损耗大，因此传输距离没有单模光纤远，可用带宽也相对较小。

目前，单模光纤与多模光纤的价格差别不大，但就其连接器件而言，单模光纤比多模光纤昂贵得多，因此整个单模光纤的通信系统造价比多模光纤的要贵得多。单模光纤与多模光纤的各种特性比较如表 4–9 所示。

表 4-9 单模光纤与多模光纤的特性比较

项目	单模光纤	多模光纤
纤芯直径	细	粗
耗散	极小	大
效率	高	低
成本	高	低
传输速率	高	低
光源	激光	发光二极管

（5）光缆

光缆由一捆光导纤维组成，外表覆盖一层较厚的防水、绝缘的表皮，从而增强对光纤的防护，使光缆可以应用在各种复杂的综合布线环境中。图 4–17 所示为 62.5 μm/125 μm 的多模光缆。

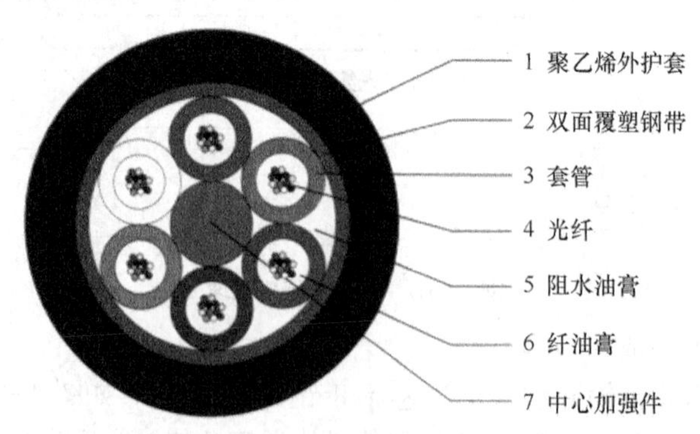

图 4–17 62.5 μm/125 μm 的多模光缆

光纤只能单向传输信号，因此要双向传输信号就必须使用两根光纤。为了扩大传输容量，光缆一般含多根光纤，且多为偶数，如 6 芯光缆、8 芯光缆、12 芯光缆、24 芯光缆、48 芯光缆等，一根光缆甚至可容纳上千根光纤。在综合布线系统中，一般采用纤芯为 62.5 μm/125 μm 规格的多模光缆，有时也用 50 μm/125 μm 和 100 μm/140 μm 的多模光缆。户外布线大于 2 000 m 时可选用单模光缆。

（二）综合布线系统常用器件

综合布线系统常用器件主要有电缆连接器件、光缆连接器件、网络机柜、线管（线槽）、桥架以及综合布线常用工具等，下面简单介绍和说明。

1. 电缆连接器件

（1）网络模块

网络模块由跳线模块和面板组成，主要有以下几类。

① 超五类模块，超五类模块是目前使用较为广泛的一类模块，分为超五类屏蔽模块和超五类非屏蔽模块。其中，屏蔽模块主要用于具有电磁干扰的环境。

② 六类模块，六类模块的执行标准是 EIA/TIA 568B.2−1，其核心部件是线路板，它的设计结构、制作工艺，基本上决定了产品的性能指标。

③ 七类模块，是一套在 100 Ω 双绞线上支持最高 600 MHz 带宽传输的布线标准。“非 RJ 型” 7 类/F 级具有光纤所不具备的功能。在工作区或电信间，有 1 对、2 对、4 对模块连接插头形式，实现了在同一插座连接多种应用设备的功能，各类模块如图 4−18 所示。

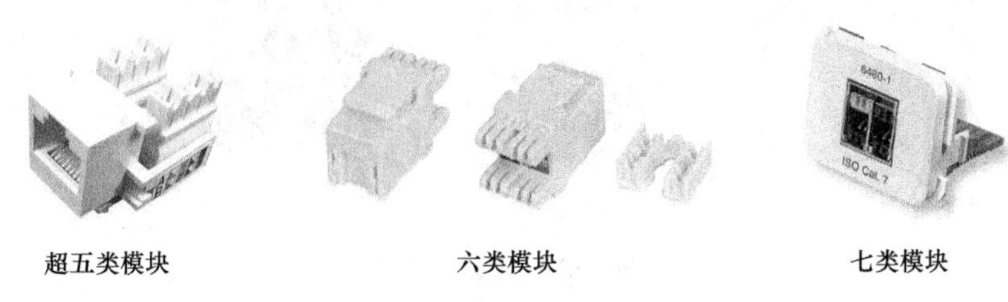

超五类模块　　六类模块　　七类模块

图 4−18　各类模块

④ 非屏蔽模块，非屏蔽模块在网络中传递数字和模拟的语音、数据和视频信号，适用于所有超五类/六类应用。

⑤ 屏蔽模块

屏蔽模块通过屏蔽外壳将外部电磁波与内部电路完全隔离。因此，它的屏蔽层需要与双绞线的屏蔽层连接，形成完整的屏蔽结构，RJ−45 型屏蔽模块与非 RJ−45 型屏蔽模块如图 4−19 所示。

RJ-45 型屏蔽模块

非 RJ-45 型屏蔽模块

图 4−19　RJ−45 型屏蔽模块与非 RJ−45 型屏蔽模块

- CS 型屏蔽模块：一种含螺丝安装孔的一体化屏蔽模块，铸造型壳体。
- Data Gate 型 1：内置防尘盖，可防止尘土和杂质进入连接器，在跳线没有插牢时，弹簧支撑的防尘盖会弹出跳线，并可实现单手插入和拔出跳线。

- Data Gate 型 2：具有坚固的压铸外壳，提供更优越的电磁保护能力，目前可以达到的物理带宽超过 500 MHz。
- E500 型：目前可以达到的物理带宽超过 500 MHz。

⑥ 免打模块是不需要使用打线工具的模块，如图 4-20 所示。一般的免打模块上都按颜色标有线序，接线时将剥好的线插入对应的颜色下，再合上免打模块的盖子即可。

图 4-20　免打模块

⑦ 网络底盒与面板

面板分为单口面板和双口面板，其外型尺寸符合国标 86 型、120 型。

86 型面板的长和宽都是 86 mm，通常采用高强度塑料材料制成，适合安装在墙面，具有防尘功能。此面板应用于工作区子系统的布线。面板表面带嵌入式图表及标签位置，便于识别数据和语音端口；配有防尘滑门用以保护模块、遮蔽灰尘和污物进入。

120 型面板的长和宽都是 120 mm，通常采用铜等金属材料制成，适合安装在地面，具有防尘、防水功能。

常用底盒分为明装底盒和暗装底盒。明装底盒通常采用高强度塑料材料制成，而暗装底盒有塑料材料制成的，也有金属材料制成的。面板和底盒如图 4-21 所示。

86 型面板

120 型面板

明装底盒

暗装底盒

图 4-21　面板和底盒

（2）网络配线架

配线架是管理子系统中最重要的组件，是实现垂直干线和水平布线两个子系统交叉连接的枢纽。配线架通常安装在机柜或墙上，分为非屏蔽配线架和屏蔽配线架。屏蔽配线架上的模块是非屏蔽的，因此不能达到屏蔽双绞线的作用，线芯之间依然存在电磁耦合。屏蔽配线架上设置了接地汇集排和接地端子，汇集排将屏蔽模块的金属壳体联结在一起，连接主机柜的接地汇集排完成接地，非屏蔽和屏蔽配线架外观，如图 4-22 所示。

非屏蔽配线架　　屏蔽配线架

图 4-22　非屏蔽和屏蔽配线架

根据网速和使用双绞线的不同，又分为五类、超五类、六类和七类配线架，具体如下。

① 五类配线架是使用较早的一类配线架，可提供 100 MHz 的带宽。五类配线架采用 19 英寸 RJ-45 口 110 配线架。此种配线架背面进线采用 110 端接方式，正面全部为 RJ-45 口用于跳接配线。它主要分为 24 口、36 口、48 口、96 口几种，全部为 19 英寸机架/机柜式安装，

其优点是体积小、密度高、端接较简单且可以重复端接，由于与超五类配线架价格相差不大，已经基本不再购入。

② 超五类配线架主要用于千兆网上，但现在也普遍应用于局域网中。它可以轻松提供 155 Mbit/s 的通信带宽，并拥有升级至千兆的带宽潜力。

③ 六类配线架一般用于 ATM 网络中，公司局域网中暂时还不推荐采用。六类配线架同超五类配线架一样，可以轻松提供 155 Mbit/s 的通信带宽，并拥有升级至千兆的带宽潜力。因此，超五类和六类配线架为目前水平布线的首选器材。

④ 七类配线架是目前最新的配线架。整个七类布线系统以达到万兆以太网标准、永久链路传输带宽为 500 MHz 为目标，外观如图 4-23 所示。

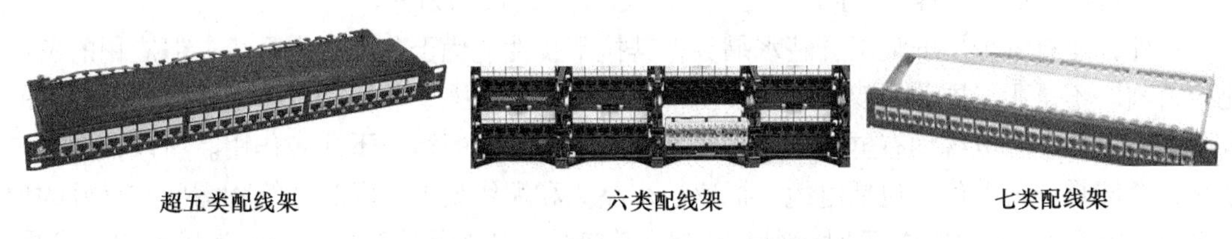

图 4-23 超五类、六类、七类配线架

（3）网络配线架

通信跳线架与配线架的作用相同，都是为了防止长时间的插拔导致接口松动和损坏。因此，使用跳线架和配线架都可以解决设备间的连接问题。不同的是，通信跳线架主要用于语音配线系统。一般采用 110 跳线架，主要是上级程控交换机过来的接线与到桌面终端的语音信息点连接线之间的连线和跳线部分，以便于管理、维护和测试。

网络配线架主要有 25 对跳线架、50 对跳线架和 5 对连接块三种类型，如图 4-24 所示。

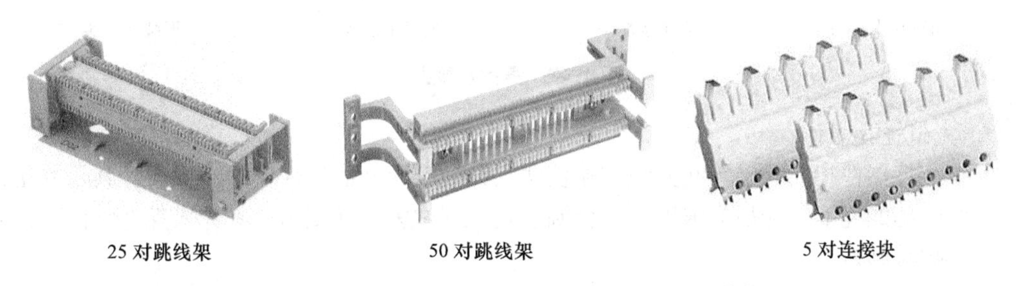

图 4-24 25 对跳线架、50 对跳线架及 5 对连接块

25 对跳线架满足 T-568A 超五类传输标准，符合 T568A 和 T568B 线序，适用于设备间的水平布线或设备端接，以及集中点的互配端接。

50 对跳线架与 25 对跳线架具有相同的作用，但是承载的信息量却是 25 对跳线架的一倍。

5 对连接块解决了大对数电缆的数量问题，由于大对数电缆都是 5 的倍数，如 25 对电缆，如果仅仅使用 4 对连接块，用 6 个就会多出一对线，用 5 个则多出 5 对线。而 5 对连接块的出现，很好地解决了这一问题。因此，对于大对数电缆来说，使用 5 对连接块可方便凑数。

（4）网络水晶头

网络水晶头有两种，一种是 RJ-11，另一种是 RJ-45。

RJ-11 为 6 针的连接器件，还指 4 针的版本，是电话线常用的连接插头。

RJ-45 指的是使用国际性的接插件标准定义的 8 个位置（8 针）的模块化插孔或者插头，是常用的双绞线插头，分为五类、超五类、六类和七类水晶头，如图 4-25 所示。

五类水晶头曾经使用广泛，由于目前大部分使用超五类双绞线，故基本不再使用。

超五类水晶头与五类水晶头外观没什么区别，主要是材质的不同使得水晶头更加耐用，一般使用超五类双绞线，也兼容五类双绞线。

六类水晶头一般使用六类线（也可使用五类或超五类线），因为六类线比五类线粗一些，六类水晶头的线芯是上下分层排列的，上排 4 根，下排 4 根。

七类水晶头是一套在 100 Ω 双绞线上支持最高 600 MHz 带宽传输的布线标准。从七类标准开始，布线历史上出现了“RJ 型”和“非 RJ 型”接口的划分。

另外，还有带金属屏蔽层屏蔽水晶头，其抗干扰性能优于非屏蔽水晶头，但应用的条件比较苛刻。不是用了屏蔽的双绞线，在抗干扰方面就一定强于非屏蔽双绞线。屏蔽双绞线的屏蔽作用只在整个电缆均有屏蔽装置，并且两端正确接地的情况下才起作用。所以，最好整个系统全部是屏蔽器件，包括电缆、插座、水晶头和配线架等，同时建筑物需要有良好的地线系统。事实上，在实际施工时，很难全部完美接地，从而使屏蔽层本身成为最大的干扰源，导致性能甚至远不如非屏蔽双绞线。

超五类水晶头

六类水晶头

七类水晶头

屏蔽水晶头

图 4-25 各类水晶头

2. 光缆连接器件

光缆连接器件指的是装置在光缆末端使两根光缆实现光信号传输的连接器。其目的是使发射光纤输出的光能量能最大限度地耦合到接收光纤中去，并使由于其介入光链路而对系统造成的影响减到最小。

（1）ST 连接器和跳线

ST 连接器使用的跳线有 6 种，分别是 ST/ST 单模跳线、ST/ST 多模跳线、ST/SC 单模跳线、ST/SC 多模跳线、FC/ST 单模跳线和 FC/ST 多模跳线。

（2）SC 连接器和跳线

SC 连接器使用的跳线有 6 种，分别是 SC/SC 单模跳线、SC/SC 多模跳线、ST/SC 单模跳线、ST/SC 多模跳线、FC/SC 单模跳线和 FC/SC 多模跳线。

（3）FC 连接器和跳线

FC 连接器使用的跳线有 8 种，分别是 FC/FC 单模跳线、FC/FC 多模跳线、FC/SC 单模跳线、FC/SC 多模跳线、FC/ST 单模跳线、FC/ST 多模跳线、FC/LC 单模跳线、FC/LC 多模跳线。

各类连接器如图 4-26 所示。

图 4-26 各类光缆连接器

（4）光缆底盒与面板

光缆底盒的安装不同于铜缆底盒，光纤信息插座模块安装的底盒大小应充分考虑水平光缆（2 芯或 4 芯）终接处的光缆盘留空间和满足光缆对弯曲半径的要求。面板的选择应根据底盒总信息模块的数量而确定，且外形尺寸必须一致，因此建议选择配套的光缆底盒和面板，图 4-27 所示为 86 型光缆底盒和面板。

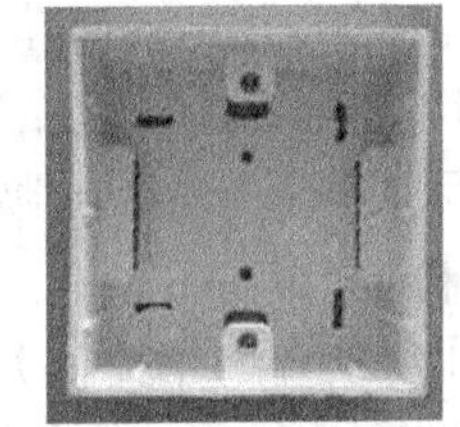

图 4-27 86 型光缆底盒和面板

3. 网络机柜

（1）标准 U 机柜

机柜是存放设备和线缆交接的地方。标准 U 机柜以 U 为单位区分（1 U=44.45 mm）。

标准的机柜为：内部安装尺寸宽度为 19 英寸，加柜宽度为 600 mm，一般情况下，服务器机柜的深≥800 mm，而网络机柜的深≤800 mm。具体规格如表 4-10 所示。

表 4-10 网络机柜规格表

产品名称	用户单元	规格型号/mm（宽×深×高）	产品名称	用户单元	规格型号/mm（宽×深×高）
普通墙柜系列	6 U	530×400×300	普通网络机柜系列	18 U	600×600×1 000
	8 U	530×400×400		22 U	600×600×1 200
	9 U	530×400×450		27 U	600×600×1 400
	12 U	530×400×600		31 U	600×600×1 600
普通服务器机柜系列（加深）	31 U	600×800×1 600		36 U	600×600×1 800
	36 U	600×800×1 800		40 U	600×600×2 000
	40 U	600×800×2 000		45 U	600×600 × 2 200

（2）配线机柜

配线机柜是为综合布线系统特殊定制的机柜。其特殊点在于增添了布线系统特有的一些附件，并对电源的布局提出了特别的要求。常见的配线机柜如图 4-28 所示。

（3）服务器机柜

常用的服务器机柜一般安装在设备间子系统中，如图 4-29 所示。

图 4-28　常见的配线机柜

图 4-29　常用的服务器机柜

（4）壁挂机柜

壁挂式机柜主要用于摆放轻巧的网络设备，外观轻巧美观，全柜采用全焊接式设计，牢固可靠。机柜背面有 4 个挂墙的安装孔，可将机柜挂在墙上节省空间，如图 4-30 所示。

小型挂墙式机柜有体积小、纤巧、节省机房空间等特点，广泛用于计算机数据网络、布线、音响系统、银行、金融、证券、地铁、机场工程系统等。

4. 综合布线线槽（管）

布线系统中除了线缆外，槽（管）是一个重要的组成部分，可以说金属槽、PVC 槽、金属管、PVC 管是综合布线系统的基础性材料。在综合布线系统中主要使用的线槽有以下几种。

（1）金属线槽和塑料线槽

① 金属槽。在综合布线系统中一般使用的金属槽的规格有 50 mm × 100 mm、100 mm × 100 mm、100 mrn × 200 mm、100 mm × 300 mm、200 mm × 400 mm 等多种规格。

② 塑料槽。塑料槽的外形与金属槽类似，但它的品种规格更多，从型号上讲有 PVC-20 系列、PVC-25 系列、PVC-25F 系列、PVC-30 系列、PVC-40 系列、PVC-40Q 系列等；从规格上讲有 20 mm × 12 mm、25 mm × 12.5 mm、25 mm × 25 mm、30 mm × 15 mm、40 mm × 20 mm 等多种规格。

与 PVC 槽配套的附件有阳角、阴角、直转角、平三通、左三通、右三通、连接头、终端头、接线盒（暗盒、明盒）等。

各种线槽如图 4-31 所示。

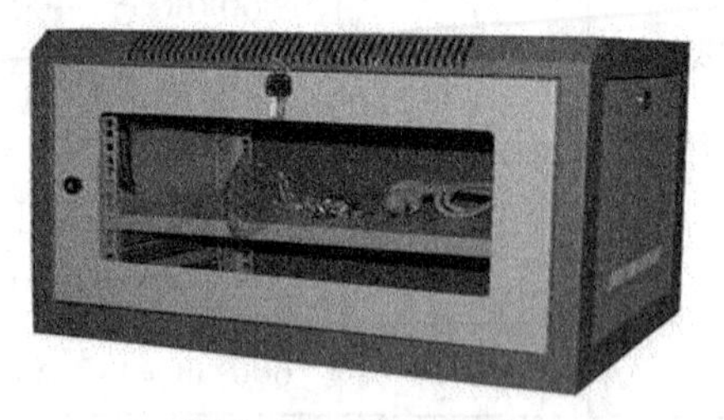

图 4-30　服务器机柜

图 4-31　各种规格线槽示意图

（2）金属管和塑料管

① 金属管。金属管是用于分支结构或暗埋的线路，它的规格也有多种，以外径 mm 为单位。工程施工中常用的金属管有 D16、D20、D25、D32、D40、D50、D63、D110 等规格。

在金属管内穿线比线槽布线难度更大一些，在选择金属管时要注意管径选择大一点，一般管内填充物占30%左右，便于穿线。金属管还有一种是软管（俗称蛇皮管），供弯曲的地方使用。

② 塑料管。塑料管产品分为两大类，即PE阻燃导管和PVC阻燃导管。

PE阻燃导管是一种塑制半硬导管，按外径分，有D16、D20、D25、D32这4种规格。其外观为白色，具有强度高、耐腐蚀、挠性好、内壁光滑等优点，明、暗装穿线兼用，它以盘为单位，每盘重25 kg。

PVC阻燃导管是以聚氯乙烯树脂为主要原料，加入适量的助剂，经加工设备挤压成型的刚性导管。小管径PVC阻燃导管可在常温下进行弯曲，便于用户使用。按外径分，它有D16、D25、D32、D40、D45、D63、D110等规格。

与PVC管安装配套的附件有接头、螺圈、弯头、弯管弹簧，一通接线盒、二通接线盒、三通接线盒、四通接线盒、开口管卡、专用截管器、PVC耦合剂等。

管的外形如图4-32所示。

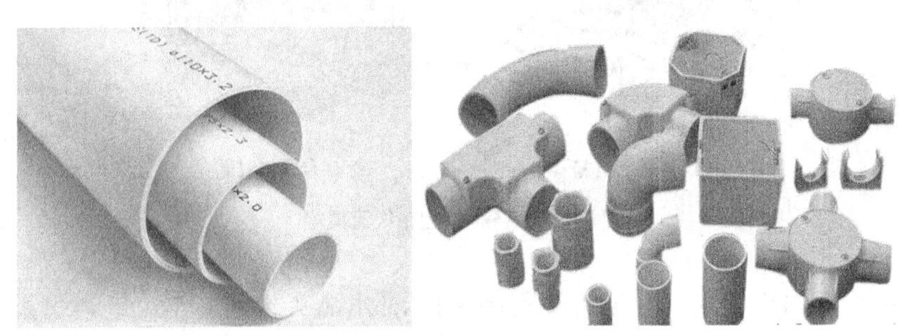

图4-32 线管外形和各种附件

③ 桥架。桥架是布线行业的一个术语，是建筑物内布线不可缺少的一个部分。桥架分为普通型桥架、重型桥架和槽式桥架。在普通桥架中还有普通型桥架、直边普通型桥架。桥架的外形如图4-33所示。

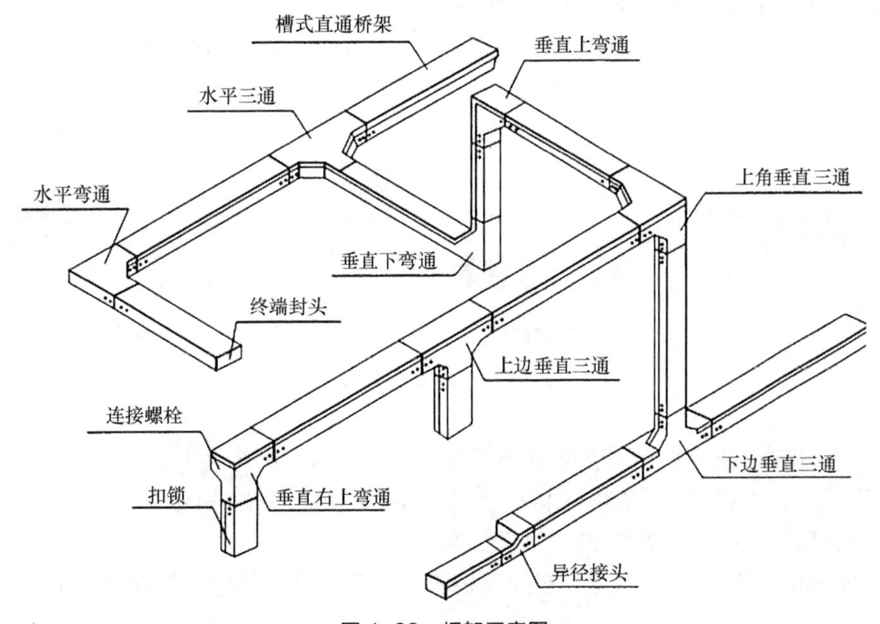

图4-33 桥架示意图

在普通桥架中，有以下主要配件供组合：桥架、弯通、三通、四通、多节二通、凸弯通、凹弯通、调高板、端向连接板、调宽板、垂直转角连接件、连接板、小平转角连接板、隔离板等。

5. 综合布线常用工具

在综合布线工程中，要用到多种电缆施工工具和光缆施工工具，目前市场上各大公司都推出了各自的工具箱，将各种工具组合出售，如图 4-34 所示。

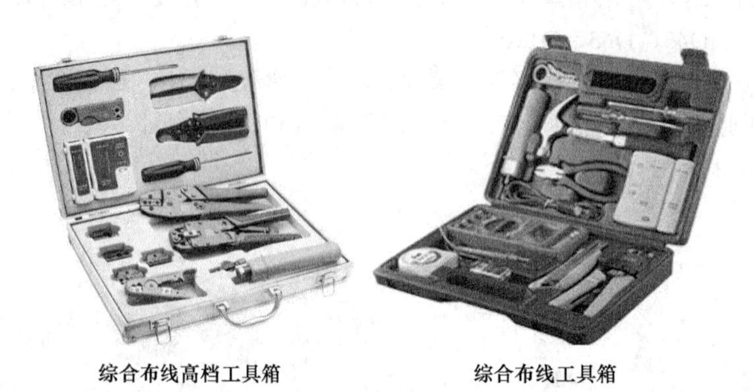

图 4-34　各类综合布线工具箱

（1）RJ-45 网络压线钳：主要用于压接 RJ-45 水晶头，辅助作用是剥线，如图 4-35 所示。

（2）单口网络打线钳：主要用于跳线架打线。打线时应注意打线刀头是否良好，且应对正模块，快速打下，并且用力适当。打线刀头属于易耗品，刀头裁线次数约为 1 000 次，超过使用次数后应及时更换，如图 4-35 所示。

（3）150 mm 活扳手：主要用于拧紧螺母。使用时应调整钳口开合与螺母规格相适应，并且用力适当，防止扳手滑脱，如图 4-35 所示。

（4）150 mm 十字螺丝刀：主要用于十字槽螺钉的拆装。使用时应将螺丝刀十字卡紧螺钉槽内，并且用力适当，如图 4-35 所示。

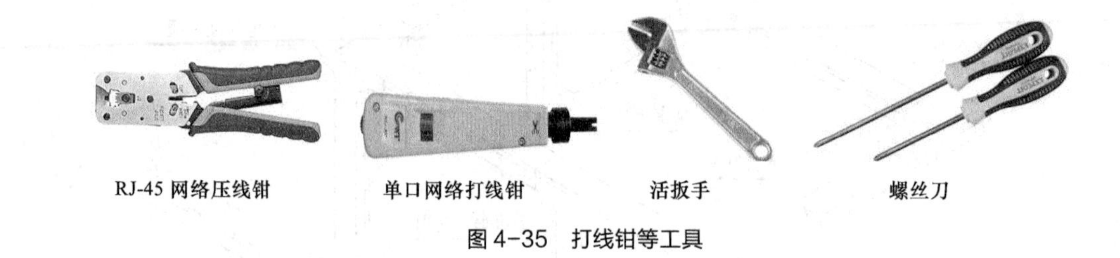

图 4-35　打线钳等工具

（5）锯弓和锯弓条：主要用于锯切 PVC 管槽，如图 4-36 所示。

（6）美工刀：主要用于切割实训材料或剥开线皮，如图 4-36 所示。

（7）线管剪：主要用于剪切 PVC 线管，如图 4-36 所示。

（8）200 mm 老虎钳：主要用于拔插连接块、夹持线缆等器材、剪断钢丝等，如图 4-36 所示。

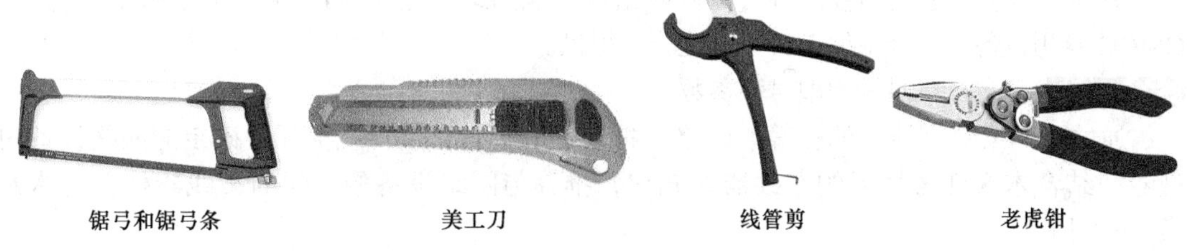

图 4-36 线管剪等工具

（9）150 mm 尖嘴钳：主要用于夹持线缆等器材、剪断线缆等，如图 4-37 所示。

（10）Φ20 弯管器：用于弯制 PVC 冷弯管，如图 4-37 所示。

（11）麻花钻头（Φ10，Φ8，Φ6）：用于在需要开孔的材料上钻孔。应根据钻孔尺寸选用合适规格的钻头。钻孔时应使钻夹头夹紧钻头，保持电钻垂直于钻孔表面，并且用力适当，防止钻头滑脱，如图 4-37 所示。

（12）测线仪：主要用于测试双绞线两端的连通性，如图 4-37 所示。

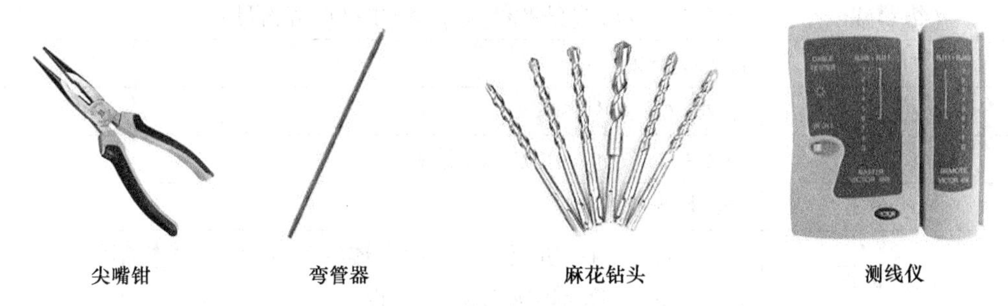

图 4-37 测线仪等工具

三、任务实施

【任务目标】根据需求确定综合布线器材及网络器材的型号，经过市场调查和网络数据分析可确定推荐的网络布线器材的种类；了解主要的综合布线工具。

【任务场景】根据校园网工程设计方案得知，校园网建设包括网络基础建设和数据中心建设。本次任务是确定推荐的布线器材和参数型号等。

STEP 1 确定所需布线器材

通过对网络建设需求进行分析，可以得出校园网建设所需的布线器材有光纤跳线、光缆、机柜、双绞线、信息面板等器材，具体如表 4-11 所示。

表 4-11 校园网组建所需设备表

建设区域	所需设备
学生宿舍网	光缆跳线、光缆、双头尾纤、宽带箱、水晶头、双绞线、光交箱、信息面板、信息插座底盒、PVC 管、PVC 槽、电力电缆、交换机柜等
校园办公网	光缆、光纤终端盒、电源插座、PVC 管、PVC 槽、信息面板、信息插座底盒、水晶头、双绞线、交换机柜、电力电缆等
数据中心建设	光缆、服务器机柜、配线机柜、水晶头、双绞线、电源插座、走线架、配线架

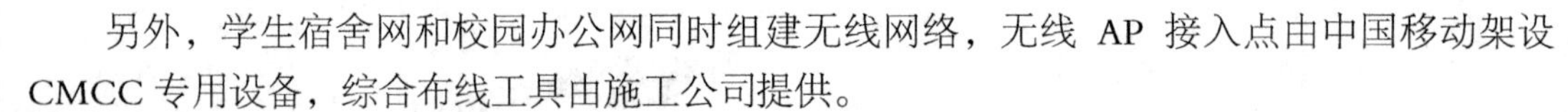

另外，学生宿舍网和校园办公网同时组建无线网络，无线 AP 接入点由中国移动架设 CMCC 专用设备，综合布线工具由施工公司提供。

STEP 2 确定布线器材的型号和参数

通过对网络数据流量的估算、网络可扩展性的预计，以及上次任务确定的网络设备的型号，结合本次任务学习的布线器材知识，推荐与网络设备相匹配的布线器材，具体如表 4-12 所示。

表 4-12　综合布线主要器材参数表

器材名称	设备参数及模块要求
双绞线	超五类双绞线
水晶头	超五类水晶头
信息面板及底盒	超五类信息面板和底盒，其中校园办公区单口、学生宿舍双口
光缆	24 芯单模和 12 芯单模
光缆跳线	单模 LC-LC 光纤跳线及单模 ST-LC 光纤跳线
电力电缆	RVVZ3*2.5
PVC 管	Φ外 20、Φ外 50
PVC 槽	PVC-20 系列、PVC-40 系列
光交箱	576 芯光交箱
交换机机柜	6 U 壁挂式网络机柜（学生宿舍楼层）、10 U 立式机柜汇聚交换机使用、30 U 数据中心交换机机柜
服务器机柜	42 U 服务器机柜
配线机柜及配线架	42 U 配线机柜、超五类配线架

STEP 3 推荐网络设备品牌

1. *进行市场调查，了解综合布线产品的知名品牌*

目前，综合布线产品种类繁多，但价格和品质差异较大，为了保证系统的可靠性，必须选择真正符合标准的产品。目前广泛使用的国外品牌的综合布线产品主要有以下几种。

- 美国安普（AMP）的开放式布线系统（Open Wiring System）。
- 美国康普（CommScope）的 SYSTIMAXSCS 布线系统。
- 美国西蒙（SIEMON）推出的 SIEMON Cabling 布线系统。
- 美国立维腾（Leviton）推出的综合布线系统。
- 德国克罗内（KRONE）的 K.I.S.S（KRONE Integrated Structured Solutions）布线系统。

这些产品性能良好、质量可靠，而且都提供了 15 年以上的质量保证体系及有关产品系列设计指南和验收方法等，因此在综合布线设计中可以优先考虑。

随着综合布线系统在国内的普及，也有部分国内厂家生产了综合布线产品，如中国普天的综合布线产品、TCL 的综合布线产品等。国内综合布线产品在技术上虽然与国外著名厂商有一定差距，但也达到了综合布线系统的标准和要求，因此在性能指标和价格满足要求的情况下，可优先选择国内的综合布线产品。国内知名综合布线厂商如表 4-13 所示。

表 4-13 国内知名综合布线厂商

DTT 大唐电信	TCL	清华同方 TSINGHUA TONGFANG	SHIP 一舟集团 SHIP GROUP 一舟
Tenda 腾达	Potevio 中国普天	D-Link	3M

2. 搜集品牌资料，推荐设备品牌

交换机、服务器、防火墙等设备种类繁多，不同档次的同一设备最好配备同一品牌。因此，一个品牌的设备能够满足不同需求至关重要。鉴于国产品牌性能不断改进，且存在不小的价格优势，建议从国产行业品牌中选择。对应于不同需求的各种设备型号可在网上查询，此处推荐 IT168 产品报价网 http://product.it168.com/jfbx.shtml 查询，如图 4-38 所示。

图 4-38 IT168 报价网站综合布线器材选购页面

选中某一器材，可根据所需的参数选择品牌、价格和类型等特点，还可以根据情况按照最热门、最便宜、信用最高等进行排序，从而初步确定自己所需的设备型号，如图 4-39 和图 4-40 所示。

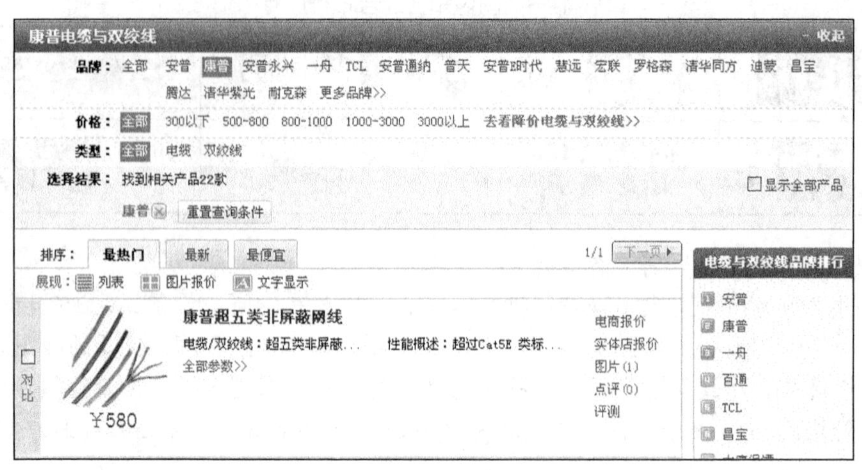

图 4-39 IT168 报价产品列表

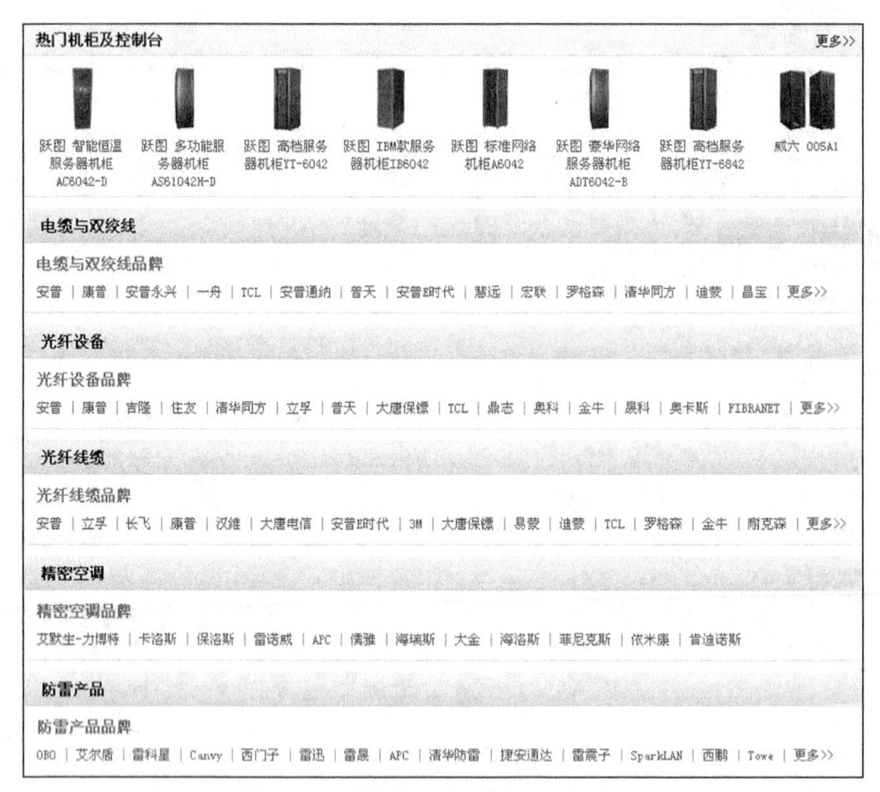

图 4-40 IT168 报价网站部分器材列表

四、任务总结

本次任务主要介绍了综合布线系统中双绞线、水晶头、光缆、机柜等布线器材的特点分类，以及布线器材选购的方法和步骤。

项目考核表

专业：__________ 班级：__________ 课程：__________

项目名称：项目四　选择综合布线产品	工作任务： 任务一　选择网络设备 任务二　选择综合布线器材和工具
考核场所：	考核组别：

项目考核点	分值
1. 了解交换机的作用和分类，能够根据需求选购合适的交换机	15
2. 了解路由器的作用和分类，能够根据需求选购合适的路由器	5
3. 了解防火墙的作用和分类，能够根据需求选购合适的防火墙	10
4. 了解服务器的作用和分类，能够根据需求选购合适的服务器	10
5. 了解网络中的其他设备，能够根据需求选购合适的 IPS 等设备	15
6. 了解双绞线的分类和特点，能够根据需求选购合适的双绞线	5
7. 了解光纤通信原理，能够根据需求选购合适的光缆和光纤跳线	10
8. 了解市场主流布线设备，能够根据需求选购合适的线管（槽）、机柜等器材	10
9. 了解 Ipv4 与 IPv6 网络，能够为网络拓展为 IPv6 选择合适的设备	10
10. 善于团队协作，营造团队交流、沟通和互帮互助的气氛	10
合　计	100

考核结果（答辩情况）

学号	姓名	各考核点得分										自评	组评	综评	合计
		1	2	3	4	5	6	7	8	9	10				

组长签字：__________ 教师签字：__________ 考核日期：　　年　月　日

思考与练习

一、填空题

1. 目前，在综合布线工程中常使用的网络设备有________、路由器、________、________等。

2. ________是综合布线工程中最常用的传输介质。

3. 双绞线是由两根具有绝缘保护层的________组成的，其英文缩写是 TP。

4. 服务器提供的服务有________、FTP 服务、________、________、________等。

5. 五类、超五类双绞线的传输速率能达到________，六类双绞线的传输速率能达到 250 Mbit/s，七类双绞线的传输速率能达到 620 Mbit/s。

6. 屏蔽双绞线比非屏蔽双绞线更能防止________，以避免数据传输速率降低。

二、选择题

1. 下列属于有线传输的介质有（　　）。

   A. 双绞线　　B. 同轴电缆　　C. 光缆　　D. 微波

2. 目前，双绞线按频率和信噪比可分为（　　）。

   A. 五类线　　B. 超五类线　　C. 六类线　　D. 七类线

3. 对于双绞线电缆，主要技术参数有（　　）。

   A. 衰减　　B. 直流电阻　　C. 特征阻抗　　D. 近端串扰比

4. 下列属于光纤连接器类型的是（　　）。

   A. ST　　B. SC　　C. FC　　D. 护套厚度

5. 若要求网络传输带宽达到 600 Mbit/s，则选择（　　）双绞线。

   A. 五类　　B. 超五类　　C. 六类　　D. 七类

6. 一电缆护套上标有 F/UTP 字样，它属于以下哪类线缆？（　　）

   A. 光缆　　B. 在最外层没有使用屏蔽层的双绞线

   C. 每对线芯都有屏蔽层　　D. 每对线芯没有屏蔽，但是最外层有屏蔽

三、思考题

1. 常用的网络连接线缆都有哪些？列举其特点和用途。
2. 选择交换机产品要注意哪些需求？
3. 超五类、六类和七类综合布线的标准分别是什么？
4. 综合布线过程中的常用工具有哪些？使用时应该注意哪些问题？
5. 综合布线系统中用于网络安全的有哪些设备？

PART 5 项目五 工作区子系统的设计与实施

知识点

- 工作区子系统的基本概念
- 工作区子系统的设计原则
- 点数统计表的制作
- 工作区子系统的工程技术
- 双绞线的制作

技能点

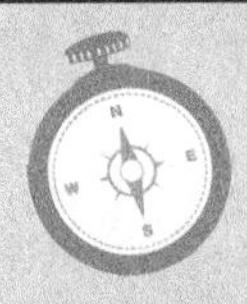

- 能够根据需求设计工作区子系统
- 掌握双绞线的制作方法
- 掌握点数表的制作方法

建议教学组织形式

- 理论与实践相结合
- 到综合布线实训室进行实际操作

任务一　工作区子系统的设计

一、任务分析

要为学校建立技术先进、经济实用、效率高、扩展性好的综合布线系统，必须综合各个子系统的要求，应用系统工程的理论和方法，统一规划布线，合理设计工作区子系统。

工作区是指从设备出线到信息插座的整个区域，即一个独立的需要设置终端的区域划分为一个工作区。工作区可支持电话机、数据终端、计算机、电视机、监视器以及传感器等终端设备，也是构建一个完整的计算机网络系统非常关键的一环。本次任务需要完成的工作有以下几项。

（1）了解工作区子系统的基本概念。

（2）掌握工作区子系统的划分原则、适配器的选用原则。

（3）了解工作区子系统工作区的设计要点以及信息插座连接技术要求。

（4）掌握工作区子系统的设计步骤。

二、相关知识

（一）什么是工作区

工作区子系统是指从信息插座延伸到终端设备的整个区域，即一个独立的需要设置终端的区域划分为一个工作区。工作区可支持电话机、数据终端、计算机、电视机、监视器以及传感器等终端设备。它包括信息插座、信息模块、网卡和连接所需的跳线，并在终端设备和输入/输出（I/O）之间搭接，相当于电话配线系统中连接话机的用户线及话机终端部分。典型的工作区子系统如图 5-1 所示。

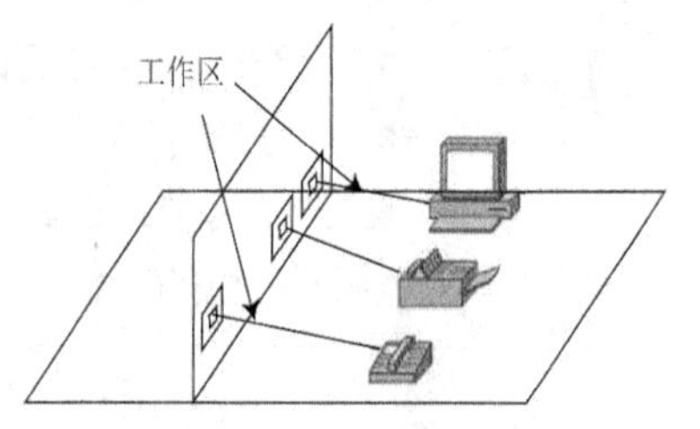

图 5-1　工作区子系统

（二）工作区的划分原则

按照 GB50311 国家标准规定，工作区是一个独立的需要设置终端设备的区域。工作区应由配线（水平）布线系统的信息插座延伸到终端设备处的连接电缆及适配器组成。一个工作区的服务面积可按 5～10m² 估算，也可按不同的应用环境调整面积的大小。

（三）工作区适配器的选用原则

（1）在设备连接器采用不同于信息插座的连接器时，可用专用电缆及适配器。

（2）在单一信息插座上进行两项服务时，可用“Y”型适配器。

（3）在配线（水平）子系统中选用的电缆类别（介质）不同于设备所需的电缆类别（介质）时，宜采用适配器。

（4）在连接使用不同信号的数模转换设备、光电转换设备及数据速率转换设备等装置时，宜采用适配器。

（5）为了特殊的应用而实现网络的兼容性时，可用转换适配器。

（6）根据工作区内不同的电信终端设备（如 ADSL 终端）可配备相应的适配器。

（四）工作区设计要点

（1）工作区内线槽的敷设要合理、美观。

（2）信息插座设计在距离地面 30cm 以上。

（3）信息插座与计算机设备的距离保持在 5m 范围内。

（4）网卡接口类型要与线缆接口类型保持一致。

（5）所有工作区所需的信息模块、信息插座、面板的数量要准确。

工作区设计时，具体操作可按以下 3 步进行。

① 根据楼层平面图计算每层楼布线面积。

② 估算信息引出插座数量。

③ 确定信息引出插座的类型。

（五）信息插座连接技术要求

1. 信息插座与终端的连接形式

信息插座是终端（工作站）与水平子系统连接的接口，其中最常用的为 RJ45 信息插座，即 RJ45 连接器。

在实际设计时，必须保证每个 4 对双绞线电缆端接在工作区中一个 8 脚（针）的模块化插座（插头）上。

连接时必须考虑以下 3 个因素。

（1）各种设计选择方案在经济上的最佳折中。

（2）系统管理的一些比较难以捉摸的因素。

（3）在布线系统寿命期间移动和重新布置所产生的影响。

2. 信息插座与连接器的接法

对于 RJ45 连接器与 RJ45 信息插座，与 4 对双绞线的接法主要有两种，一种是 568A 标准，另一种是 568B 标准。

三、任务实施

【任务目标】根据校园网的设计需求，设计工作区子系统。

【任务场景】根据校园网综合布线系统设计方案得知，校园网建设包括工作区子系统的设计，为工程设计合适的工作区子系统。

STEP 1 需求分析

需求分析主要掌握用户的当前用途和未来扩展需要，目的是把设计对象归类，按照写字楼、宾馆、综合办公室、生产车间、会议室、商场等类别进行归类，为后续设计确定方向和重点。

现在的建筑物往往有多种用途和功能，例如，一栋 18 层的建筑物可能会有这些用途，地下 2 层为空调机组等设备安装层，地下 1 层为停车场，1～2 层为商场，3～4 层为餐厅，5～10 层为写字楼，11～18 层为宾馆。

STEP 2 技术交流

在进行需求分析后，要与用户进行技术交流，这是非常必要的。不仅要与技术负责人交流，也要与项目或者行政负责人进行交流，进一步充分和广泛地了解用户的需求，特别是未来的发展需求。在交流中重点了解每个房间或者工作区的用途、工作区域、工作台位置、工作台尺寸、设备安装位置等详细信息。在交流过程中必须进行详细的书面记录，每次交流结束后要及时整理书面记录。这些书面记录是初步设计的依据。

STEP 3 阅读建筑物图纸和工作区编号

索取和认真阅读建筑物设计图纸是不能省略的程序，通过阅读建筑物图纸掌握建筑物的土建结构、强电路径、弱电路径，特别是主要电器设备和电源插座的安装位置，重点掌握在综合布线路径上的电器设备、电源插座、暗埋管线等。

工作区信息点命名和编号是一项非常重要的工作。命名首先必须准确表达信息点的位置或者用途，要与工作区的名称相对应，这个名称从项目设计开始到竣工验收及后续维护最好一致。如果出现项目投入使用后用户改变了工作区名称或者编号，必须及时制作名称变更对应表，作为竣工资料保存。

STEP 4 初步设计方案

1. 工作区面积的确定

工作区子系统包括办公室、写字间、作业间、技术室等需用电话、计算机终端、电视机等设施的区域和相应设备。对于工作区面积的划分应根据应用的场合做具体的分析后确定。一般建筑物设计时，网络综合布线系统工作区面积的需求如表 5-1 所示。

表 5-1　工作区面积划分表（GB50311-2007 规定）

建筑物类型及功能	工作区面积（m^2）
网管中心、呼叫中心、信息中心等终端设备较为密集的场地	3～5
办公区	5～10
会议、会展	10～60
商场、生产机房、娱乐场所	20～60
体育场馆、候机室、公共设施区	20～100
工业生产区	60～200

2. 工作区信息点的配置

一个独立的、需要设置终端设备的区域宜划分为一个工作区，每个工作区需要设置一个计算机网络数据点或者语音电话点，或按用户需要设置。

每个工作区信息点数量可按用户的性质、网络构成和需求来确定。

3. 工作区信息点点数统计表

工作区信息点点数统计表简称点数表，是设计和统计信息点数量的基本工具和手段。

STEP 5 概算

在初步设计的最后要给出该项目的概算，这个概算是指整个综合布线系统工程的造价概算，当然也包括工作区子系统的造价。工程概算的计算公式如下。

工程造价概算=信息点数量×信息点的价格

STEP 6 初步设计方案确认

初步设计方案主要包括点数统计表和概算两个文件，因为工作区子系统信息点数量直接决定综合布线系统工程的造价，信息点数量越多，工程造价越大。工程概算的多少与选用产品的品牌和质量有直接关系，工程概算多时宜选用高质量的知名品牌，工程概算少时宜选用区域知名品牌。点数统计表和概算也是综合布线系统工程设计的依据和基本文件，因此必须经过用户确认。

用户确认的一般程序如下。

整理点数统计表→准备用户确认签字文件→用户交流和沟通→用户确认签字和盖章→设计方签字和盖章→双方存档。

用户确认签字文件至少一式 4 份，双方各两份。设计单位一份用来存档，一份用来作为设计资料。

STEP 7 正式设计

1. 新建建筑物

随着 GB50311-2007 国家标准的正式实施，2007 年 10 月 1 日起新建筑物必须设计网络综合布线系统，因此建筑物的原始设计图纸中有完整的初步设计方案和网络系统图。必须认真研究和读懂设计图纸，特别是与弱电有关的网络系统图、通信系统图、电气图等。

当土建工程开始或者封顶时，必须到现场实际勘测，并且与设计图纸对比。

新建建筑物的信息点底盒必须暗埋在建筑物的墙面，一般使用金属底盒，很少使用塑料底盒。

2. 旧楼增加网络综合布线系统的设计

当旧楼增加网络综合布线系统时，设计人员必须到现场勘察，根据现场使用情况具体设计信息插座的位置、数量。

旧楼增加信息插座一般多为明装 86 系列插座。

3. 信息点安装位置

信息点的安装位置宜以工作台为中心进行，如果工作台靠墙布置时，信息点插座一般设计在工作台侧面的墙面，通过网络跳线直接与工作台上的电脑连接。

如果工作台布置在房间的中间位置或者没有靠墙时，信息点插座一般设计在工作台下面的地面，通过网络跳线直接与工作台上的电脑连接。

如果是集中或者开放办公区域，信息点的设计应该以每个工位的工作台和隔断为中心，将信息插座安装在地面或者隔断上。

在大门入口或者重要办公室门口宜设计门警系统信息点插座。

在公司入口或者门厅宜设计指纹考勤机、电子屏幕使用的信息点插座。

在会议室主席台、发言席、投影机位置宜设计信息点插座。

在各种大卖场的收银区、管理区、出入口宜设计信息点插座。

4. 信息点面板

地弹插座面板一般为黄铜制造，只适合在地面安装，每只售价在 100~200 元。它具有防水、防尘、抗压功能，使用时打开盖板，不使用时，盖好盖板与地面高度相同。

墙面插座面板一般为塑料制造，只适合在墙面安装，每只售价在 5~20 元，具有防尘功能，使用时打开防尘盖，不使用时，防尘盖自动关闭。

桌面型面板一般为塑料制造，适合安装在桌面或者台面，在综合布线系统设计中很少应用。

常见的信息点插座底盒有两个规格，适合墙面或者地面安装。墙面安装底盒为边长 86 mm 的正方形盒子，设置 2 个 M4 螺孔，孔距为 60 mm。底盒又分为暗装和明装两种，暗装底盒的材料有塑料和金属材质两种，其外观比较粗糙。明装底盒外观美观，一般由塑料注塑。

地面安装底盒比墙面安装底盒大，为长 100 mm、宽 100 mm 的正方形盒子，深度为 55 mm（或 65 mm），设置 2 个 M4 螺孔，孔距为 84 mm。一般只有暗装底盒由金属材质一次冲压成型，表面电镀处理。面板一般由黄铜材料制成，常见方形和圆形面板两种，方形面板长为 120 mm、宽为 120 mm。

5. 图纸设计

综合布线系统工作区信息点的图纸设计是综合布线系统设计的基础工作，直接影响工程造价和施工难度，大型工程也直接影响工期，因此工作区子系统信息点的设计工作非常重要。

在一般综合布线工程设计中，不会单独设计工作区信息点布局图，而是综合在网络系统图纸中。

四、任务总结

本次任务主要介绍了综合布线系统中工作区的基本概念、划分原则、设计方法以及设计步骤。通过本次任务让学生熟练掌握工作区子系统的设计流程，为工作区子系统的设计打下良好基础。

任务二　工作区点数统计表的制作

一、任务分析

信息点数统计是工作区子系统设计过程中的一个重要步骤，是项目概算的重要依据，这就要求在综合布线系统中，必须会制作点数统计表，并准确统计出相应的信息。

本次任务需要完成的工作有以下几项。

（1）掌握各种工作区信息点位置和数量的设计要点和统计方法。

（2）熟练掌握信息点数统计表的设计和应用方法。

（3）掌握项目概算方法。

（4）训练工程数据表格的制作方法和能力。

二、相关知识

点数统计表是设计与统计信息点数的基本工具和手段。初步设计的主要工作是完成点数表。初步设计的程序是在需求分析和技术交流的基础上，首先确定每个房间或者区域的信息点位置和数量，然后制作和填写点数统计表。

点数统计表能够一次准确和清楚地表示和统计出建筑物的信息点数量。点数统计表的格式如表 5-2 所示。

表 5-2　建筑物网络综合布线信息点数量统计表

建筑物网络和语音信息点数统计表													
房间或者区域编号													
楼层编号	02		04		06		08		10		数据点数合计	语音点数合计	信息点数合计
	数据	语音	数据	语音	数据	语音	数据	语音	数据	语音			
17层	3		2		2		3		4		14		
		3		1		2		3		3		12	
16层	2		2		2		3		2		11		
		2		2		5		2		2		13	
15层	5				1		1		2		9		
		4		3		2		1		3		13	
14层	2		2		4		3		1		12		
		2		2		2		2		1		9	
合计											46		
												47	93

第一行为设计项目或者对象的名称，第二行为房间或者区域的名称，第三行为房间号，第四行为数据或者语音类别，其余行填写每个房间的数据或者语音点数量。为了方便统计，一般每个房间有两行，一行数据，一行语音，最后一行为合计数量。在点数表填写中，房间编号由大到小按照从左到右的顺序填写。

第一列为楼层编号，填写对应的楼层编号，中间列为该楼层的房间号。为了方便统计，一般每个房间有两列，一列数据，一列语音，最后一列为合计数量。在点数表填写中，楼层编号由大到小按照从上到下的顺序填写。

三、任务实施

【任务目标】根据需求确定工作区子系统的信息点数，掌握点数统计表的制作方法，并制作出合理的点数统计表。

【任务场景】根据校园网工程设计方案得知，校园网建设包括教学楼、宿舍楼、办公楼等，本次任务是统计这些设施的信息点数并制作点数统计表。

点数表的制作方法为：利用 Excel 工作表或 Word 文档软件进行制作，一般常用的表格格式为房间按行表示，楼层按列表示，制作步骤如下。

STEP 1 分析综合布线系统的用途、归类。

例如，教学楼、宿舍楼、办公楼等。

STEP 2 工作区分类和编号。

根据综合布线要求，对工作区进行分类和编号。

STEP 3 制作点数统计表。

根据要求制作如表 5-2 所示的统计表。

STEP 4 填写点数统计表。

根据统计的信息，填写点数表。

STEP 5 工程概算。

计算出全部信息点的数量和规格。

四、任务总结

本次任务主要介绍了综合布线系统中点数统计表的制作方法和步骤，通过本任务的学习，让学生掌握点数统计表的制作方法，熟练计算出信息点的数量和规格。

任务三　双绞线的制作

一、任务分析

校园网的综合布线设计中，双绞线电缆端接是水平子系统中最为关键的步骤，所以对安装和维护综合布线的技术人员要求更为严格，必须按照要求进行制作。

本次任务需要完成的工作有以下几项。

（1）掌握 RJ-45 水晶头和网络跳线的制作方法和技巧。

（2）掌握网络线压接常用工具和操作技巧。

（3）掌握双绞线电缆端接的基本要求。

二、相关知识

（一）双绞线电缆端接的基本要求

双绞线电缆端接是综合布线系统工程中最为关键的步骤，它包括配线接续设备（设备间、电信间）和信息点（工作区）处的安装施工，另外经常用于与 RJ-45 水晶头的端接。综合布线系统的故障绝大部分出现在链路的连接之处，故障会导致线路不通和衰减、串音、回波损耗等电气指标不合格，故障不仅出现在某个端接处，也包含端接安装时不规范作业如弯曲半径过小、开绞距离过长等引起的故障。所以，对安装和维护综合布线的技术人员，必须先进行严格培训，使其掌握安装技能。

在国家标准 GB50312-2007 中规定了双绞线（在标准中称为对绞，以下全部用双绞线）缆线端接的要求。

1. 缆线端接应符合的要求

（1）缆线在端接前，必须核对缆线标识内容是否正确。

（2）缆线中间不应有接头。

（3）缆线端接处必须牢固、接触良好。

（4）双绞线电缆与连接器件连接应认准线号、线位色标，不得颠倒和错接。

2. RJ-45 水晶头端接原理

RJ-45 水晶头端接原理为：利用压力钳的机械压力使 RJ-45 头中的刀片首先压破线芯护套，然后再压入铜线芯中，实现刀片与线芯的电气连接。每个 RJ-45 头中有 8 个刀片，每个刀片与 1 个线芯连接。图 5-2 所示为 RJ-45 头刀片压线前位置图，图 5-3 所示为 RJ-45 头刀片压线后位置图。

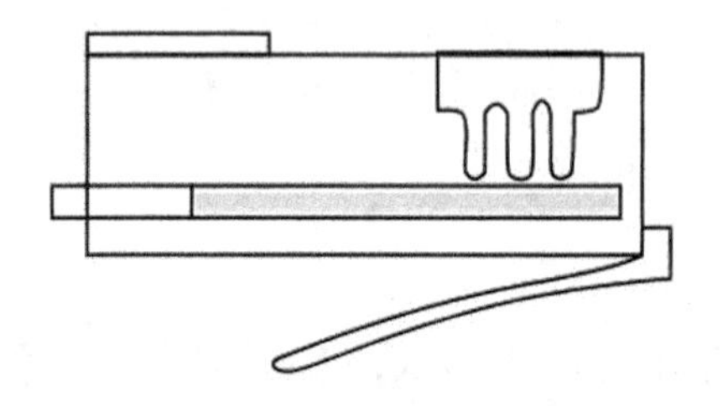
图 5-2　RJ-45 头刀片压线前位置图

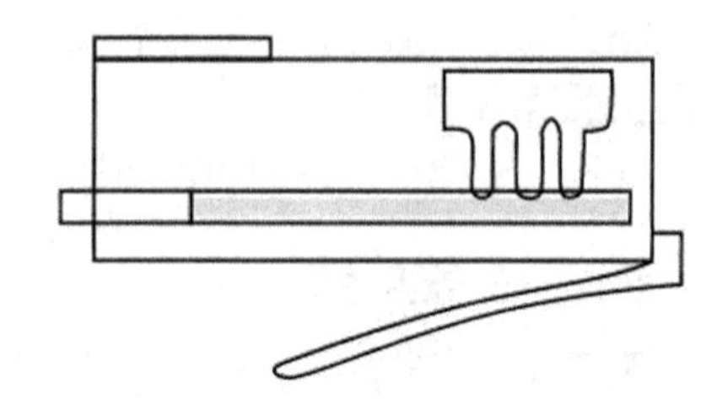
图 5-3　RJ-45 头刀片压线后位置图

3. 双绞线电缆端接的要求

（1）端接时，每对双绞线应保持扭绞状态，电缆剥除外护套长度够端接即可，最大暴露双绞线长度为 40～50 mm；扭绞松开长度对于 3 类电缆不应大于 75 mm；对于 5 类电缆不应大于 13 mm；对于 6 类电缆应尽量保持扭绞状态，减小扭绞松开长度。

（2）双绞线与 8 位模块式通用插座相连时，必须按色标和线对顺序进行卡接。插座类型、色标和编号应符合图 5-4 的规定。两种连接方式均可采用，但在同一布线工程中两种连接方式不应混合使用。

（3）7 类布线系统采用非 RJ-45 方式端接时，连接图应符合相关标准规定。

（4）屏蔽双绞线电缆的屏蔽层与连接器件端接处屏蔽罩应通过紧固器件可靠接触，缆线屏蔽层应与连接器件屏蔽罩 360° 圆周接触，接触长度不宜小于 10 mm。屏蔽层不应用于受力的场合。

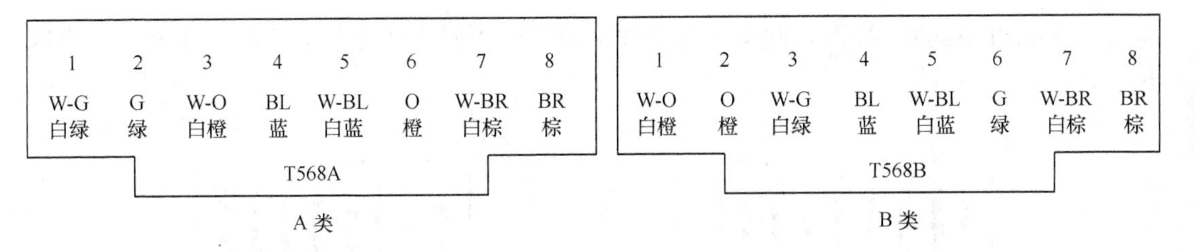

G（Green）- 绿；BL（Blue）- 蓝；BR（Brown）- 棕；W（White）- 白；O（Orange）- 橙

图 5-4 8 位模块式通用插座连接图

（5）对不同的屏蔽双绞线或屏蔽电缆，屏蔽层应采用不同的端接方法。应对编织层或金属箔与汇流导线进行有效的端接。

（6）虽然电缆路由中允许转弯，但端接安装中要尽量避免不必要的转弯，绝大多数的安装要求少于 3 个 90° 转弯，在一个信息插座盒内允许有少数电缆的转弯极短（30 cm）的盘圈。安装时避免下列情况：①弯曲超过 90°；②过紧地缠绕电缆；③损伤电缆的外皮；④剥除外护套时伤及双绞线绝缘层。

（二）基本工具和耗材

1. 非屏蔽双绞线（UTP）

2. RJ-45 水晶头

RJ-45 水晶头属于耗材，不可回收。

3. 制线钳

制线钳主要由剪线口、剥线口、压线口组成，如图 5-5 所示。

4. 剥线器

专用剥线工具如图 5-6 所示。

5. 测通仪

测通仪一般由两部分组成，一部分是信号发射器，另一部分是信号接收器，双方各有 4 个信号灯以及至少 1 个 RJ-45 插槽（有些同时具有 BNC、RJ11 等测试功能），如图 5-7 所示。

图 5-5 RJ-45 制线钳

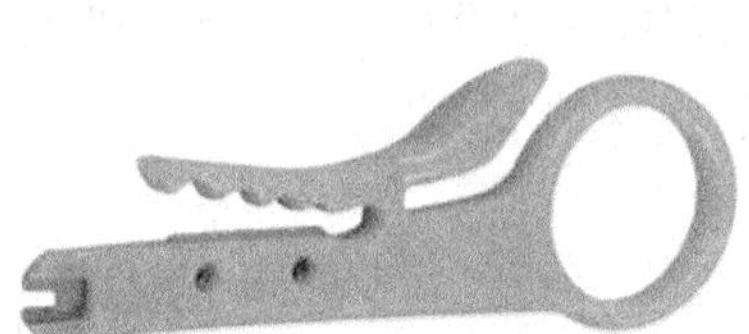

图 5-6 剥线器

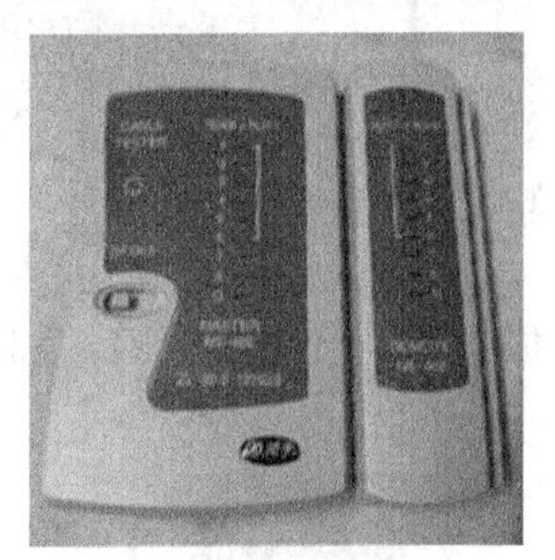

图 5-7 测通仪

（三）接线标准

RJ-45 水晶头和双绞线的连接技术一般有两种接线标准，分别是 EIA/TIA 568A 标准和 EIA/TIA 568B 标准，其基本线序如图 5-8 和图 5-9 所示。

（四）数据跳线的分类

根据连接设备的不同，数据跳线一般可分为平行双绞线和交叉双绞线。

平行双绞线：即两端进行制线时均采用统一的接线标准，如都采用 EIA/TIA568A 标准或者 EIA/TIA568B 标准。此类数据跳线主要用于不同设备之间的级联，如网卡与集线器之间。

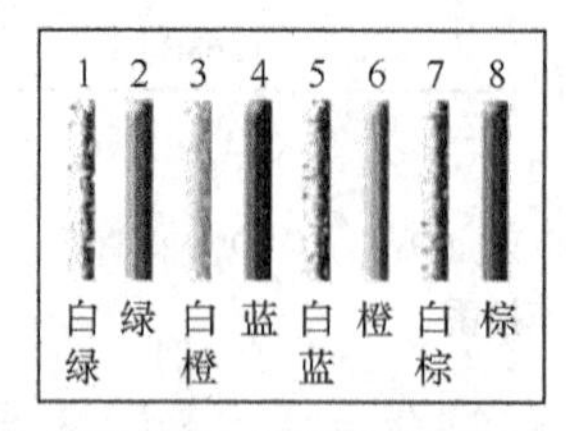

图 5-8　T568A 线序

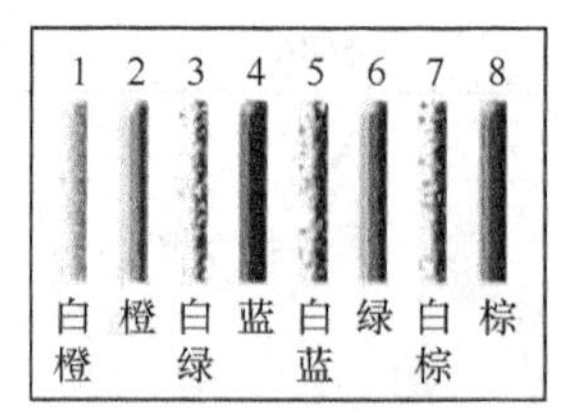

图 5-9　T568B 线序

交叉双绞线：即两端进行制线时采用了不同的接线标准。此类跳线主要用于同级设备之间的直接连接，如网卡与网卡直接连接、集线器与集线器直接连接。

三、任务实施

【任务目标】根据工作区子系统的设计要求，学会使用网线制作工具并制作网线。

【任务场景】网线是连接工作区设备的传输介质，如果要连接设备必须要制作网线，本次任务主要是网线制作。

STEP 1 剥线

使用剥线器夹住双绞线旋转一圈，剥去 20 mm 左右的外表皮，如图 5-10 所示。

注意

旋转时请不要太用力，防止损坏内部的 4 对双绞线。

STEP 2 去除外表皮

采用旋转的方式将双绞线外套慢慢抽出，如图 5-11 所示。

注意

除去外套层时，请使用中等力度，防止将双绞线拉断。

STEP 3 分开双绞线

将 4 对双绞线分开并查看双绞线是否有损坏，如有破损或断裂的情况出现，则要去掉破损部分，重复上述步骤，如图 5-12 所示。

图 5-10　剥线

图 5-11　除去表皮

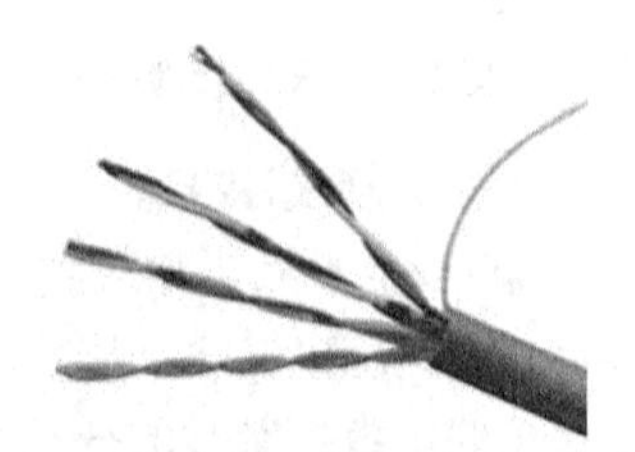
图 5-12　分开双绞线

STEP 4 排列线序

将每根线进行排序，使线的颜色与选择的线序标准的颜色相匹配。这里选择的是 EIA/TIA 568B 标准，所以线序为 1 橙白、2 橙、3 绿白、4 蓝、5 蓝白、6 绿、7 棕白、8 棕，如图 5-13 所示。

STEP 5 剪线

剪切线对使其顶端平齐，剪切之后露出来的线对长度大约为 14 mm，如图 5-14 所示。

STEP 6 效果图

使用制线钳剪线后，效果如图 5-15 所示。

图 5-13 排列线序

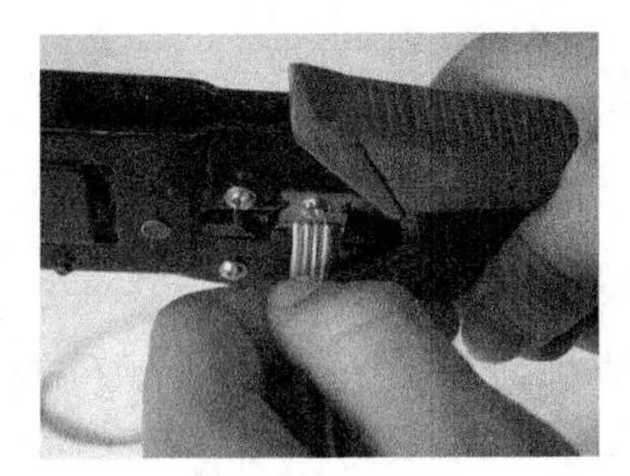

图 5-14 剪线

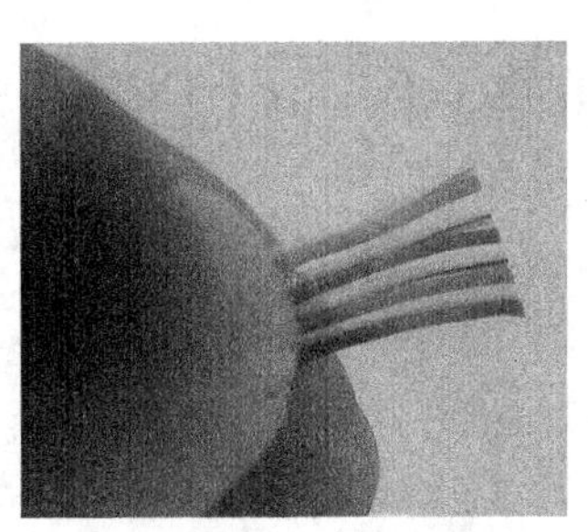

图 5-15 效果图

STEP 7 安装 RJ-45 水晶头

将线对插入 RJ-45 水晶头，确认所有的线对对准针脚。线对在 RJ-45 水晶头部能够见到铜芯，外护套应进入水晶头内。如果线对没有排列好，则进行重新排列。要求认真仔细地完成这一步工作，如图 5-16 所示。

STEP 8 压制

将 RJ-45 水晶头和电缆插入压接工具中。紧紧握住把柄并将这个压力保持 3 s。使用压接工具可以把线对压入 RJ-45 水晶头并将 RJ-45 水晶头内的针脚压入 RJ-45 水晶头内的线对上。同时，使用压接工具把塑料罩压入电缆外皮，保护 RJ-45 水晶头内电缆的安全，如图 5-17 所示。

STEP 9 完成

压接完后，把 RJ-45 水晶头从压接工具上取下并检查。确认所有的导线都连接完毕，并且所有的针脚都被压接到各自所对应的导线里。如果有一些没有被完全压入导线内，再将 RJ-45 水晶头插入压接工具并重新进行压接。完成后如图 5-18 所示。

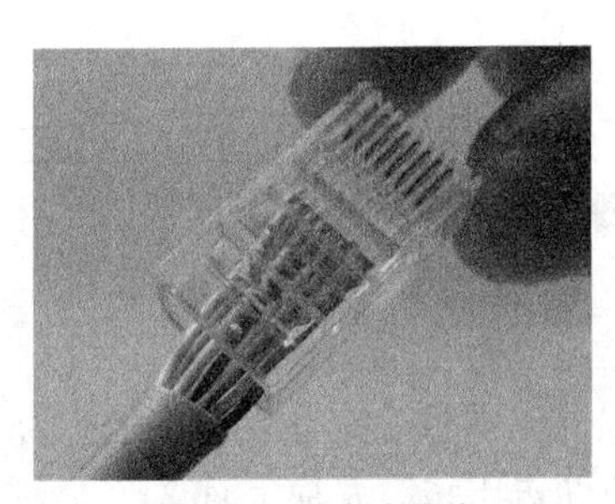

图 5-16 安装水晶头

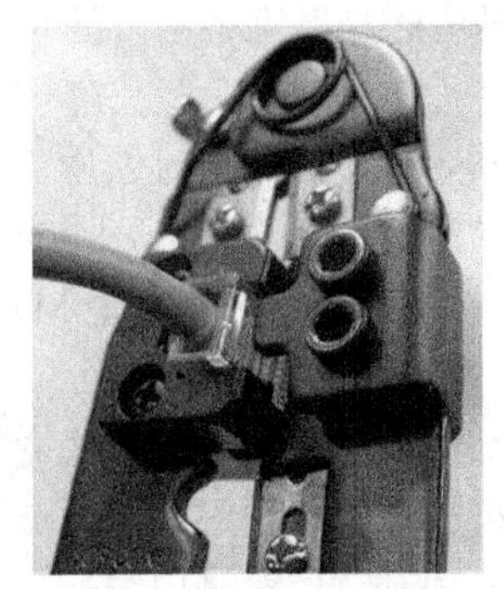

图 5-17 压制

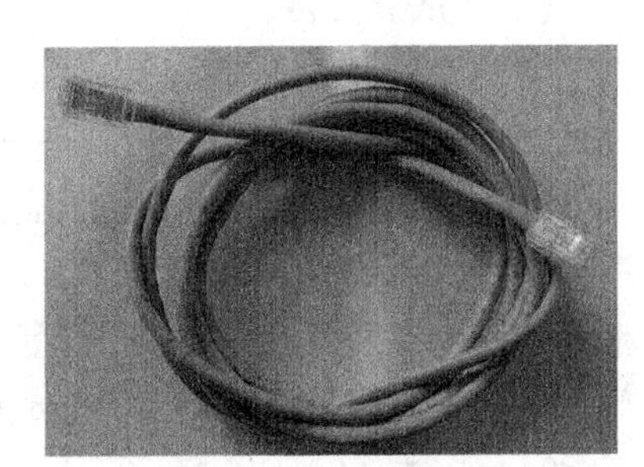

图 5-18 制作完成

STEP 10 数据跳线测通

使用测通仪检查跳线制作是否正确，将跳线分别插到测通仪的信号发射端和信号接收端，按启动测试按钮开始测通。

四、任务总结

本次任务主要介绍了工作区子系统中双绞线的制作方法和步骤。通过本任务的学习，让学生熟练掌握双绞线线序的分类、具体的制作过程及制作方法，为工程的实施打下良好基础。

任务四　网络插座的安装

一、任务分析

在综合布线系统中，网络插座是工作区子系统连接网络的基础，其安装好坏直接影响美观和最终网络的连通性，这就要求在工作区子系统中，必须严格按照要求进行施工。

本次任务需要完成的工作有以下几项。

（1）了解双绞线、同轴电缆等通信介质的特性，为接入网络做好通信介质的选型。

（2）了解光纤通信原理，为汇聚网络和校园网干线做好光缆和光纤跳线的选型。

（3）了解线槽（管）、机柜等布线器材的特点和综合布线常用工具的特点，做好综合布线系统的器材选型。

二、相关知识

（一）信息点安装位置

教学楼、学生公寓、实验楼、住宅楼等不需要进行二次区域分割的工作区，信息点宜设置在非承重的隔墙上，宜在设备使用位置或者附近。

写字楼、商业大厅、大厅等需要进行二次分割和装修的区域，信息点宜在四周墙面设置，也可以在中间的立柱上设置，要考虑二次隔断和装修时扩展方便性和美观性。大厅、展厅、商业收银区在设备安装区域的地面宜设置足够的信息点插座。

学生公寓等信息点密集的隔墙，宜在隔墙两面对称设置。

银行营业大厅的对公区、对私区和 ATM 自助区信息点的设置要考虑隐蔽性和安全性。特别是离行式 ATM 机的信息点插座不能暴露在客户区。

指纹考勤机、门警系统信息点插座的高度宜参考设备的安装高度设置。

（二）底盒安装

明装底盒经常在改扩建工程墙面明装方式布线时使用，一般为白色塑料盒，外形美观、表面光滑，外形尺寸比面板稍小一些，长 84 mm、宽 84 mm、深 36 mm，底板上有 2 个直径为 6 mm 的安装孔，用于将底座固定在墙面，正面有 2 个 M4 螺孔，用于固定面板，侧面预留有上下进线孔。

暗装底盒一般在新建项目和装饰工程中使用，暗装底盒常见的有金属的和塑料的两种。塑料底盒一般为白色，一次注塑成型，表面比较粗糙，外形尺寸比面板小一些，常见尺寸为长 80 mm、宽 80 mm、深 50 mm，5 面都预留有进出线孔，方便进出线，底板上有 2 个安装孔，用于将底座固定在墙面，正面有 2 个 M4 螺孔，用于固定面板。

金属底盒一般一次冲压成型，表面都进行电镀处理，避免生锈，尺寸与塑料底盒基本相同。

暗装底盒只能安装在墙面或者装饰隔断内，安装面板后就隐蔽起来了。施工中不允许把暗装底盒明装在墙面上。

暗装塑料底盒一般在土建工程施工时安装，直接与穿线管端头连接固定在建筑物墙内或者立柱内，外沿低于墙面 10 mm，中心距离地面高度为 300 mm 或者按照施工图纸规定高度安装。底盒安装好以后，必须用钉子或者水泥砂浆固定在墙内。

需要在地面安装网络插座时，盖板必须具有防水、抗压和防尘功能，一般选用 120 系列金属面板，配套的底盒宜选用金属底盒，一般金属底盒比较大，常见规格为长 100 mm、宽 100 mm，中间有 2 个固定面板的螺丝孔，5 个面都预留有进出线孔，方便进出线。另外，地面金属底盒安装后一般应低于地面 10～20 mm，注意这里的地面是指装修后地面。各种底盒如图 5-19 所示。

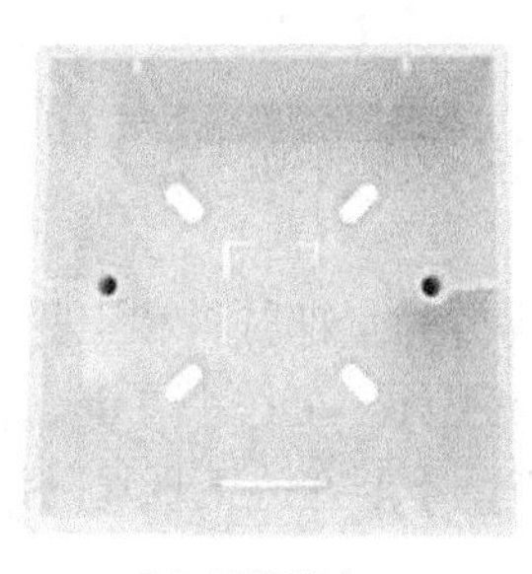
(a) 明装底盒

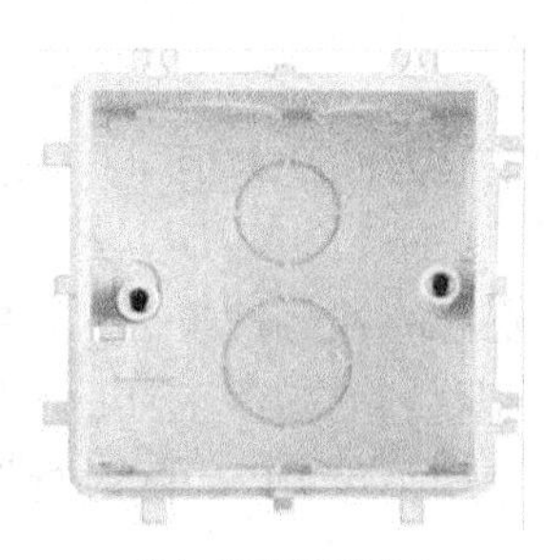
(b) 暗装塑料底盒

(c) 暗装金属底盒

图 5-19　底盒

在扩建、改建和装饰工程安装网络面板时，为了美观一般宜采取暗装底盒，必要时要在墙面或者地面进行开槽安装。

三、任务实施

【任务目标】根据工作区子系统的设计方案，进行网络插座的安装，了解安装方法和施工步骤。

【任务场景】根据工作区子系统的设计方案，各工作区需安装网络信息插座，本次任务是进行网络信息插座的安装。

（一）各种底盒安装步骤

STEP 1 目视检查产品的外观看其是否合格

特别检查底盒上的螺丝孔必须正常，如果其中有一个螺丝孔损坏则坚决不能使用。

STEP 2 取掉底盒挡板

根据进出线的方向和位置，取掉底盒预设孔中的挡板。

STEP 3 固定底盒

明装底盒按照设计要求用膨胀螺丝直接固定在墙面，如图 5-20 所示。暗装底盒首先使用专门的管接头把线管和底盒连接起来，这种专用接头的管口有圆弧，既方便穿线，又能保护线缆不被划伤或者损坏。然后，用膨胀螺丝或者水泥砂浆固定底盒。

STEP 4 成品保护

暗装底盒一般在土建过程中进行，因此在底盒安装完毕后，必须进行成品保护，特别是安装螺丝孔，防止水泥砂浆灌入螺孔或者穿线管内。一般做法是在底盒螺丝孔和管口塞纸团，也可用胶带纸保护螺孔。

图 5-20 装修墙面明装底盒

（二）**模块安装步骤**

网络数据模块和电话语音模块的安装方法基本相同，一般安装顺序如下。

STEP 1 准备材料和工具

在每天开工前准备材料和工具，必须一次领取半天工作需要的全部材料和工具，主要包括网络数据模块、电话语音模块、标记材料、剪线工具、压线工具、工作小凳等。将半天施工需要的全部材料和工具装入一个工具箱（包）内，随时携带，不要在施工现场随地乱放。

STEP 2 清理和标记

清理和标记非常重要，在实际工程施工中，一般底盒安装和穿线较长时间后，才能开始安装模块，因此安装前首先清理底盒内堆积的水泥砂浆或者垃圾，然后将双绞线从底盒内轻轻地取出，清理表面的灰尘重新做编号标记，标记位置距离管口约 60～80 mm，注意做好新标记后才能取消原来的标记。

STEP 3 剪掉多余线头

剪掉多余线头是必需的，因为在穿线施工中双绞线的端头进行了捆扎或者缠绕，管口预留也比较长，双绞线的内部结构可能已经破坏，一般在安装模块前都要剪掉多余部分的长度，留出 100～120 mm 用于压接模块或者检修。

STEP 4 剥线

首先使用专业剥线器剥掉双绞线的外皮，剥掉双绞线外皮的长度为 15 mm，特别注意不要损伤线芯和线芯绝缘层。

STEP 5 压线

剥线完成后按照模块结构将 8 芯线分开，逐一压接在模块中。压接方法必须正确，一次压接成功。

STEP 6 装好防尘盖

模块压接完成后，将模块卡接在面板中，然后立即安装面板。如果压接模块后不能及时安装面板，必须对模块进行保护，一般做法是在模块上套一个塑料袋，避免土建墙面施工污染。

四、任务总结

本次任务主要介绍了水平子系统中各种底盒和模块的安装方法和步骤。通过本次任务的学习，使学生在工程实施中熟练掌握信息点的安装位置、底盒的安装方法和模块的安装步骤。

项目考核表

专业：__________　　班级：__________　　课程：__________

项目名称：项目五　工作区子系统的设计与实施	工作任务： 任务一　工作区子系统的设计 任务二　工作区点数统计表的制作 任务三　双绞线的制作 任务四　网络插座的安装
考核场所：	考核组别：

项目考核点	分值
1. 了解工作区子系统的设计步骤，能够根据需求设计其子系统	20
2. 了解工作区点数表的制作方法，能够根据工程需求制作点数表	20
3. 了解双绞线的制作方法，能够根据工程需求制作双绞线	20
4. 了解网络插座的安装方法，能够根据工程设计合理安装网络插座	20
5. 善于团队协作，营造团队交流、沟通和互帮互助的气氛	20
合　计	100

考核结果（答辩情况）

学号	姓名	各考核点得分										自评	组评	综评	合计
		1	2	3	4	5	6	7	8	9	10				

组长签字：__________　　教师签字：__________　　考核日期：　　年　月　日

思考与练习

一、填空题

1. 工作区子系统的主要设备是________、信息插座及软跳线。
2. 工作区子系统的信息插座与计算机设备的距离保持在________范围内。
3. 工作区子系统又称为服务区子系统，它是由________至________连接器件组成的。
4. 双绞线电缆的每一条线都有色标，以易于区分和连接。一条 4 对电缆有 4 种颜色，即________、________、________和________。

5. 按照绝缘层外部是否有金属屏蔽层，双绞线电缆可以分为________和________两大类。

6. 根据适应环境的不同，信息插座可分为________、________和________3 种类型。

7. 信息插座由________、________和________3 部分组成。

8. 在综合布线系统中，安装在工作区墙壁上的信息插座应该距离地面________以上，每个工作区配置________个电源插座，信息插座和电源插座应保持________的距离。

9. 两端 RJ-45 水晶头中的线序排列完全相同的跳线称为________，适用于计算机到________连接。

10. 交叉线在制作时两端 RJ-45 水晶头中的第________线和第________线应对调。

二、选择题

1. 非屏蔽双绞线电缆用色标来区分不同的线对，计算机网络系统中常用的 4 对双绞线电缆有 4 种颜色，它们是（　　）。

A. 蓝色、橙色、绿色和紫色　　B. 蓝色、红色、绿色和棕色
C. 蓝色、橙色、绿色和棕色　　D. 白色、橙色、绿色和综色

2. 目前在网络布线方面，主要有两种双绞线布线系统在应用，即（　　）。

A. 四类布线系统　　B. 五类布线系统
C. 超五类布线系统　　D. 六类布线系统

3. 信息插座在综合布线系统中主要用于连接（　　）。

A. 工作区子系统与水平干线子系统
B. 水平干线子统与管理子系统
C. 工作区子系统与管理子系统
D. 管理子系统与垂直干线子系统

4. 工作区安装在墙面上的信息插座，一般要求距离地面（　　）cm 以上。

A. 20　　B. 30　　C. 40　　D. 50

5. 布线系统的工作区，如果使用 4 对非屏蔽双绞线作为传输介质，则信息插座与计算机终端设备的距离保持在（　　）以内。

A. 2 m　　B. 90 m　　C. 5 m　　D. 100 m

6. 一个信息插座到管理间都用水平线缆连接，从管理间出来的每一根 4 对双绞线都不能超过（　　）m。

A. 80　　B. 500　　C. 90　　D. 100

7. 双绞线的传输距离一般应不超过（　　）。

A. 20m　　B. 50m　　C. 90m　　D. 100m

8. 在综合布线系统中，下列设备属于工作区的有（　　）。

A. 配线架　　B. 理线器　　C. 信息插座　　D. 交换机或集线器

9.（　　）也为内嵌工插座，大多为铜制，而且具有防水的功能，可以根据实际需要随时打开使用，主要适用于地面或架空地板。

A. 墙上型插座　　B. 桌面型插座　　C. 地上型插座　　D. 转换插座

PART 6 项目六 水平子系统的设计与实施

知识点

- 水平子系统的基本结构
- 水平子系统的布线基本要求
- 水平子系统的设计原则
- PVC 线管（槽）的安装
- 桥架安装和布线工程技术

技能点

- 掌握水平子系统布线路径和距离的设计
- 掌握水平子系统的设计
- 掌握水平子系统的施工方法
- 掌握桥架在水平子系统中的应用
- 掌握支架、桥架、弯头、三通等的安装方法

建议教学组织形式

- 在综合布线实训室进行理论与实践一体化教学
- 到综合布线施工现场参观和实践

任务一　水平子系统的设计

一、任务分析

要为学校建立技术先进、经济实用、效率高、扩展性好的综合布线系统，必须综合各个子系统要求，应用系统工程的理论和方法，统一规划布线，合理设计各个子系统。

根据校园综合布线系统的需求分析，水平子系统的设计是综合布线结构的一部分，是构建一个完整的综合布线系统非常关键的一环。本次任务需要完成的工作有以下几项。

（1）了解水平子系统的基本结构。

（2）了解水平子系统的基本要求。

（3）掌握水平子系统的设计步骤。

二、相关知识

（一）水平子系统的基本结构

水平子系统是综合布线结构的一部分，它将垂直子系统线路延伸到用户工作区，实现信息插座和管理间子系统的连接，包括工作区与楼层配线间之间的所有电缆、连接硬件（信息插座、插头、端接水平传输介质的配线架、跳线架等）、跳线线缆及附件。

水平子系统与垂直子系统的区别是：水平子系统总是在一个楼层上，仅与信息插座、管理间子系统连接。

（二）水平子系统的布线基本要求

相对于垂直子系统而言，水平子系统一般安装得十分隐蔽。在智能大厦交工后，该子系统很难接近，因此更换和维护水平线缆的费用很高、技术要求也很高。如果我们经常对水平线缆进行维护和更换的话，就会影响大厦内用户的正常工作，严重者就要中断用户的通信系统。由此可见，水平子系统的管路敷设、线缆选择将成为综合布线系统中重要的组成部分。

水平布线应采用星型拓扑结构，每个工作区的信息插座都要和管理区相连。每个工作区一般需要提供语音和数据两种信息插座。

（三）水平子系统的设计应考虑的几个问题

（1）水平子系统应根据楼层用户类别及工程提出的近期、远期终端设备要求确定每层的信息点（TO）数，在确定信息点数及位置时，应考虑终端设备将来可能产生的移动、修改、重新安排，以便于对一次性建设和分期建设方案的选定。

（2）当工作区为开放式大密度办公环境时，宜采用区域式布线方法，即从楼层配线设备（FD）上将多对数电缆布至办公区域，根据实际情况采用合适的布线方法，也可通过集合点（CP）将线引至信息点（TO）。

（3）配线电缆宜采用 8 芯非屏蔽双绞线，语音口和数据口宜采用五类、超五类或六类双绞线，以增强系统的灵活性，对高速率应用场合，宜采用多模或单模光纤，每个信息点的光纤宜为 4 芯。

（4）信息点应为标准的 RJ45 型插座，并与线缆类别相对应，多模光纤插座宜采用 SC 接插形式，单模光纤插座宜采用 FC 插接形式。信息插座应在内部做固定连接，不得空线、空脚。要求屏蔽的场合，插座须有屏蔽措施。

（5）水平子系统可采用吊顶上、地毯下、暗管、地槽等方式布线。

（6）信息点面板应采用国际标准面板。

三、任务实施

【任务目标】根据需求确定水平子系统的设计方案，为后续工作打下基础。

【任务场景】根据校园综合布线设计方案，结合校园实际环境，设计出切合校园实际的水平子系统。

STEP 1 需求分析

需求分析是综合布线系统设计的首项重要工作，水平子系统是综合布线系统工程中最大的一个子系统，使用的材料最多、工期最长、投资最大，也直接决定每个信息点的稳定性和传输速度。其主要涉及布线距离、布线路径、布线方式和材料的选择，对后续水平子系统的施工是非常重要的，也直接影响网络综合布线系统工程的质量、工期，甚至影响最终工程造价。

智能化建筑每个楼层的使用功能往往不同，甚至同一个楼层不同区域的功能也不同，有多种用途和功能，这就需要针对每个楼层，甚至每个区域进行分析和设计。例如，地下停车场、商场、餐厅、写字楼、宾馆等楼层信息点的水平子系统有非常大的区别。

需求分析即首先按照楼层进行分析，分析每个楼层的设备间到信息点的布线距离、布线路径，逐步明确和确认每个工作区信息点的布线距离和路径。

STEP 2 技术交流

在进行需求分析后，要与用户进行技术交流，这是非常必要的。由于水平子系统往往覆盖每个楼层的立面和平面，布线路径也经常与照明线路、电器设备线路、电器插座、消防线路、暖气或者空调线路有多次的交叉或者并行，因此不仅要与技术负责人交流，也要与项目或者行政负责人进行交流。在交流中重点了解每个信息点路径上的电路、水路、气路和电器设备的安装位置等详细信息，并进行详细的书面记录，且必须及时整理书面记录。

STEP 3 阅读建筑物图纸

索取和认真阅读建筑物设计图纸是不能省略的程序，通过阅读建筑物图纸掌握建筑物的土建结构、强电路径、弱电路径，特别是主要电器设备和电源插座的安装位置，重点掌握在综合布线路径上的电器设备、电源插座、暗埋管线等。在阅读图纸时，进行记录或者标记，正确处理水平子系统的布线与电路、水路、气路和电器设备的直接交叉或者路径冲突问题。

STEP 4 水平子系统的规划和设计

1. 水平子系统缆线的布线距离规定

按照 GB50311-2007 国家标准的规定，水平子系统对于缆线的长度做了统一规定。水平子系统各缆线长度应符合图 6-1 所示的划分并应符合下列要求。

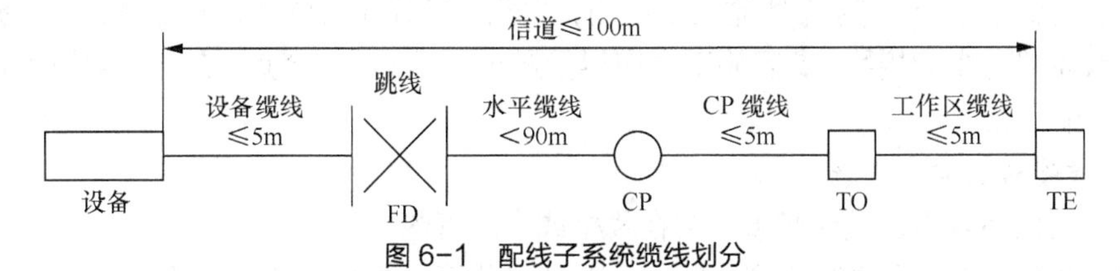

图 6-1 配线子系统缆线划分

（1）水平子系统信道的最大长度不应大于 100 m。其中，水平缆线长度不大于 90 m，一端工作区设备连接跳线不大于 5 m，另一端设备间（电信间）的跳线不大于 5 m，如果两端的跳线之和大于 10 m，水平缆线长度（90 m）应适当减少，保证配线子系统信道最大长度不应大于 100 m。

（2）信道总长度不应大于 2 000 m。信道总长度包括综合布线系统水平缆线、建筑物主干缆线和建筑群主干缆线之和。

（3）建筑物或建筑群配线设备之间（FD 与 BD、FD 与 CD、BD 与 BD、BD 与 CD 之间）组成的信道出现 4 个连接器件时，主干缆线的长度不应小于 15 m。

2. 开放型办公室布线系统长度的计算

对于商用建筑物或公共区域大开间的办公楼、综合楼等场地，由于其使用对象数量的不确定性和流动性等因素，宜按开放型办公室综合布线系统的要求进行设计，并应符合下列规定。

采用多用户信息插座时，每一个多用户插座包括适当的备用量在内，应能支持 12 个工作区所需的 8 位模块通用插座。各段缆线长度可按表 6-1 选用。

表 6-1　各段缆线长度限值

电缆总长度（m）	水平布线电缆（H/m）	工作区电缆（W/m）	电信间跳线和设备电缆（D/m）
100	90	5	5
99	85	9	5
98	80	13	5
97	75	17	5
97	70	22	5

各段缆线长度也可按下式计算。

$$C=(102-H)/1.2$$

$$W=C-5$$

式中，C=W+D 表示工作区电缆、电信间跳线和设备电缆的长度之和；D 表示电信间跳线和设备电缆的总长度；W 表示工作区电缆的最大长度，且 W≤22 m；H 表示水平电缆的长度。

3. CP 集合点的设置

如果在水平布线系统施工中，需要增加 CP 集合点，则同一个水平电缆上只允许一个 CP 集合点，而且 CP 集合点与 FD 配线架之间水平线缆的长度应大于 15 m。

CP 集合点的端接模块或者配线设备应安装在墙体或柱子等建筑物固定的位置，不允许随意放置在线槽或者线管内，更不允许暴露在外边。

CP 集合点只允许在实际布线施工中应用，规范了缆线端接做法，适合解决布线施工中个别线缆穿线困难时中间接续，实际施工中应尽量避免出现 CP 集合点。在前期项目设计中不允许出现 CP 集合点。

4. 管道缆线的布放根数

在水平布线系统中，缆线必须安装在线槽或者线管内。

在建筑物墙或者地面内暗设布线时，一般选择线管，不允许使用线槽。

在建筑物墙明装布线时，一般选择线槽，很少使用线管。

选择线槽时，建议宽高之比为 2∶1，这样布出的线槽较为美观、大方。

选择线管时，建议使用满足布线根数需要的最小直径线管，这样能够降低布线成本。

缆线布放在管与线槽内的管径与截面的利用率，应根据不同类型的缆线做不同的选择。管内穿放大对数电缆或 4 芯以上光缆时，直线管路的管径利用率应为 50%～60%，弯管路的管径利用率应为 40%～50%。管内穿放 4 对对绞电缆或 4 芯光缆时，截面利用率应为 25%～35%。布放缆线在线槽内的截面利用率应为 30%～50%。

常规通用线槽内布放线缆的最多条数表可以按照表 6-2 选择。

表 6-2　线槽规格型号与容纳双绞线最多条数表

线槽/桥架类型	线槽/桥架规格（mm）	容纳双绞线最多条数	截面利用率
PVC	20×12	2	30%
PVC	25×12.5	4	30%
PVC	30×16	7	30%
PVC	39×19	12	30%
金属、PVC	50×25	18	30%
金属、PVC	60×30	23	30%
金属、PVC	75×50	40	30%
金属、PVC	80×50	50	30%
金属、PVC	100×50	60	30%
金属、PVC	100×80	80	30%
金属、PVC	150×75	100	30%
金属、PVC	200×100	150	30%

表 6-3　线管规格型号与容纳

线管类型	线管规格（mm）	容纳双绞线最多条数	截面利用率
PVC、金属	16	2	30%
PVC	20	3	30%
PVC、金属	25	5	30%
PVC、金属	32	7	30%
PVC	40	11	30%
PVC、金属	50	15	30%
PVC、金属	63	23	30%
PVC	80	30	30%
PVC	100	40	30%

常规通用线槽（管）大小选择及槽（管）可放线缆条数的计算可以按照以下公式进行。

（1）线缆截面积的计算

网络双绞线按照线芯数量分，有 4 对、25 对、50 对等多种规格，按照用途分有屏蔽和非屏蔽等多种规格。但是，综合布线系统工程中最常见和应用最多的是 4 对双绞线。由于不同厂家生产的线缆外径不同，下面按照线缆直径 6 mm 来计算双绞线的截面积。

$$S=d^2\times 3.14/4$$
$$=6^2\times 3.14/4$$
$$=28.26$$

式中，S 表示双绞线的截面积；d 表示双绞线的直径。

（2）线管截面积的计算

线管规格一般用线管的外径表示，线管内布线容积截面积应该按照线管的内直径计算。以管径 25 mmPVC 管为例，管壁厚 1 mm，管内部直径为 23 mm，其截面积计算如下。

$$S=d^2\times3.14/4$$
$$=23^2\times3.14/4$$
$$=415.265$$

式中，S 表示线管截面积；d 表示线管的内直径。

（3）线槽截面积的计算

线槽规格一般用线槽的外部长度和宽度表示，线槽内布线容积截面积按照线槽的内部长和宽来计算。以 40×20 线槽为例，线槽壁厚 1 mm，线槽内部长 38 mm，宽 18 mm，其截面积计算如下。

$$S=LXW$$
$$=38\times18$$
$$=684$$

式中，S 表示线管截面积；L 表示线槽内部长度；W 表示线槽内部宽度。

（4）容纳双绞线最多数量的计算

布线标准规定，一般线槽（管）内允许穿线的最大空间为其 70%，同时考虑线缆之间的间隙和拐弯等因素，考虑浪费空间 40%～50%。因此，容纳双绞线根数的计算公式如下。

N=槽（管）截面积×70%×（40%～50%）/线缆截面积

式中，N 表示容纳双绞线的最多数量；70%表示布线标准规定允许的空间；40%～50%表示线缆之间浪费的空间。

5. 布线弯曲半径的要求

布线中如果不能满足最低弯曲半径的要求，双绞线电缆的缠绕节距会发生变化，严重时，电缆可能会损坏，直接影响传输性能。缆线的弯曲半径应符合下列规定。

（1）非屏蔽 4 对对绞电缆的弯曲半径应至少为电缆外径的 4 倍。

（2）屏蔽 4 对对绞电缆的弯曲半径应至少为电缆外径的 8 倍。

（3）主干对绞电缆的弯曲半径应至少为电缆外径的 10 倍。

（4）2 芯或 4 芯水平光缆的弯曲半径应大于 25 mm。

（5）光缆容许的最小曲率半径在施工时应当不小于光缆外径的 20 倍，施工完毕后应当不小于光缆外径的 15 倍。

其他芯数的水平光缆、主干光缆和室外光缆的弯曲半径应至少为光缆外径的 10 倍。敷设允许的弯曲半径如表 6-4 所示。

表 6-4 管线敷设允许的弯曲半径

缆线类型	弯曲半径（mm）/倍
4 对非屏蔽电缆	不小于电缆外径的 4 倍
4 对屏蔽电缆	不小于电缆外径的 8 倍
大对数主干电缆	不小于电缆外径的 10 倍
2 芯或 4 芯室内光缆	>25 mm

续表

缆线类型	弯曲半径（mm）/倍
其他芯数和主干室内光缆	不小于光缆外径的 10 倍
室外光缆、电缆	不小于缆线外径的 20 倍

6. 网络缆线与电力电缆的间距

在水平子系统中，经常出现综合布线电缆与电力电缆平行布线的情况，为了减少电力电缆电磁场对网络系统的影响，综合布线电缆与电力电缆接近布线时，必须保持一定的距离。GB50311-2007 国家标准规定的间距应符合表 6-5 所示的规定。

表 6-5　网络缆线与电力电缆的间距

类别	与综合布线接近状况	最小间距（mm）
380 V 以下电力电缆 < 2 kV·A	与缆线平行敷设	130
	有一方在接地的金属线槽或钢管中	70
	双方都在接地的金属线槽或钢管中	10
380 V 电力电缆 2～5 kV·A	与缆线平行敷设	300
	有一方在接地的金属线槽或钢管中	150
	双方都在接地的金属线槽或钢管中	80
380 V 电力电缆 > 5 kV·A	与缆线平行敷设	600
	有一方在接地的金属线槽或钢管中	300
	双方都在接地的金属线槽或钢管中	150

7. 缆线与电器设备的间距

综合布线电缆与附近可能产生高电平电磁干扰的电动机、电力变压器、射频应用设备等电器设备之间应保持必要的间距，为了减少电器设备电磁场对网络系统的影响，综合布线电缆与这些设备布线时，必须保持一定的距离。GB50311-2007 国家标准规定的综合布线系统缆线与配电箱、变电室、电梯机房、空调机房之间的最小净距应符合表 6-6 所示的规定。

当墙壁电缆敷设高度超过 6 000 mm 时，与避雷引下线的交叉间距应按下式计算。

$$S \geq 0.05L$$

式中，S 表示交叉间距；L 表示交叉处避雷引下线距地面的高度。

表 6-6　缆线与电气设备的最小净距

名称	最小净距（m）	名称	最小净距（m）
配电箱	1	电梯机房	2
变电室	2	空调机房	2

8. 缆线与其他管线的间距

墙上敷设的综合布线缆线及管线与其他管线的间距应符合表 6-7 所示的规定。

表 6-7　综合布线缆线及管线与其他管线的间距

其他管线	平行净距（mm）	垂直交叉净距（mm）
避雷引下线	1 000	300
保护地线	50	20
给水管	150	20
压缩空气管	150	20
热力管（不包封）	500	500
热力管（包封）	300	300
煤气管	300	20

9. 其他电气防护和接地

（1）综合布线系统应根据环境条件选用相应的缆线和配线设备，或采取防护措施，并应符合下列规定。

① 当综合布线区域内存在的电磁干扰场强低于 3 V/m 时，宜采用非屏蔽电缆和非屏蔽配线设备。

② 当综合布线区域内存在的电磁干扰场强高于 3 V/m 时，或用户对电磁兼容性有较高要求时，可采用屏蔽布线系统和光缆布线系统。

③ 当综合布线路由上存在干扰源，且不能满足最小净距要求时，宜采用金属管线进行屏蔽，或采用屏蔽布线系统及光缆布线系统。

（2）在电信间、设备间及进线间应设置楼层或局部等电位接地端子板。

（3）综合布线系统应采用共用接地的接地系统，如单独设置接地体时，接地电阻不应大于 4 Ω。如布线系统的接地系统中存在两个不同的接地体时，其接地电位差不应大于 1 Vrms。

（4）楼层安装的各个配线柜（架、箱）应采用适当截面的绝缘铜导线单独布线至就近的等电位接地装置，也可采用竖井内等电位接地铜排引到建筑物共用接地装置，铜导线的截面应符合设计要求。

（5）缆线在雷电防护区交界处，屏蔽电缆屏蔽层的两端应做等电位连接并接地。

（6）综合布线的电缆采用金属线槽或钢管敷设时，线槽或钢管应保持连续的电气连接，并应有不少于两点的良好接地。

（7）当缆线从建筑物外面进入建筑物时，电缆和光缆的金属护套或金属件应在入口处就近与等电位接地端子板连接。

（8）当电缆从建筑物外面进入建筑物时，GB50311−2007 规定应选用适配的信号线路浪涌保护器，信号线路浪涌保护器应符合设计要求。

10. 缆线的选择原则

（1）系统应用

① 同一布线信道及链路的缆线和连接器件应保持系统等级与阻抗的一致性。

② 综合布线系统工程的产品类别及链路、信道等级的确定应综合考虑建筑物的功能、应用网络、业务终端类型、业务的需求及发展、性能与价格、现场安装条件等因素，应符合表 6−8 所示的要求。

③ 综合布线系统光纤信道应采用标称波长为 850 nm 和 1 300 nm 的多模光纤及标称波长为 1 310 nm 和 1 550 nm 的单模光纤。

表 6-8 布线系统等级与类别的选用

业务种类	配线子系统		垂直子系统		建筑群子系统	
	等级	类别	等级	类别	等级	类别
语音	D/E	5e/6	C	3（大对数）	C	3（室外大对数）
数据	D/E/F	5e/6/7	D/E/F	5e/6/7（4 对）		
	光纤（多模或单模）	62.5 um 多模 50 um 多模 <10 um 单模	光纤	62.5 um 多模 50 um 多模 <10 um 单模	光纤	62.5 um 多模/ 50 um 多模/ <1 um 单模
其他应用	可采用 5e/6 类 4 对对绞电缆和 62.5 um 多模/50 um 多模/<10 um 多模、单模光缆					

④ 单模和多模光缆的选用应符合网络的构成方式、业务的互通互连方式及光纤在网络中的应用传输距离。楼内宜采用多模光缆，建筑物之间宜采用多模或单模光缆，需直接与电信业务经营者相连时宜采用单模光缆。

⑤ 为保证传输质量，配线设备连接的跳线宜选用产业化制造的各类跳线，在电话应用时宜选用双芯对绞电缆。

⑥ 工作区信息点为电端口时，应采用 8 位模块通用插座（RJ45），光端口宜采用 SFF 小型光纤连接器件及适配器。

⑦ FD、BD、CD 配线设备应采用 8 位模块通用插座或卡接式配线模块（多对、25 对及回线型卡接模块）和光纤连接器件及光纤适配器（单工或双工的 ST、SC 或 SFF 光纤连接器件及适配器）。

⑧ CP 集合点安装的连接器件应选用卡接式配线模块或 8 位模块通用插座或各类光纤连接器件和适配器。

（2）屏蔽布线系统

① 综合布线区域内存在的电磁干扰场强高于 3V/m 时，宜采用屏蔽布线系统进行防护。

② 用户对电磁兼容性有较高的要求（电磁干扰和防信息泄漏）时，或出于网络安全保密的需要，宜采用屏蔽布线系统。

③ 采用非屏蔽布线系统无法满足安装现场条件对缆线的间距要求时，宜采用屏蔽布线系统。

④ 屏蔽布线系统采用的电缆、连接器件、跳线、设备电缆都应是屏蔽的，并应保持屏蔽层的连续性。

11. 缆线的暗埋设计

水平子系统缆线的路径，在新建筑物设计时宜采取暗埋管线。暗管的转弯角度应大于 90°，在路径上每根暗管的转弯角度不得多于 2 个，并不应有 S 弯出现，有弯头的管段长度超过 20 m 时，应设置管线过线盒装置；在有 2 个弯时，不超过 15 m 应设置过线盒。

设置在墙面的信息点布线路径宜使用暗埋钢管或 PVC 管，对于信息点较少的区域管线可以直接铺设到楼层的设备间机柜内；对于信息点比较多的区域先将每个信息点管线分别铺设到楼道或者吊顶上，然后集中进入楼道或者吊顶上安装的线槽或者桥架。

新建公共建筑物墙面暗埋管的路径一般有两种做法：第一种做法是从墙面插座向上垂直埋管到横梁，然后在横梁内埋管到楼道本层墙面出口，如图 6-2 所示；第二种做法是从墙面插座向下垂直埋管到横梁，然后在横梁内埋管到楼道下层墙面出口，如图 6-3 所示。

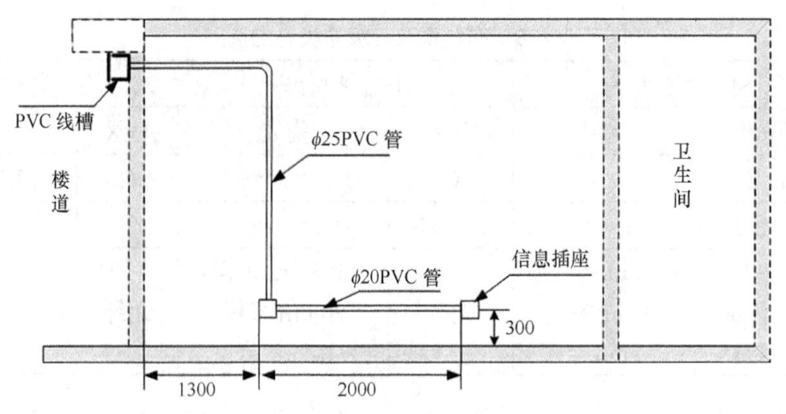

图 6-2　同层水平子系统暗埋管

如果同一个墙面单面或者两面插座比较多，则水平插座之间串联布管，如图 6-2 所示。这两种做法管线拐弯少，不会出现 U 型或者 S 型路径，土建施工简单。土建中不允许沿墙面斜角布管。

对于信息点比较密集的网络中心、运营商机房等区域，一般铺设抗静电地板，在地板下安装布线槽，水平布线到网络插座。

12. 缆线的明装设计

住宅楼、老式办公楼、厂房进行改造或者需要增加网络布线系统时，一般采取明装布线方式。学生公寓、教学楼、实验楼等信息点比较密集的建筑物一般也采取隔墙暗埋管线，楼道明装线槽或者桥架的方式（工程上也叫暗管明槽方式）。

住宅楼增加网络布线常见的做法是，将机柜安装在每个单元的中间楼层，然后沿墙面安装 PVC 线管或者线槽到每户入户门上方的墙面固定插座，如图 6-4 所示。使用线槽外观美观，施工方便，但是安全性比较差；使用线管安全性比较好。

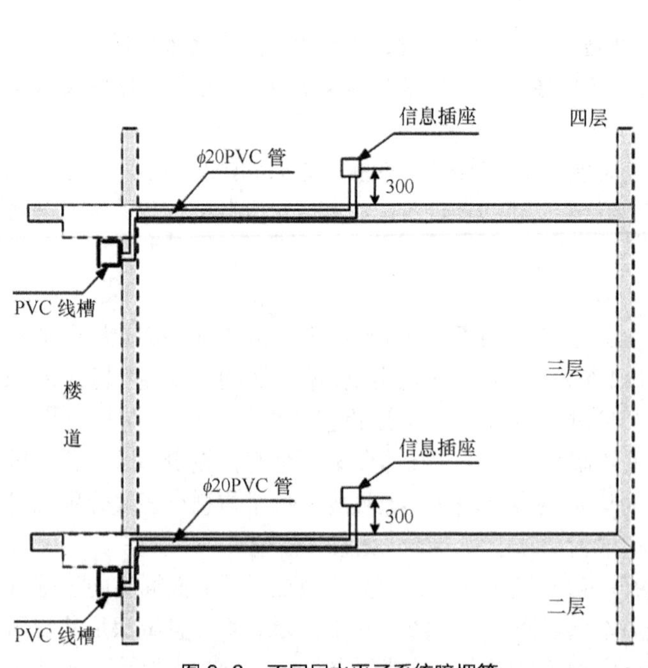

图 6-3　不同层水平子系统暗埋管

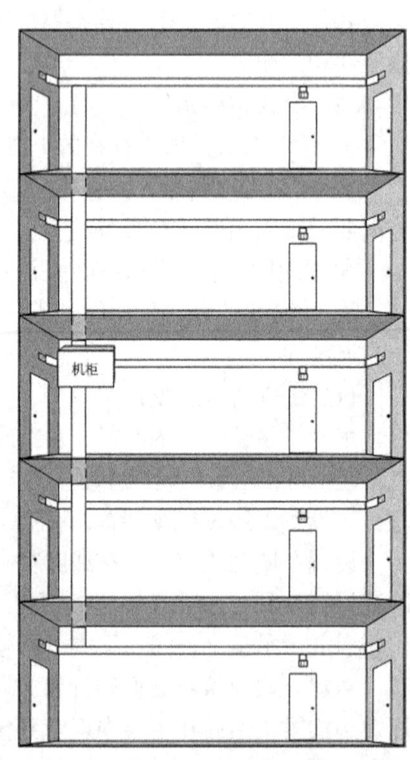

图 6-4　住宅楼水平子系统铺设线槽

楼道明装布线时，宜选择 PVC 塑料线槽，线槽盖板边缘最好是直角，特别在北方地区不宜选择斜角盖板，斜角盖板容易落灰，影响美观。

采取暗管明槽方式布线时，每个暗埋管在楼道的出口高度必须相同，这样暗管与明装线槽直接连接，布线方便且美观，如图 6-5 所示。

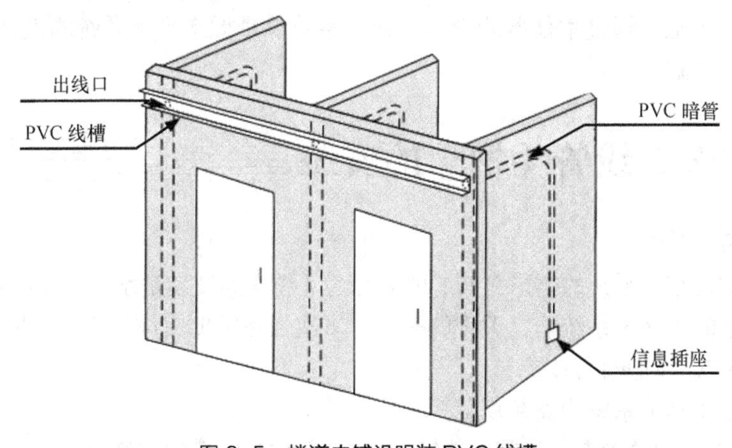

图 6-5 楼道内铺设明装 PVC 线槽

楼道采取金属桥架时，桥架应该紧靠墙面，高度低于墙面暗埋管口，直接将墙面出来的线缆引入桥架，如图 6-6 所示。

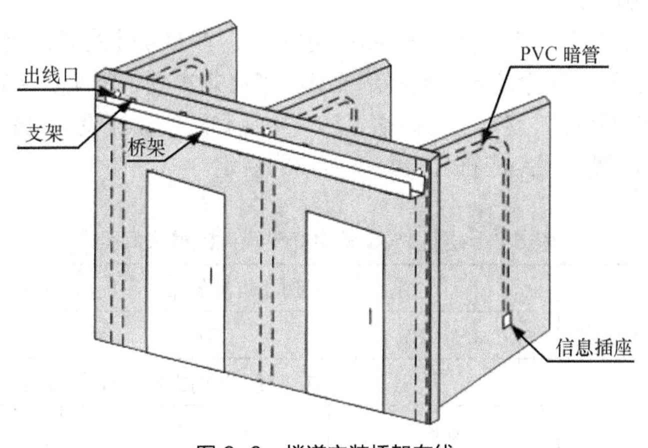

图 6-6 楼道安装桥架布线

STEP 5 图纸设计

随着 GB50311-2007 国家标准的正式实施，2007 年 10 月 1 日起新建筑物必须设计网络综合布线系统，因此建筑物的原始设计图纸中有完整的初步设计方案和网络系统图。必须认真研究和读懂设计图纸，特别是与弱电有关的网络系统图、通信系统图、电气图等，虚心向项目经理或者设计院咨询。

当土建工程开始或者封顶时，必须到现场实际勘测，并且将现场情况与设计图纸对比。

新建建筑物的水平管线宜暗埋在建筑物的墙面，一般使用金属或者 PVC 管。

STEP 6 材料概算和统计表

对于水平子系统材料的计算，我们首先确定施工使用布线材料的类型，列出一个简单的

统计表。统计表主要是针对某个项目分别列出了各层使用的材料的名称，对数量进行统计，避免计算材料时漏项，从而方便材料的核算。

四、任务总结

本次任务主要介绍了综合布线系统中水平子系统的基本要求、基本结构，以及水平子系统的设计方法和步骤。通过本任务的学习，使学生熟练掌握水平子系统的设计方法，为工程的实施打下良好基础。

任务二　PVC 线管（槽）的安装

一、任务分析

根据校园综合布线系统的需求分析，PVC 线管（槽）的安装是水平子系统设计的一部分，是构建一个完整的水平子系统非常关键的一环。本次任务需要完成的工作有以下几项。

（1）了解 PVC 线槽的安装要求。

（2）了解管（槽）系统的安装规范。

（3）掌握 PVC 线槽的安装步骤，能够独立进行 PVC 线槽的安装。

二、相关知识

（一）安装 PVC 管道

1. 安装硬质 PVC 管

① 暗敷硬质 PVC 管，其管材的连接采用承插法。在接续处两端，塑料管应紧插到接口中心处，并用接头套管，内涂胶合剂粘接。要求接续必须牢固、坚实、密封、可靠。

② 明敷硬质塑料管时，其管卡与终端、转弯中点和过线盒等设备边缘的距离应为 100～300 mm。中间管卡的最大间距应符合表 6-9 所示的规定。

表 6-9　硬质 PVC 管中间支承件的最大间距

硬质塑料管的敷设方式	硬质塑料管直径（mm）		
	15～20	25～40	50 及以上
	中间支承件最大间距为 1 m		
水平	0.8	1.2	1.5
垂直	1.0	1.5	2.0

③ 明敷配线管路不论采用钢管、塑料管还是其他管材，与其他室内管线同侧敷设时，其最小净距应符合有关规定。

2. 安装终端盒

安装信息插座应满足下列要求。

① 信息插座模块、多用户信息插座、集合点配线模块的安装位置、安装方式和高度应符合设计要求。

② 将信息插座安装在活动地板内或地面上时，应将其固定在接线盒内，插座面板采用直立和水平等形式；接线盒盒盖可开启，并具有防水、防尘、抗压功能。接线盒盖面应与地

面齐平。

③ 信息插座底盒同时安装信息插座模块和电源插座时，间距及采取的防护措施应符合设计要求。

④ 信息插座底座的固定方法应以现场施工的具体条件来定，可用膨胀螺钉、射钉等方法安装；信息插座模块明装底盒的固定方法根据施工现场条件而定。

⑤ 固定螺钉需拧紧不应产生松动现象。底座、接线模块与面板的安装应牢固、稳定，无松动现象；面板应保持在一个水平面上，做到美观、整齐。

⑥ 安装在墙上的信息插座，其位置宜高出地面 300 mm 左右。在房间地面采用活动地板时，信息插座应距活动地板表面 300 mm，如图 6-7 所示。

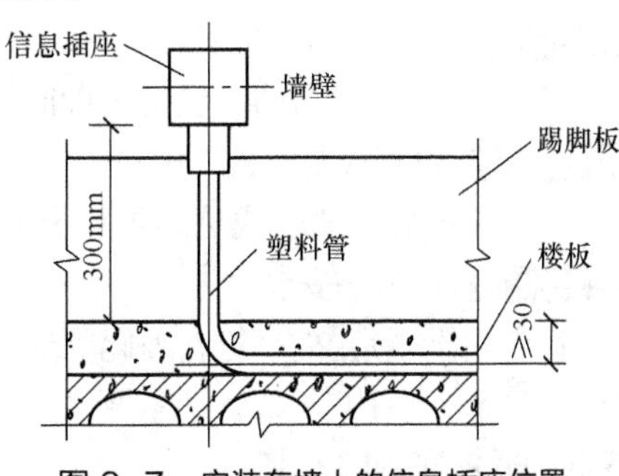

图 6-7　安装在墙上的信息插座位置

⑦ 各种插座面板应有标识，以颜色、图形、文字表示所接终端设备业务类型。

⑧ 工作区内端接光缆的光纤连接器件及适配器安装底盒应具有足够的空间，并应符合设计要求。

（二）安装 PVC 线槽

1. PVC 线槽的安装位置及要求

① 线槽的安装位置应符合施工图要求，左右偏差不应超过 50 mm。

② 线槽水平度每米偏差不应超过 2 mm。

③ 线槽应与地面保持垂直，垂直度偏差不应超过 3 mm。

④ 线槽截断处及两线槽拼接处应平滑、无毛刺。

⑤ 采用吊顶支撑柱布放缆线时，支撑点宜避开地面沟槽和线槽位置，支撑应牢固。

2. PVC 线槽的安装要求

① 垂直敷设时，距地 1.8 m 以下部分应加金属盖板保护，或采用金属走线柜包封，门应可开启。

② 明敷的塑料线槽一般规格较小，通常采用黏结剂粘贴或螺钉固定。螺钉固定的间距一般为 1 m。

③ 线槽转弯半径不应小于槽内缆线的最小允许弯曲半径，线槽直角弯处最小弯曲半径不应小于槽内最粗缆线外径的 10 倍。

④ 线槽穿过防火墙体或楼板时，缆线布放完成后应采取防火封堵措施。

⑤ 敷设在网络地板中的线槽之间应沟通，线槽盖板应可开启，主线槽的宽度宜在 200～400 mm，支线槽宽度不宜小于 70 mm；地板块与线槽盖板应抗压、抗冲击和阻燃。

三、任务实施

【任务目标】根据综合布线水平子系统的要求，确定布线器材，熟练使用综合布线工具进行施工，掌握施工步骤。

【任务场景】根据综合布线工程设计方案得知，校园网建设包括 PVC 管线铺设。本次任务是水平子系统中 PVC 管线的施工步骤等。

STEP 1 PVC 管材制备

PVC 管材制备包括管线的切割，弯通、锁头、直通等相关配件的安装，在制备过程中一般需要使用专用胶水进行固定和黏合。

STEP 2 弯通的安装

弯通主要用于连接两根口径相同的线管，使线管做 90° 转弯。

STEP 3 三通安装

当线缆进行分路时需要使用三通，具体操作是将 PVC 管分别套入到三通的三个方向。

STEP 4 自制弯通

在实际的工程中可使用简易弯管进行自制弯通，将弯管器送入需要进行转弯的 PVC 区域。

STEP 5 弯曲 PVC 管

将 PVC 管进行弯曲，注意弯曲时不能用力过猛，速度不宜过快。

STEP 6 弯管成品

制作完成后，弯管成品即可用于 PVC 管的弯曲排线。

STEP 7 管卡的安装

管卡用于固定 PVC 管，因此需要配合管线的规格进行选购，即不同规格的管线采用不同规格的管卡，使得 PVC 管能紧密地卡在管卡上。

STEP 8 底盒的安装

在线槽系统的模端必定会连接一个底盒。目前采用较多的是 86 盒，底盒一般分为明装底盒和暗装底盒。PVC 管连接底盒时需要添加一个锁头，在安装时可根据实际情况在底盒上使用手枪钻开孔来确认安装位置。

STEP 9 整体连接

管卡、底盒、弯头安装完成后，即可进行整体的连接操作。

STEP 10 成品

整体连接后，即可实现整个线槽系统的布放操作。

STEP 11 测量长度

PVC 管主要用于墙内或地板下的暗装布放，而 PVC 线槽主要用于明装布放，在进行 PVC 线槽布线前首先需要使用卷尺测量所需线槽的长度。

STEP 12 标记

使用卷尺和铅笔在线槽上测量所需长度，并做好记号。

STEP 13 裁剪线槽

使用剪刀根据标记裁剪线槽。

STEP 14 明盒安装

明装布放一般是在暗装布放无法实现的情况下进行。明装布放时需要明盒作为信息面板的连接处。

STEP 15 线槽敷设

明装安装完成后可根据实际情况进行线槽的整体敷设，线槽无须类似管卡的装置进行固定，只需要直接使用螺丝进行固定即可。

STEP 16 安装盖板

将线槽根据设计的要求进行敷设、固定，连接桥架、底盒等其他系统，并为线槽添加盖板。这样，一个简单的线槽系统就基本完成了。

STEP 17 制作弯头

线槽的弯头一般可以手工制作，即在线槽底部需要转弯的地方用角尺画出 45° 角线，然后用线槽剪沿着画线位置剪开，再将线槽弯曲搭接并用铆钉固定。

STEP 18 固定线槽

线槽无须类似管卡的装置进行固定，只需要直接使用螺丝进行固定就可以了。

STEP 19 穿线

明装布线时，边布管边穿线。暗装布线时，先把全部管和接头安装到位，并且固定好，然后从一端向另外一端穿线。

STEP 20 连接线槽

将线槽根据设计的要求进行铺设、固定，连接桥架、底盒等其他系统，并为线槽添加盖板。这样，一个简单的线槽系统就基本完成了。

四、任务总结

本次任务主要介绍了综合布线系统中 PVC 管线的安装方法、安装要求，以及 PVC 管线的安装步骤。通过本任务的学习，使学生能够在水平子系统工程实施中熟练安装 PVC 管（槽）。

任务三　桥架的安装和布线工程技术

一、任务分析

根据校园综合布线系统的需求分析，桥架的安装是水平子系统设计的一部分，是构建一个完整的水平子系统非常关键的一环。本次任务需要完成的工作有以下几项。

（1）了解桥架安装的基本要求。

（2）了解桥架的敷设方法。

（3）掌握桥架的安装步骤。

二、相关知识

（一）桥架安装的基本要求

（1）桥架的吊架和支架安装应保持垂直，整齐、牢固，无歪斜现象。

（2）各段桥架之间应保持连接良好、安装牢固。

（3）其他要求同 PVC 线槽。

（二）桥架的敷设

1. 预埋桥架的要求

在建筑物中暗敷配线桥架（金属线槽），如图 6-8 所示，应满足以下要求。

（1）在建筑物中预埋桥架，宜按单层设置，每一路由进出同一过线盒的金属线槽不应少于 2 根，但不应超过 3 根，线槽截面高度不宜超过 25 mm，总宽度不宜超过 300 mm。线槽路由中若包括过线盒和出线盒，截面高度宜在 70~100 mm。

（2）桥架直埋长度超过 6 m 或在线槽路由交叉、转弯时，宜设置过线盒，以便于布放缆线和维修。

（3）过线盒盖应能开启，并与地面齐平，盒盖处应能抗压，并应具有防灰与防水功能。

（4）预埋金属线槽的截面利用率，即线槽中缆线

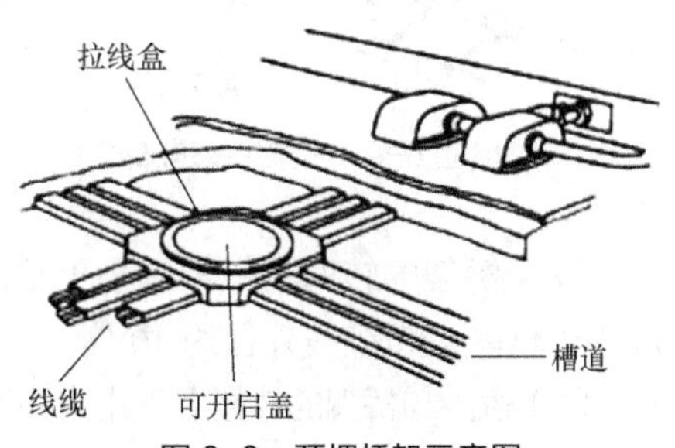

图 6-8　预埋桥架示意图

占用的截面积不应超过 40%。

（5）预埋金属槽道与墙壁暗嵌式配线接续设备（如通信引出端的连接）应采用金属套管连接法。

（6）从桥架至信息插座底盒间或桥架与金属管之间相连接时的缆线宜采用金属软管敷设。

（7）桥架两端应有标记，表示出口位号、序号和长度；桥架内应无阻挡，接口应无毛刺。

2. 明敷桥架的要求

明敷金属槽道或桥架的支撑保护方式适用于正常环境的室内场所，但在金属槽道有严重腐蚀的场所不应采用。在敷设时必须注意以下要求。

（1）桥架底部应高于地面 2.2 m 及以上，若桥架下面不是通行地段，其净高度可不小于 1.8 m，顶部距建筑物楼板不宜小于 300 mm，与梁及其他障碍物交叉处的间距不宜小于 50 mm。

（2）桥架水平敷设时，应整齐、平直；沿墙垂直明敷时，应排列整齐、横平竖直、紧贴墙体。支撑加固的间距，直线段的间距不大于 3 m，一般为 1.5 ~ 2.0 m；垂直敷设时固定在建筑物结构体上的间距宜小于 2 m。间距大小视槽道（桥架）的规格尺寸和敷设缆线的多少来决定。槽道（桥架）规格较大和缆线敷设重量较重，则其支承加固的间距较小。

（3）直线段桥架每超过 15 ~ 30 m 或跨越建筑物变形缝时，应设置伸缩补偿装置（其连接宜采用伸缩连接板）。

（4）敷设桥架时，在下列情况下应设置支架或吊架：接头处；每间距 2 m 处；离开桥架两端出口 0.5 m（水平敷设）或 0.3 m（垂直敷设）处；转弯处。

（5）桥架采用吊装方式安装时，吊架与桥架要垂直，形成直角，各吊装件应在同一直线上安装，间隔均匀、牢固可靠，无歪斜和晃动现象。沿墙装设的桥架，要求墙上支撑铁件的位置保持水平、间隔均匀、牢固可靠，不应有起伏不平或扭曲歪斜现象。如图 6-9 所示为桥架吊装示意图。桥架分支（三通）连接安装如图 6-10 所示。桥架转弯进房间安装如图 6-11 所示。桥架与配线柜的连接安装如图 6-12 所示。图 6-13 所示为托臂水平安装示意图。

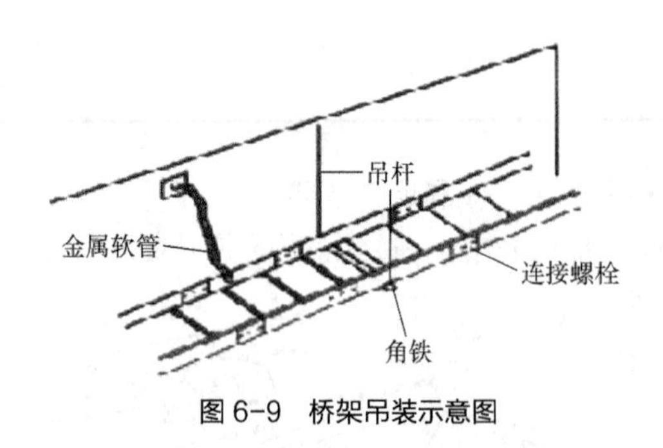

图 6-9 桥架吊装示意图

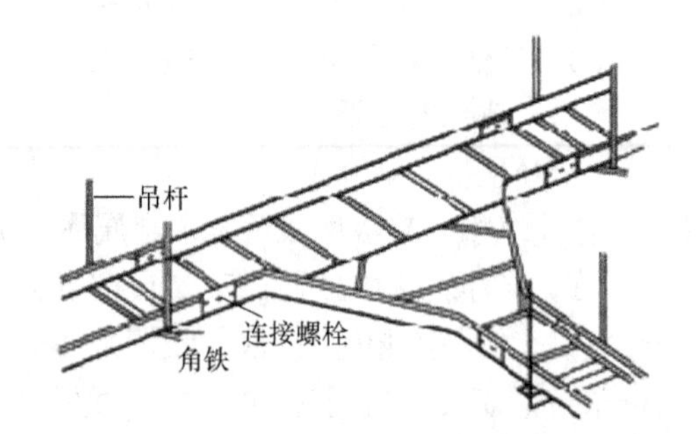

图 6-10 桥架分支（三通）连接安装

（6）桥架的转弯半径不应小于槽内缆线的最小允许弯曲半径，直角弯处最小弯曲半径不应小于槽内最粗缆线外径的 10 倍。

（7）桥架与桥架的连接应采用接头连接板拼接，螺钉应拧紧。线槽截断处和两槽拼接处应平滑无毛刺。为了保证桥架接地良好，在两槽的连接处必须用不小于 2.5 m^2 的铜线进行连接。

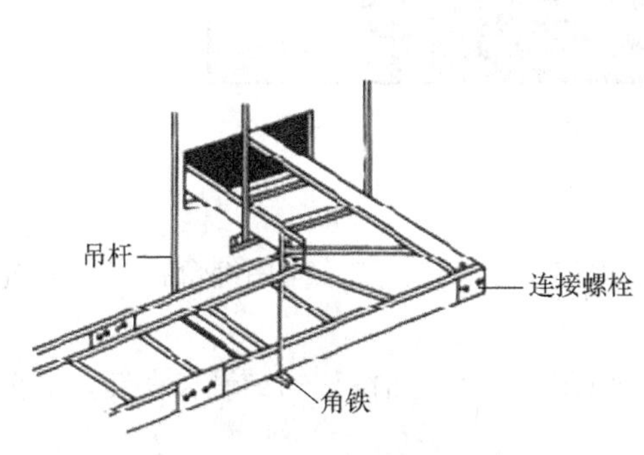

图 6-11　桥架转弯进房间安装

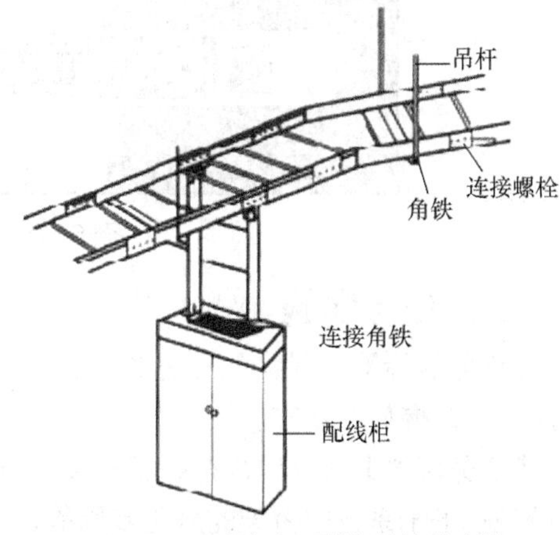

图 6-12　桥架与配线柜的连接安装

（8）桥架穿过防火墙体或楼板时，不得在穿越楼板的洞孔或在墙体内进行连接。缆线布放完成后应采取防火封堵措施，可以用防火泥密封孔洞口的所有空隙，如图 6-14 所示。

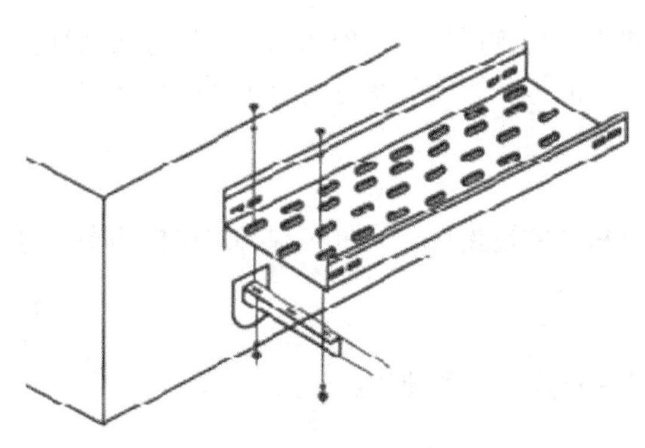
图 6-13　托臂水平安装示意图

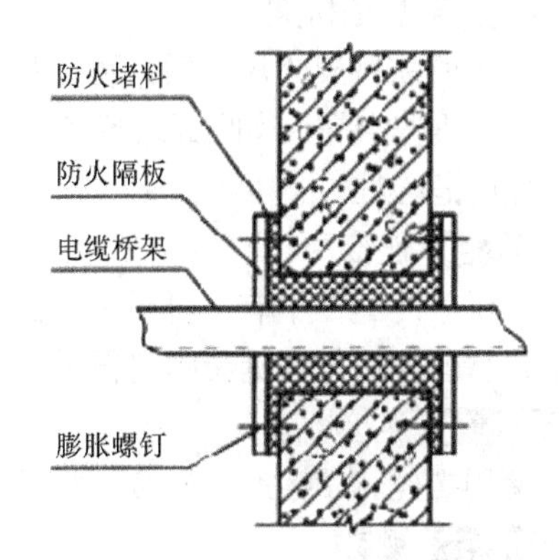

图 6-14　桥架穿墙洞的做法

（9）敷设在网络地板中的线槽之间应沟通线槽盖板，可开启主线槽的宽度宜在 200～400 mm，支线槽宽度不宜小于 70 mm；可开启的线槽盖板与明装插座底盒间应采用金属软管连接；地板块与线槽盖板应抗压、抗冲击和阻燃；当网络地板具有防静电功能时，地板整体应接地；网络地板块间的桥架段与段之间应保持良好导通并接地。

（10）为了适应不同类型的缆线在同一个金属槽道中的敷设需要，可采用同槽分室敷设方式，即用金属板隔开形成不同的空间，在这些空间中分别敷设不同类型的缆线。此外，金属槽道应有良好的接地系统，并应符合设计要求。槽道间应采用螺栓固定法连接，在槽道的连接处应焊接跨接线，如槽道与通信设备的金属箱（盒）体连接，应采用焊接法或锄固法，使接触电阻降到最小值，有利于保护。

膨胀螺钉的安装方法如图 6-15 所示。先按膨胀螺丝规格用 Z1C2-22 型电锤（冲击电钻）钻孔，然后插入膨胀螺钉，再装上工件，旋紧螺母即可。

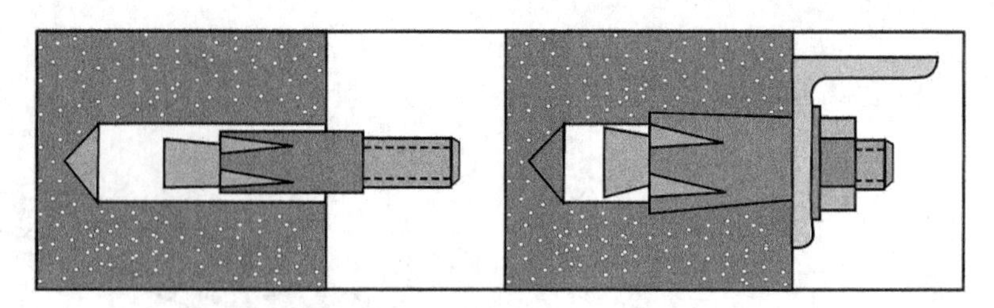

图 6-15　膨胀螺钉安装示意图

三、任务实施

【任务目标】根据综合布线水平子系统的要求，确定布线器材，熟练使用综合布线工具进行施工，掌握施工步骤。

【任务场景】根据综合布线工程设计方案得知，校园网建设包括桥架的铺设和安装。本次任务是水平子系统中桥架的施工步骤等。

桥架系统的设计作为综合布线工程的一项配套项目，目前尚无专门的规范指导。因此，在设计选型过程中，应根据综合布线系统所需缆线的类型、数量等实际情况，合理选定适用的桥架和相关的配件并进行施工，具体步骤如下。

STEP 1 测量

使用卷尺和铅笔测量所需要桥架的长度，并在桥架上做好标记。

STEP 2 切割桥架

确定所需桥架的尺寸后，可使用切割机进行切割操作。在使用切割机进行切割时，必须有相应的保护装置，如眼罩、手套、专用工作服等，因为切割时会有金属碎屑飞溅出来，存在一定的危险性。

STEP 3 连接片

在桥架的配件中有一种重要的配件就是桥架的连接片，它可实现相同规格的桥架之间的连接，从而使桥架的铺设距离得以延伸。

STEP 4 连接桥架

使用螺丝和螺帽通过连接片将两个桥架进行连接，并使用扳手固定螺帽。

STEP 5 铆钉

在桥架连接的过程中，有时候也会需要使用铆钉来进行连接固定，这时可用铆钉枪来进行操作。

STEP 6 弯头和三通的使用

在桥架系统中经常会用到弯头和三通，此类配件一般是通过焊接的方式以桥架和铁片组合而成。

STEP 7 手枪钻的使用

在施工过程中经常会遇到线槽和桥架的连通、PVC 管线与桥架的连通。这时，需要在桥架上开孔，一般通过手枪钻来完成此类任务，可通过更换钻头在桥架上开启大小不一的连接孔。

STEP 8 支架的安装

由于桥架中需要安装大量的电缆，因此必须为桥架配置支架。

STEP 9 布线

在桥架内，边布线边装盖板。

四、任务总结

本次任务主要介绍了综合布线系统中桥架的基本要求和敷设方法，以及桥架安装的步骤。通过本任务的学习，使学生能够在工程实施过程中熟练安装桥架。

项目考核表

专业：__________ 班级：__________ 课程：__________

项目名称：项目六　水平子系统的设计与实施	**工作任务：** 任务一　水平子系统的设计 任务二　PVC 线管（槽）的安装 任务三　桥架的安装和布线工程技术
考核场所：	**考核组别：**

项目考核点	分值
1. 了解水平子系统的设计方法，能够根据需求设计水平子系统	20
2. 了解 PVC 线管的安装方法，能够在施工过程中正确地安装	20
3. 了解 PVC 线槽的安装方法，能够在施工过程中正确地安装	20
4. 了解桥架的安装方法，能够在施工过程中正确地安装	20
5. 善于团队协作，营造团队交流、沟通和互帮互助的气氛	20
合　计	100

考核结果（答辩情况）

学号	姓名	各考核点得分										自评	组评	综评	合计
		1	2	3	4	5	6	7	8	9	10				

组长签字：__________ 教师签字：__________ 考核日期：　年　月　日

思考与练习

一、填空题

1. 水平子系统常采用的拓扑结构是________。
2. 地板下的布线方式主要有地面线槽布线方式、________和________3 种。

3. 水平线槽的安装要求左右偏差不超过________，垂直度偏差不超过________。

4. ________是由工作区信息插座相连的水平布线光缆或线缆等组成。

5. 水平子系统布设的双绞线电缆应在________m 以内。

6. 水平垂直子系统也称为水平子系统，其设计范围是从工作区的________一直到管理间子系统的________。

7. 在竖直井中敷设干线电缆一般有两种方法：________和________。

8. 双绞线电缆一般以箱为单位，每箱双绞线电缆的长度为________。

二、选择题

1. 在垂直子系统布线中，经常采用光缆传输加（　　）备份的方式。

A. 同轴细电缆　B. 同轴粗电缆　C. 双绞线　D. 光缆

2. 配线垂直子系统的主要功能是实现信息插座和管理子系统的连接，其拓扑结构一般为（　　）结构。

A. 总线型　B. 星型　C. 树型　D. 环型

3. 配线架在综合布线子系统中主要用于连接（　　）。

A. 工作区子系统与水平垂直子系统　B. 水平垂直子系统与管理子系统

C. 工作区子系统与管理子系统　D. 工作区子系统与建筑群子系统

4. 安装在商业大楼的桥架必须具有足够的支撑力，（　　）的设计是从下方支撑桥架。

A. 吊架　B. 吊杆　C. 支撑架　D. J 形钩

5.（　　）为封闭式结构，适用于无天花板且电磁干扰比较严重的布线环境，但其系统扩充、修改和维护比较困难。

A. 梯式桥架　B. 槽式桥架　C. 托盘式桥架　D. 组合式桥架

6. 双绞线电缆长度从配线架开始到用户插座不可超过（　　）m。

A. 50　B. 75　C. 85　D. 90

7. 下列电缆中可以作为综合布线系统的配线线缆的是（　　）。

A. 特性阻抗为 100 的双绞线电缆　B. 特性阻抗为 150 的双绞线电缆

C. 特性阻抗为 120 的双绞线电缆　D. 62.5 μm/125 μm 的多模光缆光纤

三、简答题

1. 简述水平子系统设计的要点。

2. 简述水平垂直子系统的设计步骤。

PART 7 项目七 管理间子系统的设计与实施

知识点

- 管理间子系统的基本概念
- 管理间子系统的设计原则
- 管理间机柜和配线架的安装
- 铜缆配线设备的安装

技能点

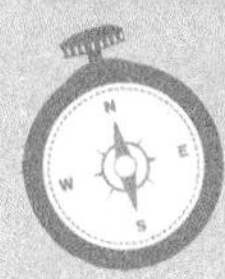

- 能够根据需求设计管理间子系统
- 能够根据需求安装机柜
- 能够根据需求安装配线架
- 能够根据需求安装网络机柜
- 能够熟练掌握常用工具和配套基本材料的使用方法

建议教学组织形式

- 在综合布线实训室进行理论与实践一体化教学
- 到综合布线施工现场参观和实践

任务一　管理间子系统的设计

一、任务分析

根据校园综合布线系统的需求分析，管理间子系统的设计是综合布线结构的一部分，是构建一个完整的综合布线系统非常关键的一环。本次任务需要完成的工作有以下几项。

（1）了解管理间子系统的基本概念。

（2）了解管理间子系统的划分原则。

（3）掌握管理间子系统的设计步骤。

二、相关知识

（一）什么是管理间子系统

管理间子系统（Administration Subsystem）由交连、互联和 I/O 组成。管理间为连接其他子系统提供手段，它是连接垂直子系统和水平子系统的设备，其主要设备是配线架、交换机、机柜和电源。管理间子系统如图 7-1 所示。

在综合布线系统中，管理间子系统包括楼层配线间、二级交接间、建筑物设备间的线缆、配线架及相关接插跳线等。通过综合布线系统的管理间子系统，可以直接管理整个应用系统终端设备，从而实现综合布线的灵活性、开放性和扩展性。

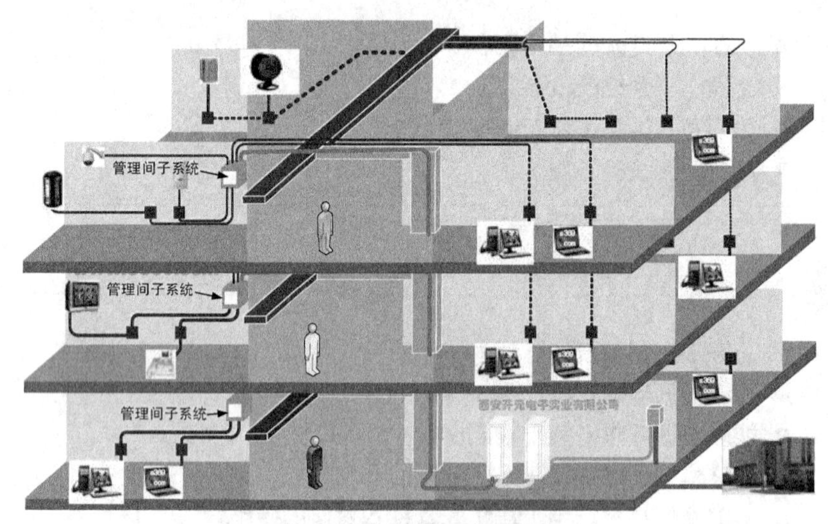

图 7-1 管理间子系统示意图

（二）管理间子系统的划分原则

管理间（电信间）主要为楼层安装配线设备（为机柜、机架、机箱等安装方式）和楼层计算机网络设备（HUB 或 SW）的场地，并可考虑在该场地设置缆线竖井等电位接地体、电源插座、UPS 配电箱等设施。在场地面积允许的情况下，也可进行建筑物安防、消防、建筑设备监控系统、无线信号等系统的布缆线槽的设置和功能模块的安装。如果综合布线系统与弱电系统设备合设于同一场地，从建筑的角度出发，一般也将该场地称为弱电间。

现在，许多大楼在综合布线时都考虑在每一楼层都设立一个管理间，用来管理该层的信息点，改变了以往几层共享一个管理间子系统的做法，这也是综合布线的发展趋势。

管理间子系统设置在楼层配线房间，是水平系统电缆端接的场所，也是主干系统电缆端接的场所。它由大楼主配线架、楼层分配线架、跳线、转换插座等组成。用户可以在管理间子系统中更改、增加、交接、扩展缆线，从而改变缆线路由。

管理间子系统中以配线架为主要设备，配线设备可直接安装在 19 寸机架或者机柜上。

管理间房间面积的大小一般根据信息点的多少来安排和确定。如果信息点多，就应该考虑用一个单独的房间来放置；如果信息点很少，则可采取在墙面安装机柜的方式。

三、任务实施

【任务目标】根据校园网设计需求，设计管理间子系统。

【任务场景】根据校园网综合布线系统设计方案得知，校园网建设包括管理间子系统的设计。所以，需要为工程设计合适的管理间子系统。

STEP 1 设计步骤

管理间子系统一般根据楼层信息点的总数量和分布密度情况设计。首先，按照各个工作区子系统的需求，确定每个楼层工作区信息点总数量；然后，确定水平子系统缆线长度；最后，确定管理间的位置，完成管理间子系统的设计。

STEP 2 需求分析

管理间的需求分析围绕单个楼层或者附近楼层的信息点数量和布线距离进行。各个楼层的管理间最好安装在同一个位置，也可以考虑将功能不同的楼层的管理间安装在不同的位置。根据点数统计表分析每个楼层的信息点总数，然后估算每个信息点的缆线长度，特别注意最远信息点的缆线长度，列出最远和最近信息点缆线的长度，宜把管理间布置在信息点的中间位置，同时保证各个信息点双绞线的长度不要超过 90 m。

STEP 3 技术交流

在进行需求分析后，要与用户进行技术交流，不仅要与技术负责人交流，还要与项目或者行政负责人交流，进一步充分和广泛地了解用户的需求，特别是未来的扩展需求。在交流中重点了解规划的管理间子系统附近的电源插座、电力电缆、电器管理等情况；同时，必须进行详细的书面记录，每次交流结束后要及时整理书面记录，这些书面记录是初步设计的依据。

STEP 4 阅读建筑物图纸和管理间编号

在管理间位置确定前，索取和认真阅读建筑物设计图纸是必要的，通过阅读建筑物图纸掌握建筑物的土建结构、强电路径、弱电路径，特别是主要电器管理和电源插座的安装位置，重点掌握管理间附近的电器管理、电源插座、暗埋管线等。

管理间的命名和编号是非常重要的一项工作，直接涉及每条缆线的命名，因此管理间命名首先必须准确表达该管理间的位置或者用途，这个名称从项目设计开始到竣工验收及后续维护必须保持一致。如果出现项目投入使用后用户改变名称或者编号，必须及时制作名称变更对应表，作为竣工资料保存。

管理间子系统使用色标来区分配线设备的性质，标明端接区域、物理位置、编号、容量、规格等，以便维护人员在现场一目了然地加以识别。综合布线使用 3 种标记：电缆标记、场标记和插入标记。电缆和光缆的两端应采用不易脱落和磨损的不干胶条标明相同的编号。

管理间子系统的标识编制应按下列原则进行。

（1）规模较大的综合布线系统应采用计算机进行标识管理，简单的综合布线系统应按图纸资料进行管理，并应做到记录准确、及时更新、便于查阅。

（2）综合布线系统的每条电缆、光缆、配线设备、端接点、安装通道和安装空间均应给定唯一的标志。标志中可包括名称、颜色、编号、字符串或其他组合。

（3）配线设备、线缆、信息插座等硬件均应设置不易脱落和磨损的标识，并应有详细的书面记录和图纸资料。

（4）同一条缆线或者永久链路的两端编号必须相同。

（5）设备间、交接间的配线设备宜采用统一的色标区别各类用途的配线区。

STEP 5 设计原则

1. 管理间数量的确定

每个楼层一般宜至少设置一个管理间（电信间）。特殊情况下，每层信息点数量较少，且水平缆线长度不大于 90 m 时，宜几个楼层合设一个管理间。

管理间数量的设置宜按照以下原则进行。

如果该层信息点数量不大于 400 个，水平缆线长度在 90 m 范围以内，宜设置一个管理间，当超出这个范围时宜设两个或多个管理间。

在实际工程应用中，为了方便管理和保证网络传输速度或者节约布线成本，如学生公寓的信息点密集，使用时间集中，楼道很长，也可以按照 100～200 个信息点设置一个管理间，将管理间机柜明装在楼道里。

2. 管理间的面积

GB50311－2007 中规定管理间的使用面积不应小于 5 m^2，也可根据工程中配线管理和网络管理的容量进行调整。一般新建楼房都有专门的垂直竖井，楼层的管理间基本都设计在建筑物竖井内，面积在 3 m^2 左右。在一般小型网络综合布线系统工程中，管理间也可能只是一个网络机柜。

一般旧楼增加网络综合布线系统时，可以将管理间选择在楼道中间位置的办公室，也可以采取壁挂式机柜直接明装在楼道里，作为楼层管理间。

管理间安装落地式机柜时，机柜前面的净空不应小于 800 mm，后面的净空不应小于 600 mm，方便施工和维修。安装壁挂式机柜时，一般在楼道中的安装高度不小于 1.8 m。

3. 管理间电源的要求

管理间应提供不少于两个 220 V 带保护接地的单相电源插座。

管理间如果安装电信管理或其他信息网络管理时，管理供电应符合相应的设计要求。

4. 管理间门的要求

管理间应采用外开丙级防火门，门宽大于 0.7 m。

5. 管理间环境的要求

管理间内温度应为 10～35 ℃，相对湿度宜为 20%～80%。一般应该考虑网络交换机等设备发热对管理间温度的影响，在夏季必须保持管理间温度不超过 35 ℃。

STEP 6 管理子系统连接器件

管理子系统的管理器件根据综合布线所用介质类型可分为两大类，即铜缆管理器件和光纤管理器件。这些管理器件用于配线间和设备间的缆线端接，以构成一个完整的综合布线系统。

1. 铜缆管理器件

铜缆管理器件主要有配线架、机柜及线缆相关管理附件。配线架主要有 110 系列配线架和 RJ45 模块化配线架两类。110 系列配线架可用于电话语音系统和网络综合布线系统，RJ45 模块化配线架主要用于网络综合布线系统。

2. 光纤管理器件

光纤管理器件根据光缆布线场合要求分为两类，即光纤配线架和光纤接线箱。光纤配线架适合于规模较小的光纤互连场合，而光纤接线箱适合于光纤互连较密集的场合。

光纤配线架又分为机架式光纤配线架和墙装式光纤配线架两种。机架式光纤配线架宽度为 19 英寸（48.26 cm），可直接安装于标准的机柜内；墙装式光纤配线架体积较小，适合于安装在楼道内。

STEP 7 铜缆布线管理子系统设计

铜线布线系统的管理子系统主要采用110配线架或BIX配线架作为语音系统的管理器件，采用模块数据配线架作为计算机网络系统的管理器件。

STEP 8 **光缆布线管理子系统设计**

光缆布线管理子系统主要采用光纤配线箱和光纤配线架作为光缆管理器件。

四、任务总结

本次任务主要介绍了综合布线系统中管理间子系统的基本概念、设计原则和设计步骤，为学生综合布线工程的实施打下良好基础。

任务二　管理间机柜和配线架的安装

一、任务分析

根据校园综合布线系统的需求分析，管理间子系统设计是综合布线结构的一部分，而管理间机柜和配线架的安装是管理间子系统的重要一环。本次任务需要完成的工作有以下几项。

（1）了解机柜的安装要求。

（2）了解配线架的安装要求。

（3）掌握机柜和配线架的安装步骤和方法。

二、相关知识

机柜一般安装于设备间内或规模较大的配线间内，用于安装光、电缆配线架和交换机或路由器等网络设备。机柜一般使用 19 英寸标准机柜，深度和高度选择应满足网络设备安装要求，机柜安装应符合相关规定。

（一）机柜的安装要求

（1）机柜、机架的安装位置应符合设计要求，机柜安装应竖直，柜面水平，垂直偏差不大于 0.1%，水平偏差不应大于 3 mm。

（2）机柜、机架上的各种零件不得脱落或碰坏，漆面不应有脱落及划痕，各种标识应完整、清晰。

（3）机柜面板前应预留 0.6 m 以上的空间，机柜背面离墙面的距离以便于安装和维护为原则。

（4）机柜、机架的安装应牢固，如有抗震要求，应按抗震设计进行加固。

（5）各种螺钉必须拧紧，无松动、缺少、损坏或锈蚀等问题。

（6）机柜必须与保护地排连接。

（二）机柜内设备的安装要求

在 19 英寸标准机柜内可安装 19 英寸的各种配线架（如模块化配线架、110 配线架、光纤配线架）和网络设备。机柜内设备的安装要求如下。

（1）合理安排网络设备和配线设备的摆放位置，主要考虑网络设备的散热和配线设备的缆线接入。由于机柜的风扇一般安装在顶部，所以，机柜内一般采用上层网络设备、下层配线设备的安装方式。

（2）各部件应完整、安装就位、标识齐全。

（3）安装螺钉必须拧紧，面板应保持在一个平面上。

（4）进入机柜的缆线必须用扎带和专用固定环进行固定，确保机柜的整齐美观和管理方便。

（5）机柜中的所有设备都必须与机柜金属框架有效连接，网络设备可以通过机柜与接地线连接地，最好每台设备直接与接地排连接。

（三）配线架的安装要求

（1）配线架与理线器的安装。安装配线架和理线器之前，首先应在机柜相应的位置上安装 4 个浮动螺母，然后将所安装设备用附件 M4 螺钉固定在机柜上，每安装 1 个配线架（最多 2 个），均应在相邻位置安装 1 个理线器，以使缆线整齐有序。注意，电缆的施工最小曲率半径应大于电缆外径的 8 倍，长期使用的电缆最小曲率半径应大于电缆外径的 6 倍，如图 7-2 所示。

（2）有源设备的安装。有源设备的安装通过使用托架实现或直接安装在立柱上，如图 7-3 所示。

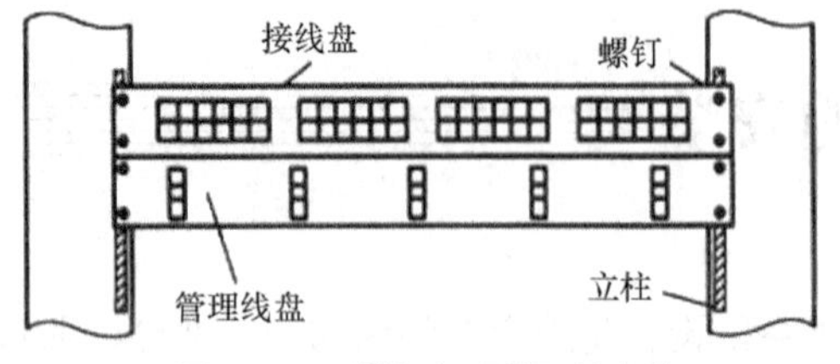

图 7-2　配线架与理线器的安装

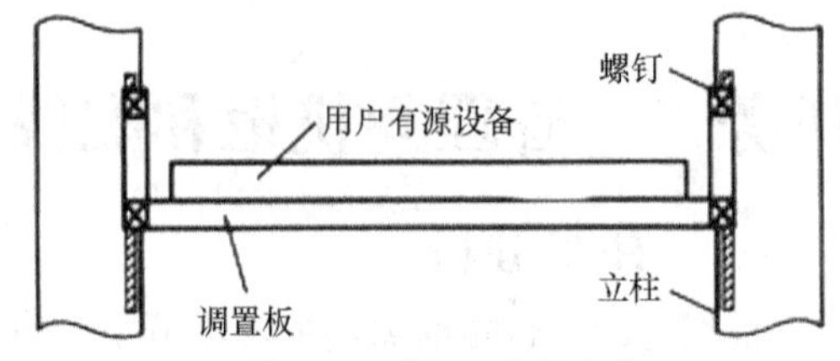

图 7-3　有源设备的安装

（3）空面板的安装和机柜接地。为了整齐、美观，机柜中未装设备的空余位置可以安装空面板，以后有扩容需要时，再将空面板换成所需安装的设备。为保证设备安全，机柜应有可靠的接地。

（4）进线电缆管理安装。进线电缆可从机柜顶部或底座引入，将电缆平直安排、合理布置，并用尼龙扣带捆扎在 L 型穿线环上，电缆应敷设到所连接的模块或配线架附近的缆线固定支架处，用尼龙扣带将电缆固定在缆线固定支架上，如图 7-4 所示。

（5）跳线电缆管理安装。跳线电缆的长度应根据两端需要连接的接线端子间的距离来决定。跳线电缆必须合理布置，并安装在 U 形立柱的走线环和理线器的穿线环上，以便走线整齐有序，便于维护检修，如图 7-5 所示。

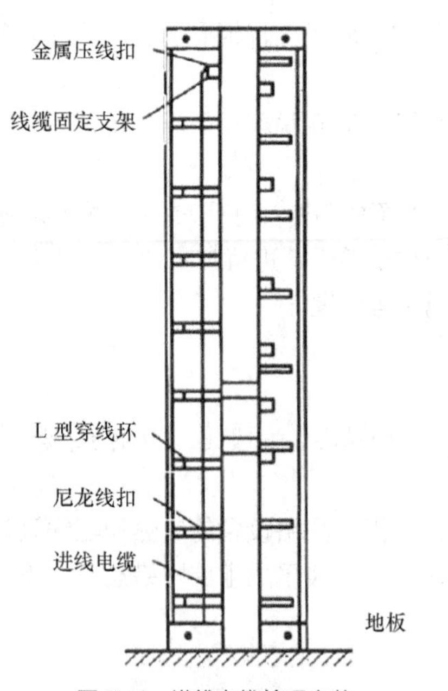

图 7-4　进线电缆管理安装

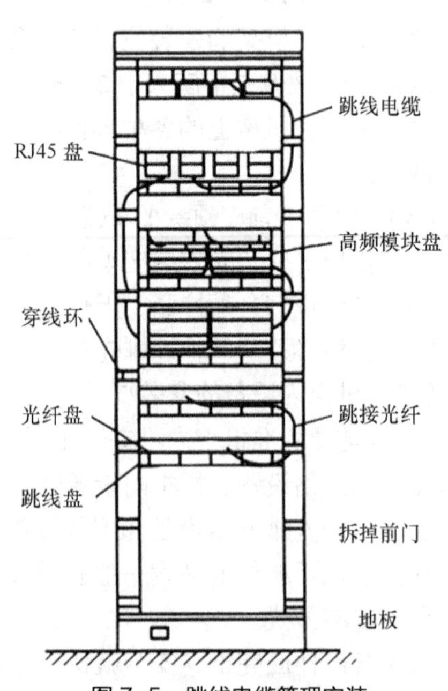

图 7-5　跳线电缆管理安装

三、任务实施

【任务目标】根据需求确定综合布线器材，熟悉机柜和RJ-45模块配线架的安装方法。

【任务场景】根据校园网综合布线系统设计方案中管理间子系统的设计与施工要求，对管理间机柜和RJ-45配线架进行施工。

（一）机柜的安装

在指定的位置安装机柜，并在机柜中整理建筑群子系统的干线光缆、建筑物子系统的干线缆线和配线子系统的水平缆线。根据国家标准的规定，剪掉多余的缆线，并做好标记。

（二）RJ-45模块式快速配线架的安装与端接

目前，常见的双绞线配线架有110型配线架和模块式快速配线架。其中，模块式快速配线架主要应用于楼层管理间和设备间内的计算机网络电缆的管理。各厂家模块式快速配线架的结构和安装方法基本相同。下面以配线架为例，介绍模块式快速配线架在机架上的安装步骤。

STEP 1 使用螺丝将配线架固定在机架上。

STEP 2 在端接线对之前，要整理缆线。将缆线疏松地用带子缠绕在配线板的导入边缘上，最好将缆线用带子缠绕固定在垂直通道的挂架上，这在缆线移动期间可避免线对的变形。在配线架背面安装理线环，将电缆整理好后放在理线环中并使用扎带固定。一般情况下，每6根电缆作为一组进行绑扎。

STEP 3 根据每根电缆连接接口的位置，测量端接电缆应预留的长度，然后截断电缆。

STEP 4 根据系统安装标准选定EIA/TIA 568 A或EIA/TIA 568 B标签，然后将标签压入模块组插槽。

STEP 5 根据标签色标排列顺序，将对应颜色的线对逐一压入槽内，然后使用打线工具固定线对连接，同时将伸出槽位外多余的导线剪断。

STEP 6 将每组线缆压入一槽位，然后整理并绑扎固定线缆。

STEP 7 将跳线通过配线架下方的理线架整理固定后，逐一接插到配线架前面板的RJ-45接口，最后编好标签并贴在配线架前面板。

四、任务总结

本次任务主要介绍了机柜和RJ-45配线架的安装方法和步骤。通过本任务的学习，使学生熟练掌握在管理间子系统中机柜和配线架具体的安装方法。

任务三　铜缆配线设备的安装

一、任务分析

根据校园综合布线系统的设计，管理间子系统设计是综合布线结构的一部分，而管理间铜缆配线设备的安装是管理间子系统的重要一环。本次任务需要完成的工作有以下几项。

（1）通过网络配线设备的安装和压接实验，了解网络机柜内布线设备的安装方法和使用功能。

（2）通过配线设备的安装，熟悉常用工具和配套基本材料的使用方法。

二、相关知识

（一）网络配线架的安装要求

（1）在机柜内部安装配线架前，首先要进行设备位置规划或按照图纸规定确定位置，统一考虑机柜内部的跳线架、配线架、理线环、交换机等设备。同时考虑配线架与交换机之间跳线方便。

（2）缆线采用地面出线方式时，一般从机柜底部穿入机柜内部，配线架宜安装在机柜下部；采取桥架出线方式时，一般从机柜顶部穿入机柜内部，配线架宜安装在机柜上部。缆线采取从机柜侧面穿入机柜内部时，配线架宜安装在机柜中部。

（3）配线架应该安装在左右对应的孔中，水平误差不大于 2 mm，更不允许左右孔错位安装。

（二）网络配线架的安装步骤

（1）检查配线架和配件完整。

（2）将配线架安装在机柜设计位置的立柱上。

（3）理线。

（4）端接打线。

（5）做好标记，安装标签条。

（三）理线环的安装

理线环的安装步骤如下。

（1）取出理线环和所带的配件——螺丝包。

（2）将理线环安装在网络机柜的立柱上。

三、任务实施

【任务目标】根据需求确定管理间需要的器材，熟练掌握网络配线架和理线环的安装步骤。

【任务场景】根据校园网综合布线系统设计方案中管理间子系统的设计与施工要求，对管理间网络配线架和理线环进行施工。

STEP 1 根据校园综合布线要求，设计一种机柜内安装设备布局示意图，并且绘制安装图。

STEP 2 按照设计图，核算工程材料规格和数量，掌握工程材料的核算方法，列出材料清单。

STEP 3 按照设计图，准备安装工具，并列出工具清单。

STEP 4 领取工程材料和工具。

STEP 5 确定机柜内需要安装的设备和数量，合理安排配线架、理线环的位置，主要考虑线路合理、施工和维修方便。

STEP 6 准备好需要安装的设备，打开设备自带的螺丝包，在设计好的位置安装配线架、理线环等设备，注意保持设备齐平，螺丝固定牢固，并且做好设备编号和标记。

STEP 7 安装完毕后，开始理线和压接线缆。

四、任务总结

本次任务主要介绍了综合布线系统中网络配线架、理线环的安装方法和步骤。通过本次任务的学习，使学生在工程实施过程中掌握网络配线架和理线环的安装方法。

项目考核表

专业：__________ 班级：__________ 课程：__________

项目名称：项目七 管理间子系统的设计与实施	工作任务： 任务一 管理间子系统的设计 任务二 管理间机柜和配线架的安装 任务三 铜缆配线设备的安装
考核场所：	考核组别：

项目考核点	分值
1. 了解管理间子系统的基本概念，掌握管理间在综合布线中的作用	10
2. 了解管理间子系统的设计原则，能够根据需求设计管理间子系统	20
3. 了解机柜的安装要求，能够根据需求安装机柜	20
4. 了解机柜内设备的安装要求，能够根据需求安装机柜内各种设备	20
5. 了解网络配线架和理线环的安装要求，能够根据需求进行正确的施工	20
6. 善于团队协作，营造团队交流、沟通和互帮互助的气氛	10
合 计	100

考核结果（答辩情况）

学号	姓名	各考核点得分										自评	组评	综评	合计
		1	2	3	4	5	6	7	8	9	10				

组长签字：__________ 教师签字：__________ 考核日期： 年 月 日

思考与练习

一、填空题

1. 管理间子系统的管理标记通常有________、________和________3种。
2. 在不同类型的建筑物中，管理间子系统采用________和________两种管理方式。

二、简答题

1. 管理间子系统的管理方式有哪些？各有什么特点？

2. 管理间子系统的设计内容有哪些?
3. 管理间子系统的主要设备有哪些?
4. 管理间子系统的设计原则有哪些?
5. 综合布线中的机柜有什么作用?

PART 8 项目八
垂直子系统的设计与实施

知识点

- 确定干线线缆类型及线对
- 垂直子系统路径的选择
- 线缆容量配置
- 缆线敷设保护方式
- 垂直子系统干线线缆的交接
- 垂直子系统干线线缆的端接
- 确定垂直子系统通道规模
- 缆线与电力电缆等间距的设计要求

技能点

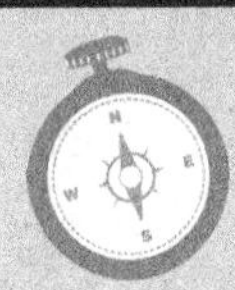

- 能够根据需求确定垂直子系统布线线缆的选择
- 能够根据需求确定垂直子系统布线通道的选择
- 能够根据需求计算垂直子系统线缆的容量
- 能够根据需求绑扎垂直子系统缆线
- 能够根据网络需求确定垂直子系统缆线的敷设方式
- 能够根据布线需求选购双绞线电缆和同轴电缆

建议教学组织形式

- 学生分组教学
- 理论+实践演练
- 实际项目实战

任务一　垂直子系统的规划和设计

一、任务分析

某学院驻地网工程位于新南环路，采用 FTTH 覆盖学院宿舍及办公楼区域，需布设网线 261 860m、安装多媒体箱 239 个、布设电力电缆 780m、安装信息面板及底盒 6 376 套、制作水晶头 7 018 个、安装汇聚交换机 39 台、安装接入层交换机 321 台。本任务针对垂直子系统进行布线训练。

掌握垂直子系统设计的基本要求，能够正确选择线缆、确定路由、制定垂直子系统布线方案。

二、相关知识

垂直子系统应由设备间至电信间的干线电缆和光缆、安装在设备间的建筑物配线设备（BD）及设备线缆和跳线组成，以提供设备间总（主）配线架与楼层配线间的楼层配线架（箱）之间的干线路由。垂直子系统是智能化建筑综合布线系统的中枢部分，与建筑设计密切相关，需要确定垂直路由的数量和位置、垂直部分的建筑方式（包括占用上升空间的面积大小）和干线系统的连接方式。

现代建筑的通道有封闭型和开放型两大类。封闭型通道是指一连串上下对齐的交接间，每层楼都有一间利用电缆竖井、电缆孔、管道电缆和电缆桥架等穿过这些房间的地板层，每个空间通常还有一些便于固定电缆的设施和消防装置。开放型通道是指从建筑物的地下室到楼顶的一个开放空间，中间没有任何楼板隔开。例如，通风通道或电梯通道不能铺设干线子系统电缆。对于没有垂直通道的老式建筑物，一般采用铺设垂直墙面线槽的方式。

在综合布线中，干线子系统的线缆并非一定是垂直布置的，从概念上讲，它是建筑物内的干线通信线缆。在某些特定环境如低矮而又宽阔的单层平面大型厂房中，干线子系统的线缆就是平面布置的，同样起着连接各配线间的作用。对于 FD/BD 一级布线结构的布线来说，配线子系统和干线子系统是一体的。

（一）垂直子系统的基本要求

（1）点对点端接是最简单、最直接的接合方法、干线电缆应采用点对点端接，大楼与配线间的每根干线电缆直接延伸到指定的楼层配线间。也可采用分支递减端接，分支递减端接是有一根大对数干线电缆足以支持若干楼层的通信容量，经过电缆接头保护箱分出若干根小电缆，它们分别延伸到每个楼层，并端接与目的地的连接硬件。

（2）垂直子系统所需要的电缆总对数和光纤总芯数，应满足工程的实际需求，并留有适当的备份容量。主干线缆应设置电缆和光缆，并互相作为备份路由。

（3）如果电话交换机和计算机主机设备在建筑物内不同的设备间，应采用不同的主干线缆来分别满足语音和数据的需要。

（4）为便于综合布线的路由管理，干线电缆、干线光缆布线的交接不应多于两次。从楼层配线架到建筑群配线架只能通过一个配线架，即建筑物配线架。当综合布线只用一级干线布线进行配线时，放置干线配线架的二级交接间可以并入楼层配线间。

（5）主干电缆和光缆所需的容量要求及配置应符合以下规定。

① 对语音业务，大对数主干电缆的对数应按每一个电话 8 位模块通用插座配置 1 对线，并在总需求线对的基础上至少预留约 10%的备用线对。

② 对于数据业务应以集线器（HUB）或交换机（SW）群（按 4 个 HUB 或 SW 组成 1 群），或以每个 HUB 或 SW 设备设置 1 个主干端口配置。每 1 群网络设备或每 4 个网络设备应考虑 1 个备份端口。主干端口为点端口时应按 4 对线容量配置，为光端口时则按 2 芯光纤容量配置。

（6）主干路由应选在该管辖区域的中间，使楼层管路和水平布线的平均长度适中，有利于保证信息传输质量，应选择带门的封闭型综合布线专用的通道敷设干线电缆，也可与弱电竖井合用。

（7）线缆不应分布放在电梯、供水、供气、供暖、强电等竖井中。

（8）干线子系统垂直通道有电缆孔、电缆竖井和管道 3 种方式可供选择，应采用电缆竖井方式，水平通道可选择预埋暗管或槽式桥架方式。

（9）设备间连线设备的跳线应选用综合布线专用的插接软跳线，在语音应用时也可选用双芯跳线。

（10）在同一层若干电信间之间应设置干线路由。

（二）垂直子系统线缆的选择

垂直子系统实际选用的传输介质类型由多种因素决定，主要因素如下。

（1）必须支持的电信业务。

（2）通信系统所需的使用寿命。

（3）建筑物或建筑群的大小。

（4）当前和将来用户数的多少。

在垂直子系统中可采用线缆的类型有多种，主要如下。

（1）100 Ω双绞线电缆。

（2）62.5 μm/125 pm 多模光缆。

（3）50/125 pm 多模光缆。

（4）8.3/125 Mm 单模光缆。

无论是电缆还是光缆，综合布线干线子系统都受到最大布线距离的限制，即建筑群配线架（CD）到楼层配线架（FD）的距离不应超过 2 000 m，建筑物配线架（BD）到楼层配线架（FD）的距离不应超过 500 m。若采用单模光纤作为干线线缆，建筑群配线架（CD）到楼层配线架（FD）之间的最大距离可为 3 000 m。通常将设备间的主配线架放在建筑物的中部附近，使线缆的距离最短。如果超出上述距离限制，可以分成几个区域布线，使每个区域满足规定的距离要求。配线子系统和干线子系统布线的距离与信息传输速率、信息编码技术和选用的线缆及相关连接器件有关。根据使用介质和传输速率的要求，布线距离也会有相应的变化，规定如下。

（1）数据通信采用双绞线电缆时，布线距离不宜超过 90 m，否则宜选用单模或多模光缆。

（2）在建筑群配线架和建筑物配线架上，接插线和跳线长度不宜超过 20 m，超过 20 m 的长度应从允许的干线线缆最大长度中扣除。

（3）将电信设备（如程控用户交换机）直接连接到建筑群配线架或建筑物配线架的设备电缆、设备光缆长度不宜超过 30 m。如果使用的设备光缆超过 30 m，干线电缆、干线光缆的长度宜相应减少。

（4）延伸业务（如通过天线接收）可能从远离配线架的地方进入建筑群或建筑物，这些延伸业务的引入点到连接这些业务的配线架间的距离，应在干线布线的距离之间。如果有延伸业务接口，与延伸业务接口位置有关的特殊要求也会影响这个距离。应记录所用线缆的型号和长度，必要时还应将其提交给延伸业务的提供者。

三、任务实施

以某大学的学生公寓楼的网络综合布线项目为例，进行垂直子系统的方案设计。

（一）**项目相关的资讯**

（1）某大学新建一幢学生公寓楼，共6层，楼层高度为3 m，每层36个房间，每个房间接入2个信息点，一楼接入70个信息点，其余楼层各接入72个信息点，共计430个信息点。

（2）各楼层电信间内的交换机以1 000 Mbit/s的速率接入设备间的核心交换机。

（3）通过现场考察，看到公寓楼在土建工程中已预留了布线干线线缆的垂直管道，各楼层电信间均可通过预埋管道布设线缆至楼梯间的垂直管道。

（4）通过在现场使用卷尺测量，得到楼层电信间与最远信息点的距离为47 m。

（二）**垂直子系统的设计步骤**

STEP 1 确定垂直子系统线缆的类型

根据项目相关资讯，得知各楼层电信间内的交换机以1 000 Mbit/s速率接入设备间的核心交换机，因此干线线缆只能选择6类非屏蔽双绞线或多模光缆。考虑项目的造价及易管理性，本项目选择6类非屏蔽双绞线作为干线线缆。

STEP 2 确定垂直子系统线缆的数量

根据各楼层接入信息点的数量，可以知道各楼层电信间应配置3个24口的以太网交换机，每个交换机通过1 000 Mbit/s链路接入设备间内核心交换机的Gbit/s端口。因此，除了1楼外，2~6楼的电信间应布设至少3根干线电缆。考虑设计标准冗余量要求及以后网络扩展的需要，每个交换机多预留1根干线电缆。所以，每个电信间总计需要布设6根干线电缆。

STEP 3 确定干线线缆路由

通过现场查看，得知距楼层电信间最远信息点的距离为47 m，小于75 m，所以本项目应采用单干线路由。根据各楼层电信间预埋管道及垂直管道的布设路由，可以选择一条从楼层电信间至一楼设备间的最佳干线路由。在确定干线路由后，采用卷尺进行路由长度的估测，得到各楼层电信间干线路由的长度，如表8-1所示。

表8-1　干线路由长度表

楼层	干线路由长度（m）	备注
2F	61	测量长度已含电信间至垂直管道之间的管线，垂直管道、设备间至垂直管道之间的管线
3F	64	
4F	68	
5F	72	
6F	76	

STEP 4 确定干线布线方案

由于建筑物预留了垂直电缆管道，因此本项目的干线电缆布设将采用电缆孔布线方案。干线电缆先从楼层电信间预埋管道布设至垂直电缆管道，再从垂直电缆管道垂直布放至1楼，最后从1楼垂直管道出口沿预埋管道布设至设备间。

（三）**垂直子系统概预算**

1. 干线电缆概预算

根据以上设计，可以得知各楼层电信间的干线电缆的线对数量和布线路由长度。再考虑工程实施过程中的端接容差量，就可以计算出各楼层干线电缆的用线量。

2F：(61+6)×6=402

3F：(64+6)×6=420

4F：(68+6)×6=444

5F：(72+6)×6=468

6F：(76+6)×6=492

本项目干线电缆总用线量=402+420+444+468+492=2 226（m），需要订购电缆的箱数=INT (2 226/305)=8（箱）。

2. 安装在设备间内的建筑物配线管理设备概预算

从以上设计得知，2～6 楼引至设备间的干线电缆总计为 30 根，1 楼接入设备间的信息点为 70 个。由于干线系统采用六类线缆，1 楼信息点采用超五类线缆接入，所以根据配线子系统的设计经验，采用经跳线连接计算机网络设备的方式，这样就可以计算出设备间需要配备 4 个六类 24 口配线架，6 个超五类 24 口配线架，5 个理线架，30 根六类 2 m 跳线，70 根超五类 2 m 跳线。

四、任务总结

本次任务主要介绍了垂直子系统的规划与设计。通过本任务的学习，让学生熟练掌握垂直子系统的规划与设计及系统的概预算，为工程的实施打下良好基础。

任务二　PVC 线槽线管布线

一、任务分析

学院采用 FTTH 覆盖宿舍楼及办公区域，需布防网线 261 860 m、安装多媒体箱 239 个、布防电力电缆 780 m、安装信息面板及底盒 6 376 套、制作水晶头 7 018 个、安装汇聚交换机 39 台、安装接入层交换机 321 台。本任务针对垂直子系统进行布线训练。垂直子系统的布线方式如图 8-1 所示。

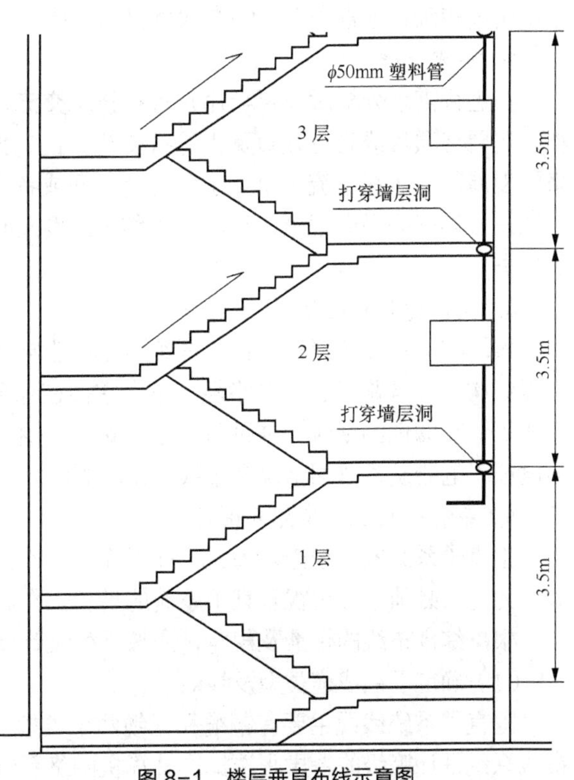

图 8-1　楼层垂直布线示意图

本任务的主要目的如下。

（1）通过设计垂直子系统的布线路径和距离，熟练掌握垂直子系统的设计。

（2）通过线槽/线管的安装和穿线等，熟练掌握垂直子系统的施工方法。

（3）通过核算、列表、领取材料和工具，训练规范施工的能力。

二、相关知识

（一）垂直子系统的基本概念

垂直子系统是综合布线系统中非常

关键的组成部分，它由设备间子系统与管理间子系统的引入口之间的布线组成，采用大对数电缆或光缆，两端分别连接在设备间和楼层配线间的配线架上。它是建筑物内综合布线的主馈线，是楼层配线间与设备间之间垂直布放（或空间较大的单层建筑物的水平布线）缆线的统称。

垂直干线子系统包括以下部分。

（1）供各条干线接线之间的电缆走线用的竖向或横向通道。

（2）主设备间与计算机中心间的电缆。

垂直子系统的任务是通过建筑物内部的传输电缆，把各个服务接线间的信号传送到设备间，直到传送到最终接口，再通往外部网络。

垂直子系统的结构是一个星形结构。

（二）垂直子系统的设计原则

1. 设计步骤

垂直子系统设计的步骤一般为：首先进行需求分析，与用户进行充分的技术交流并了解建筑物用途，然后要认真阅读建筑物设计图纸，确定管理间位置和信息点数量，列出材料规格和数量统计，一般工作流程如下。

需求分析→技术交流→阅读建筑物图纸→规划和设计→完成材料规格和数量统计表。

2. 需求分析

需求分析是综合布线系统设计的首项重要工作。垂直子系统是综合布线系统工程中最重要的一个子系统，直接决定每个信息点的稳定性和传输速度，主要涉及布线路径、布线方式和材料的选择，对后续水平子系统的施工非常重要。

需求分析首先按照楼层高度进行，分析设备间到每个楼层管理间的布线距离、布线路径，逐步明确和确认垂直子系统的布线材料的选择。

3. 技术交流

在进行需求分析后，要与用户进行技术交流，这是非常必要的。不仅要与技术负责人交流，还要与项目或者行政负责人进行交流，进一步充分和广泛地了解用户的需求，特别是未来的发展需求。在交流中重点了解每个房间或者工作区的用途、要求运行环境等因素；同时必须进行详细的书面记录，每次交流结束后要及时整理书面记录，这些书面记录是初步设计的依据。

4. 阅读建筑物图纸

索取和认真阅读建筑物设计图纸是不能省略的程序，通过阅读建筑物图纸掌握建筑物的土建结构、强电路径、弱电路径，重点掌握在综合布线路径上的电气设备、电源插座、暗埋管线等。在阅读图纸时，要进行记录或标记，这有助于将网络竖井设计在合适的位置，避免强电或者电器设备对网络综合布线系统的影响。

5. 垂直子系统的规划和设计

垂直子系统的线缆连接着几十个甚至几百个用户，因此一旦干线电缆发生故障，影响巨大。为此，必须十分重视垂直子系统的设计工作。

根据综合布线的标准及规范，应按下列设计要点进行垂直子系统的设计工作。

（1）确定干线线缆类型及线对

垂直子系统线缆主要有铜缆和光缆两个类型，具体要根据布线环境的限制和用户对综合布线系统设计等级的考虑来选择。计算机网络系统的主干线缆可以选用 4 对双绞线电缆或 25

对大对数电缆或光缆；电话语音系统的主干电缆可以选用 4 类大对数双绞线电缆；有线电视系统的主干电缆一般采用 75 Ω同轴电缆。主干电缆的线对要根据水平布线电缆对数以及应用系统类型来确定。

垂直子系统所需要的电缆总对数和光缆总芯数，应满足工程的实际需求，并留有适当的备份容量。主干缆线宜设置电缆和光缆，并互相作为备份路由。

（2）垂直子系统路径的选择

垂直子系统主干缆线应选择最短、最安全和最经济的路径。路径的选择要根据建筑物的结构以及建筑物内预留的电缆孔、电缆井通道位置来决定。建筑物内有两大类型的通道，封闭型和开放型，宜选择带门的封闭型通道敷设干线线缆。开放型通道是指从建筑物的地下室到楼顶的一个开放空间，中间没有任何楼板隔开；封闭型通道是指一连串上下对齐的空间，每层楼都有一间，电缆竖井、电缆孔、管道电缆、电缆桥架等穿过这些房间的地板层。

主干电缆宜采用点对点终接。

如果电话交换机和计算机主机设置在建筑物内不同的设备间，宜采用不同的主干缆线来满足语音和数据的需要。

在同一层若干管理间（电信间）之间宜设置干线路由。

（3）线缆容量配置

主干电缆和光缆所需的容量要求及配置应符合以下规定。

① 对语音业务，大对数主干电缆的对数应按每一个电话 8 位模块通用插座配置 1 对线，并在总需求线对的基础上至少预留约 10%的备用线对。

② 对于数据业务应以集线器（HUB）或交换机（SW）群（按 4 个 HUB 或 SW 组成 1 群）或以每个 HUB 或 SW 设备设置 1 个主干端口配置。

③ 当工作区至电信间的水平光缆延伸至设备间的光配线设备（BD/CD）时，主干光缆的容量应包括所延伸的水平光缆光纤的容量在内。

④ 建筑物与建筑群配线设备处各类设备缆线和跳线的配置宜符合如下规定。

设备缆线和各类跳线宜按计算机网络设备的使用端口容量和电话交换机的实装容量、业务的实际需求或信息点总数的比例进行配置，比例范围为 25%～50%。

⑤ 各配线设备跳线可按如下原则选择与配置。

- 电话跳线宜按每根 1 对或 2 对对绞电缆容量配置，跳线两端连接插头采用 IDC 或 RJ-45 型。
- 数据跳线宜按每根 4 对对绞电缆配置，跳线两端连接插头采用 IDC 或 RJ-45 型。
- 光纤跳线宜按每根 1 芯或 2 芯光纤配置，光跳线连接器采用 ST、SC 或 SFF 型。

（4）垂直子系统缆线敷设保护方式的要求

① 缆线不得布放在电梯或供水、供气、供暖管道竖井中，也不应布放在强电竖井中。

② 电信间、设备间、进线间之间的干线通道应沟通。

（5）垂直子系统干线线缆的交接

为了便于综合布线的管理，干线电缆、干线光缆布线的交接不应多于两次。从楼层配线架到建筑群配线架之间只应通过一个配线架，即建筑物配线架（在设备间内）。当综合布线只用一级干线布线进行配线时，放置干线配线架的二级交换间可以并入楼层配线间。

（6）垂直子系统干线线缆的端接

干线电缆可采用点对点端接，也可采用分支递减端接以及电缆直接连接。点对点端接是最简单、最直接的接合方法，如图 8-2 所示。干线子系统每根干线电缆直接延伸到指定的楼层配线管理间或二级交换间。分支递减端接是用一根足以支持若干楼层配线管理间或若干个二级交接间的通信容量的大容量干线电缆，经过电缆接头交接箱分出若干根小电缆，再分别延伸到每个二级交接间或每个楼层配线管理间，最后端接到目的地的连接硬件上，如图 8-3 所示。

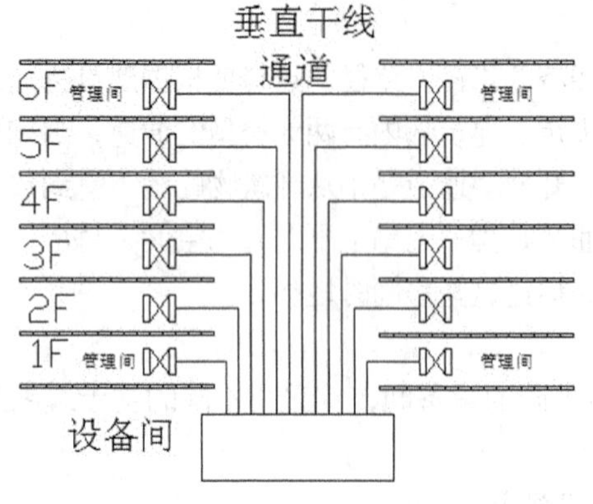

图 8-2　干线电缆点对点端接方式

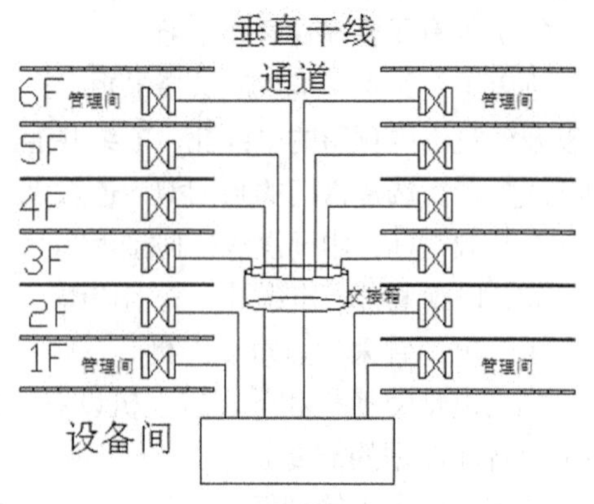

图 8-3　干线电缆分支接合方式

（7）确定干线子系统的通道规模

垂直子系统是建筑物内的主干电缆。在大型建筑物内，通常使用的干线子系统通道是由一连串穿过配线间地板且垂直对准的通道组成的。穿过弱电间地板的线缆井和线缆孔，如图 8-4 所示。

确定干线子系统的通道规模，主要就是确定干线通道和配线间的数目。确定的依据就是综合布线系统所要覆盖的可用楼层面积。如果给定楼层的所有信息插座都在配线间的 75 m 范围之内，那么采用单干线接线系统。单干线接线系统就是采用一条垂直干线通道。每个楼层只设一个配线间。如果有部分信息插座超出配线间的 75 m 范围之外，就要采用双通道干线子系统，或者采用经分支电缆与设备间相连的二级交换间。

如果同一幢大楼的配线间上下不对齐，则可采用大小合适的线缆管道系统将其连通，如图 8-5 所示。

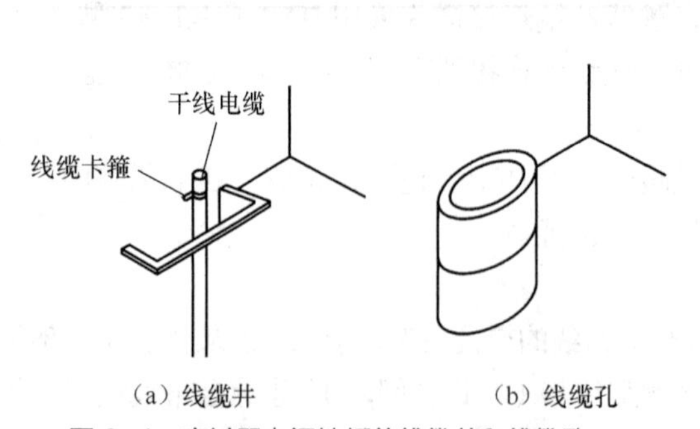

（a）线缆井　（b）线缆孔

图 8-4　穿过弱电间地板的线缆井和线缆孔

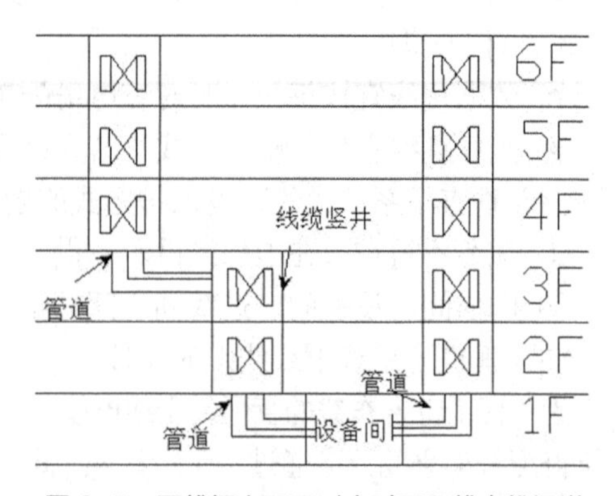

图 8-5　配线间上下不对齐时双干线电缆通道

（8）缆线与电力电缆等间距设计要求

具体参见水平子系统缆线的布线距离的规定。

6. 图纸设计

随着 GB50311−2007 国家标准的正式实施，2007 年 10 月 1 日起新建建筑物必须设计网络综合布线系统，因此建筑物的原始设计图纸中有完整的初步设计方案和网络系统图。必须认真研究和读懂设计图纸，特别是与弱电有关的网络系统图、通信系统图、电气图等，虚心向项目经理或者设计院咨询。

当土建工程开始或封顶时必须到现场实际勘测，并且将现场情况与设计图纸对比。

新建建筑物的垂直子系统管线宜安装在弱电竖井中，一般使用金属线槽或者 PVC 线槽。

三、任务实施

【任务要求】

（1）计算和准备好实验需要的材料和工具。

（2）完成竖井内模拟布线实验，合理设计施工布线系统，路径合理。

（3）垂直布线平直、美观，接头合理。

（4）掌握垂直子系统线槽/线管的接头和三通连接以及大线槽开孔、安装、布线、盖板的方法和技巧。

（5）掌握锯弓、螺丝旋具、电动旋具等工具的使用方法和技巧。

【实训材料和工具】

（1）PVC 塑料管、管接头、管卡若干。

（2）40PVC 线槽、接头、弯头等。

（3）锯弓、锯条、钢卷尺、十字头螺钉旋具、人字梯等。

【实验设备】

推荐实训设备：网络综合布线实训装置 1 套。

【实训步骤】

（1）设计一种使用 PVC 线槽/线管从管理间到楼层设备间——机柜的垂直子系统，并且绘制施工图。

由 3～4 人成立一个项目组，选举项目负责人，每人设计一种垂直子系统布线图，并且绘制图纸。项目负责人指定一种设计方案进行实训。

（2）按照设计图，核算实训材料的规格和数量，掌握工程材料的核算方法，列出材料清单。

（3）根据设计图的需要，列出实训工具清单，领取实训材料和工具。

（4）PVC 线槽的安装方法如图 8−6 所示。PVC 线管的安装方法如图 8−7 所示。

（5）明装布线实训时，边布管边穿线。

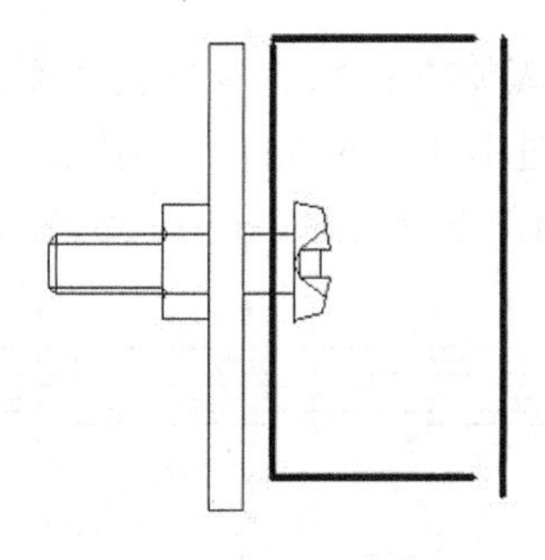

图 8−6　PVC 线槽安装图

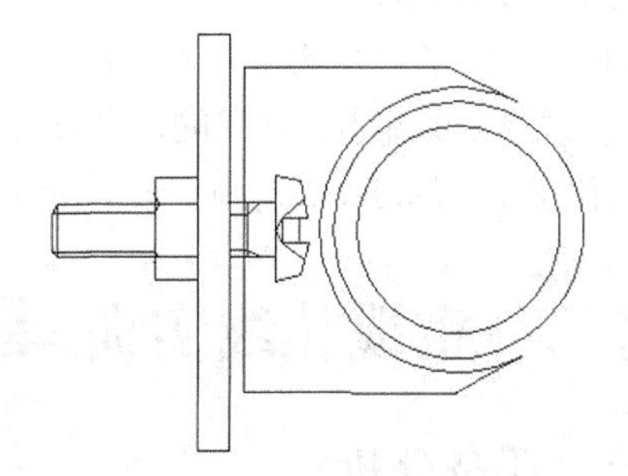

图 8−7　PVC 线管安装图

【实训分组】

为了满足全班 40 人同时实训和充分利用实训设备，实训前必须进行合理的分组，保证每组的实训内容相同、难易程度相同。布线方法如下所述。

（1）根据规划和设计好的布线路径准备好实验材料和工具，从货架上取下材料（任意一组）。

（2）根据设计的布线路径在墙面安装管卡，在垂直方向每隔 500 ~ 600 mm 安装 1 个管卡。

（3）在拐弯处用 90° 弯头连接，安装 PVC 线槽。两根 PVC 线槽之间用直接连接，3 根线槽之间用三通连接。同时在槽内安装 4–UTP 网线。安装线槽前，根据需要在线槽上开直径为 8 mm 的孔，用 M6 螺栓固定。

对于 PVC 管：在拐弯处用 90° 弯头连接，安装 PVC 管。两根 PVC 管之间用直接头连接，3 根管之间用三通连接。同时在 PVC 管内穿 4–UTP 网线。

（4）机柜内必须预留网线 1.5 m。

（5）每组实验路径。

（6）分组实验路径如图 8–8 所示。

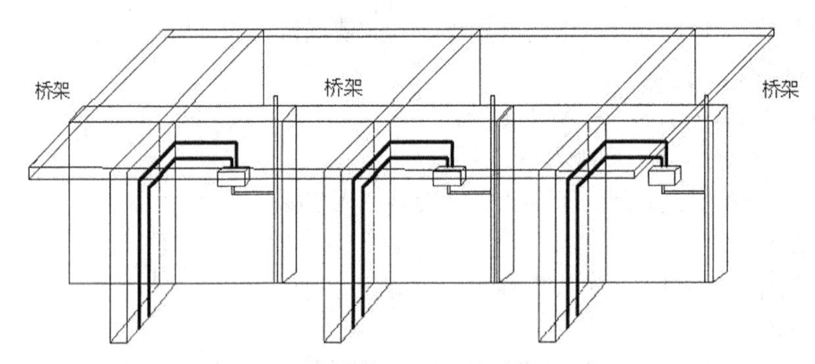

图 8–8　垂直布线系统实验一分组布线示意图

实验装置有长为 1.2 m、宽为 1.2 m 的角共 12 个，可以模拟 12 个建筑物竖井进行垂直子系统布线实验。12 个小组可以同时进行实验。

【实训报告】

（1）画出垂直子系统 PVC 线槽或线管布线路径图。

（2）计算出布线需要弯头、接头等材料和工具的数量。

（3）使用工具的体会和技巧。

四、任务总结

本任务介绍了 PVC 线管（槽）布线的相关知识，包括线缆类型及线对、垂直子系统路径的选择、线缆容量的配置、线缆的敷设方式、线缆的端接。通过本任务的训练，让学生熟练掌握 PVC 线管（槽）的施工图绘制、材料清单的列出及 PVC 线管的安装方法，边布管边穿线。

任务三　钢缆扎线实训

一、任务分析

垂直子系统敷设缆线时，应对缆线进行绑扎。对绞电缆、光缆及其他信号电缆应根据缆线的类别、数量、缆径、缆线芯数分束绑扎。绑扎间距不宜大于 1.5 cm，间距应均匀，防止线缆因重量产生拉力而造成线缆变形，不宜绑扎过紧或使缆线受到挤压。

在绑扎缆线的时候需特别注意的是，应该按照楼层进行分组绑扎。

本任务的主要目的如下。

（1）通过墙面安装钢缆实训熟练掌握垂直子系统的施工方法。

（2）掌握垂直子系统支架、钢缆和扎线的方法和技巧。

二、相关知识

1. 标准要求

GB50311−2007《综合布线系统工程设计规范》国家标准“第 6 章 安装工艺要求”内容中，对垂直子系统的安装工艺提出了具体要求。垂直子系统垂直通道穿过楼板时宜采用电缆竖井方式，也可采用电缆孔、管槽的方式，电缆竖井的位置应上下对齐。

2. 垂直子系统布线线缆的选择

根据建筑物的结构特点以及应用系统的类型，决定选用干线线缆的类型。在干线子系统的设计中常用以下 5 种线缆。

（1）4 对双绞线电缆（UTP 或 STP）。

（2）100 Ω大对数对绞电缆（UTF 或 STP）。

（3）62.5 μm/125 μm 多模光缆。

（4）8.3 μm/125 μm 单模光缆。

（5）75 Ω有线电视同轴电缆。

目前，针对电话语音传输一般采用 3 类大对数对绞电缆（25 对、50 对、100 对等规格）；针对数据和图像传输采用光缆，或 5 类以上 4 对双绞线电缆以及 5 类大对数对绞电缆；针对有线电视信号的传输采用 75 Ω同轴电缆。要注意的是，由于大对数线缆对数多，很容易造成相互间的干扰，因此很难制造超 5 类以上的大对数对绞电缆。为此，6 类网络布线系统通常使用 6 类 4 对双绞线电缆或光缆作为主干线缆。在选择主干线缆时，还要考虑主干线缆的长度限制，如 5 类以上 4 对双绞线电缆的应用与 100 Mbit/s 的高速网络系统，电缆长度不宜超过 90 m，否则宜选用单模或多模光缆。

3. 垂直子系统布线通道的选择

垂直线缆布线路由的选择主要依据建筑的结构以及建筑物内预埋的管道而定。目前，垂直型的干线布线路由主要采用电缆孔和电缆井两种方式。而单层平面建筑物水平的干线布线路由主要采用金属管道和电缆托架两种方法。

干线子系统垂直通道有下列 3 种方式可供选择。

（1）电缆孔方式

通道中所用的电缆孔是很短的通道，通常用一根或数根外径 63～102 mm 的金属管预埋在楼板内，金属管高出地面 25～50 mm，也可直接在地板中预留一个大小适当的空洞。电缆往往捆在钢绳上，而钢绳固定在墙上已铆好的金属条上。当楼层配线间上下都对齐时，一般可采用电缆孔方式，如图 8−9 所示。

（2）管道方式

管道方式包括明管和暗管的敷设。

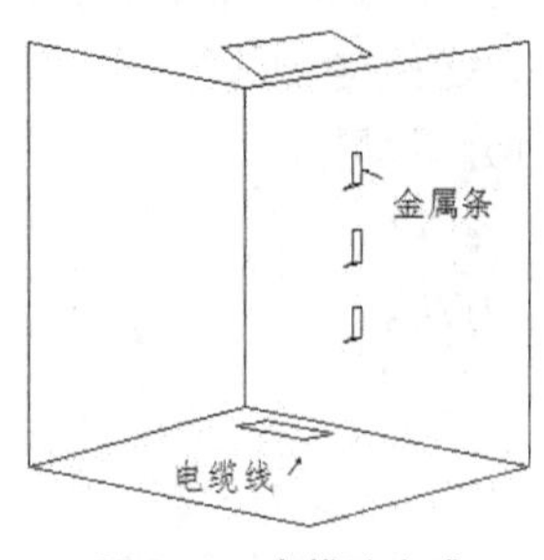

图 8-9　电缆孔方式

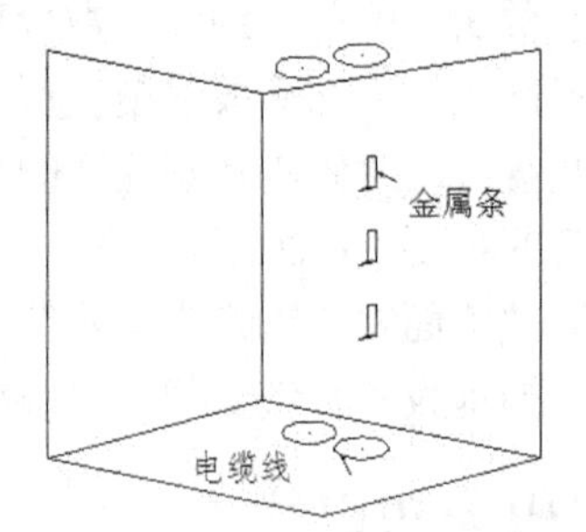

图 8-10　电缆井方式

（3）电缆竖井方式

在新建工程中，推荐使用电缆竖井方式。

电缆井是指在每层楼板上开出一些方孔，一般宽度为 30 cm，并有 2.5 cm 高的井栏，具体大小要根据所布线的干线电缆数量而定，如图 8-10 所示。与电缆孔方法一样，电缆也是捆扎或箍在支撑用的钢绳上，钢绳靠墙上的金属条或地板三角架固定。离电缆井很近的墙上的立式金属架可以支撑很多电缆。电缆井比电缆孔更为灵活，可以让各种粗细不一的电缆以任何方式布设通过。但是，在建筑物内开电缆井造价较高，而且不使用的电缆井很难防火。

4. 垂直子系统线缆容量的计算

在确定干线线缆类型后，便可以进一步确定每个楼层的干线容量。一般而言，在确定每层楼的干线类型和数量时，都要根据楼层水平子系统所有的各个语音、数据、图像等信息插座的数量来进行计算。具体计算原则如下。

（1）语音干线可按 1 个电话信息插座至少配 1 个线对的原则进行计算。

（2）计算机网络干线线对容量计算原则是：电缆干线按 24 个信息插座配 2 对对绞线，每一个交换机或交换机群配 4 对对绞线；光缆干线按每 48 个信息插座配 2 芯光纤。

（3）当楼层信息插座较少时，在规定长度范围内，可以多个楼层公用交换机，并合并计算光纤芯数。

（4）如有光纤到用户桌面的情况，光缆直接从设备间引至用户桌面，干线光缆芯数应包含这种情况下的光缆芯数。

（5）主干系统应留有足够的余量，以作为主干链路的备份，确保主干系统的可靠性。

下面对干线线缆容量计算进行举例说明。

例：已知某建筑物需要实施综合布线工程，根据用户需求分析得知，其中第 6 层有 60 个计算机网络信息点，各信息点要求接入速率为 100 Mbit/s；另有 45 个电话语音点，而且第 6 层楼层管理间到楼内设备间的距离为 60 m，请确定该建筑物第 6 层的干线电缆类型及线对数。

解答：

（1）60 个计算机网络信息点要求该楼层应配置 3 台 24 口交换机，交换机之间可以通过堆叠或级联方式连接。最后，交换机群可通过一条 4 对超五类非屏蔽双绞线连接到建筑物的设备间。因此，计算机网络的干线线缆配备一条 4 对超五类非屏蔽双绞线电缆。

（2）40 个电话语音点，按每个语音点配 1 个线对的原则，主干电缆应为 45 对，根据语音信号传输的要求，主干线缆可以配备一根三类 50 对非屏蔽大对数电缆。

5. 垂直子系统缆线的绑扎

垂直子系统敷设缆线时，应对缆线进行绑扎。对绞电缆、光缆及其他信号电缆应根据缆线的类别、数量、缆径、缆线芯数分束绑扎。绑扎间距不宜大于 1.5 cm，间距应均匀，防止线缆因重量产生拉力而造成线缆变形，不宜绑扎过紧或使缆线受到挤压。

在绑扎缆线的时候需特别注意的是，应该按照楼层进行分组绑扎。

6. 垂直子系统缆线的敷设方式

垂直子系统是建筑物的主要线缆，它为从设备间到每层楼上的管理间之间的传输信号提供通路。垂直子系统的布线方式有垂直型的，也有水平型的，这主要根据建筑的结构而定。大多数建筑物都是垂直向高空发展的，因此很多情况下会采用垂直型的布线方式。但是，也有很多建筑物是横向发展，如飞机场候机厅、工厂仓库等建筑，这时也会采用水平型的主干布线方式。因此，主干线缆的布线路由既可能是垂直型的，也可能是水平型的，还可能是两者的综合。

在新的建筑物中，通常利用竖井通道敷设垂直干线。

在竖井中敷设垂直干线一般有两种方式：向下垂放电缆和向上牵引电缆。相比较而言，向下垂放比向上牵引容易。

（1）向下垂放线缆的一般步骤

① 将线缆卷轴放到最顶层。

② 在离房子的开口（空洞处）3～4 m 处安装线缆卷轴，并从卷轴顶部馈线。

③ 在线缆卷轴处安排所需的布线施工人员（人数视卷轴尺寸及线缆质量而定），另外，每层楼上要有一个工人，以便引寻下垂的线缆。

④ 旋转卷轴，将线缆从卷轴上拉出。

⑤ 将拉出的线缆引导进竖井中的空洞。在此之前，先在空洞中安放一个塑料的套状保护物，以防止孔洞不光滑的边缘擦破线缆的外皮。

⑥ 慢慢地从卷轴上放缆进入孔洞向下垂放，注意速度不要过快。

⑦ 继续放线，直到下一层布线人员将线缆引到下一个孔洞。

⑧ 按前面的步骤继续慢慢放线，并将线缆引入各层的孔洞，直至线缆到达指定楼层进入横向通道。

（2）向上牵引线缆的一般步骤

向上牵引线缆需要使用电动牵引绞车，其主要步骤如下。

① 按照线缆的质量，选定绞车型号，并按绞车制造厂家的说明书进行操作。先往绞车中穿一条绳子。

② 启动绞车，并往下垂放一条拉绳（确认此拉绳的强度能保护牵引线缆），直到安放线缆的底层。

③ 如果线缆上有一个拉眼，则将绳子连接到此拉眼上。

④ 启动绞车，慢慢地将线缆通过各层的孔向上牵引。

⑤ 缆的末端到达顶层时，停止绞车。

⑥ 在地板孔边沿上用夹具将线缆固定。

⑦ 当所有连接制作好之后，从绞车上施放线缆的末端。

三、任务实施

【实训要求】

（1）计算和准备好实验需要的材料和工具。

（2）完成竖井内钢缆扎线实验，合理设计和施工布线系统，路径合理。

（3）垂直布线平直、美观，扎线整齐合理。

（4）掌握垂直子系统支架、钢缆和扎线的方法和技巧。

（5）掌握活扳手、U 型卡、线扎等工具和材料的使用方法和技巧。

（6）掌握扎线的间距要求。

【实训材料和工具】

（1）直径 5 mm 的钢缆、U 型卡、支架若干。

（2）锯弓、锯条、钢卷尺、十字头螺钉旋具、活扳手、人字梯等。

【实训设备】

推荐实训设备：西元牌网络综合布线实训装置 1 套，产品型号为 KYSYZ-12-1233。

【实训步骤】

（1）规划和设计布线路径，确定在建筑物竖井内安装支架和钢缆的位置和数量。

（2）计算和准备实验材料和工具。

（3）安装和布线。

【实训分组】

为了满足全班 40 人同时实训和充分利用实训设备，实训前必须进行合理的分组，每组的实训内容相同，难易程度相同。以西元牌网络综合布线实训装置为例进行分组，具体可以按照实训设备规格和实训人数设计。

布线方法如下所述。

（1）根据规划和设计好的布线路径准备好实验材料和工具，从货架上取下支架、钢缆、U 型卡、活扳手、线扎、M6 螺栓、锯弓等材料和工具备用。

（2）根据设计的布线路径在墙面安装支架，在水平方向每隔 500～600 mm 安装 1 个支架，在垂直方向每隔 1 000 mm 安装 1 个支架。

（3）支架安装好以后，根据需要的长度用钢锯裁好合适长度的钢缆，必须预留两端绑扎长度。用 U 型卡将钢缆按照图 8-11 所示固定在支架上。

（4）用线扎将线缆绑扎在钢缆上，间距 500 mm 左右。在垂直方向均匀分布线缆的重量。绑扎时不能太紧，以免破坏网线的绞绕节距；也不能太松，避免线缆的重量将线缆拉伸。

（5）各小组的实验路径如图 8-12 所示。

实验装置有长为 1.2 m、宽为 1.2 m 的角共 12 个，可以模拟 12 个建筑物竖井进行子系统布线实验。12 个小组可以同时实验。

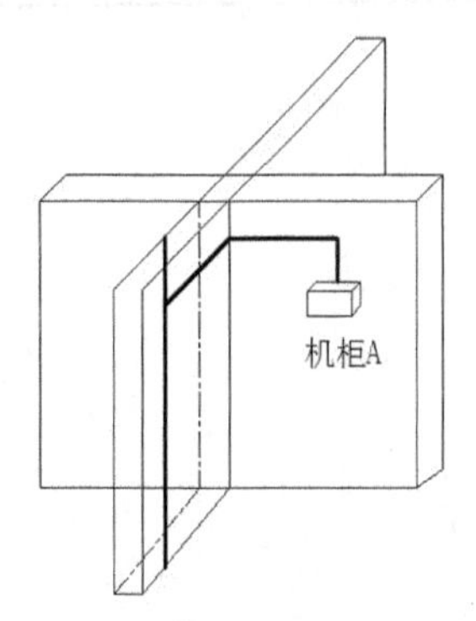

图 8-11 垂直布线系统试验—钢缆轧线布线实验示意图

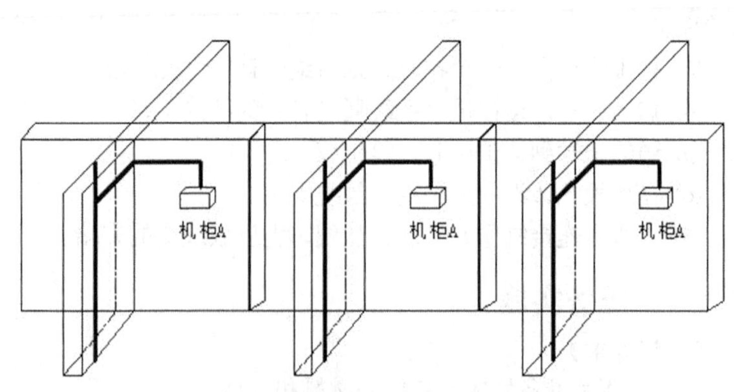

图 8-12 垂直布线系统实验—钢缆扎线布线实验分组示意图

【实训报告】

（1）写出钢缆绑扎线缆的基本要求和注意事项。

（2）计算出需要的U型卡、支架等材料和工具的数量。

四、任务总结

本任务主要介绍垂直干线子系统钢缆的捆扎、垂直系统缆线的绑扎及GB50311-2007《综合布线系统工程设计规范》国家标准安装工艺要求。对垂直干线子系统布线线缆的选择、布线通道的选择、线缆容量的计算及缆线的捆扎进行了说明。通过本任务的训练，让学生熟练掌握规范的垂直干线子系统的线缆捆扎技术。

项目考核表

专业：__________ 班级：__________ 课程：__________

项目名称：项目八 垂直子系统的设计与实施	工作任务： 任务一 垂直子系统的规划和设计 任务二 PVC线槽/线管布线 任务三 钢缆扎线实训
考核场所：	考核组别：

项目考核点	分值
1. 能够根据需求确定垂直子系统布线线缆的选择	15
2. 能够根据需求确定垂直子系统布线通道的选择	15
3. 能够根据需求计算垂直子系统线缆的容量	15
4. 能够根据需求绑扎垂直子系统缆线	15
5. 能够根据网络需求确定垂直子系统缆线的敷设方式	15
6. 能够根据布线需求选购双绞线电缆和同轴电缆	25
合 计	100

考核结果（答辩情况）

学号	姓名	各考核点得分						自评	组评	综评	合计
		1	2	3	4	5	6				

组长签字：__________ 教师签字：__________ 考核日期： 年 月 日

思考与练习

一、填空题

1. 垂直子系统负责连接________到________，实现主配线架与中间配线架的连接。
2. 在垂井中敷设干线电缆一般有两种方法：________和________。
3. 干线子系统垂直通关穿过楼板时宜采用________方式，也可采用________、________的方式，电缆竖井的位置应上下对齐。
4. 垂直干线子系统为提高传输速率，一般选用________为传输介质。

二、选择题

1. 垂直干线子系统的设计范围包括（　　）。
   A. 管理间与设备间之间的电缆
   B. 信息插座与管理间配线架之间的连接电缆
   C. 设备间与网络引入口之间的连接电缆
   D. 主设备间与计算机主机房之间的连接电缆
2. 在垂直干线子系统布线中，经常采用光缆传输加（　　）备份的方式。
   A. 同轴细电缆　　B. 同轴粗电缆　　C. 双绞线　　D. 光缆
3. 干线子系统设计时要考虑到（　　）。
   A. 整座楼的垂直干线要求
   B. 从楼层到设备间的垂直干线电线路由
   C. 工作区位置
   D. 建筑群子系统的介质

三、思考题

1. 简述垂直干线子系统的设计步骤和要求。
2. 简述干线子系统的两种布线方法。
3. 简述干线子系统的连接方式。

PART 9 项目九 设备间子系统的设计与实施

知识点

- 设备间的位置
- 设备间的面积
- 建筑结构
- 设备间的环境要求
- 确定安全分类
- 结构防火
- 火灾报警及灭火设施
- 接地要求
- 内部装饰
- 线缆敷设

技能点

- 能够根据需求选择合适的设备间位置
- 能够根据需求选择设备间面积
- 能够根据需求设置设备间环境
- 能够根据需求完善设备间安全措施
- 能够根据需求进行防火处理
- 能够根据需求进行接地
- 能够根据需求进行线缆敷设
- 能够根据应用需求和应用环境选购安装设备间机柜

建议教学组织形式

- 学习设备间子系统的设计实例
- 实地参观公寓楼的设备间子系统

任务一　设备间子系统的规划与设计

一、任务分析

设备间子系统是建筑物综合布线系统的线路汇聚中心，各房间内信息插座经水平线缆连接，再经干线线缆最终汇聚连接至设备间。设备间还安装了各应用系统相关的管理设备，为建筑物各信息点用户提供各类服务，并用于管理各类服务的运行状况。

本任务以某大学的学生公寓楼的网络综合布线项目为例，进行设备间的方案设计。

二、相关知识

（一）设备间子系统的基本概念

设备间（Equipment Room，ER）是指在每幢建筑物的适当地点进行网络管理和信息交换的场地。对于综合布线系统工程设计，设备间主要安装建筑物配线设备。电话交换机、计算机主机设备及入口设施也可与配线设备安装在一起。设备间能为综合布线系统中的各类信息设备（如计算机互连设备、程控交换机等）提供信息管理和信息传输服务。设备间如图 9-1 所示。

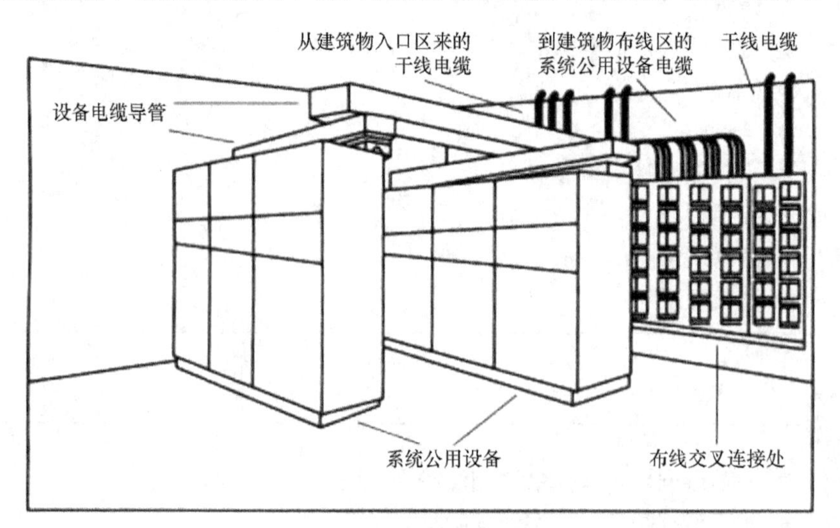

图 9-1　设备间

设备间的作用是把公共系统中的各种不同设备互连起来，其中包括电信部门的光缆、电缆、交换机等。为使建筑物内系统的节点任意扩充、分组，需采用配线架等布线设备。它还包括设备间和邻近单元，如建筑物的入口区中的导线，所有的高频电缆也汇总于此。一般情况下，设备间应该包含如下部分。

（1）大型通信和数据设备。

（2）电缆终端设备。

（3）建筑物之间和内部的电缆通道。

（4）通信设备所需的电保护设备。

设备间是一种特殊类型的电信间，但又与电信间有一些差异。设备间一般为整栋建筑物或整个建筑群提供服务；而电信间只为一栋大型建筑的某层中的一部分提供服务。设备间须支持所有的电缆和电缆通道，保证电缆和电缆通道在建筑物内部或建筑物之间的连通性。

在设备间内安装的 BD 配线设备干线侧容量应与主干线缆的容量相一致。设备间的容量应与设备端口容量相一致或与干线侧配线设备容量相同。通常采用跳接式配线架连接交换机，采用光纤终结架连接主机及网络设备。针对计算机网络系统，它包括网络集线器、智能交换机及设备连接线，一般采用标准机柜，将这些设备集成到机柜中，以便于统一管理。它将计算机和网络设备的输出线通过干线子系统相连接，是构成通信网络系统的重要环节。同时，它通过配线架的跳线控制所有总配线架（Main Distributing Frame，MDF）的路由。

由于设备间中放置的设备类型很特殊又很重要，所以对建筑物中的设备间有以下特殊要求。

（1）一般要经过通用的、可靠的和专业的设计。

（2）需使整个空间都可以支持通信设备、通信电缆和电缆支持结构。

（3）不要在设备间中安装其他非通信类型的设备。

（4）建筑公共设施，包括通电管道、通风管道或者水管都不应该经过设备间。

（5）不可将电气设备或机械设备、后勤服务物资等放置在设备间。

（二）设备间的位置与空间规划

1. 设备间的位置

设备间的位置及大小应根据建筑物的结构、综合布线规模、管理方式以及应用系统设备的数量等进行综合考虑，择优选取。一般而言，设备间应尽量建在建筑平面及其综合布线干线综合体的中间位置。在高层建筑内，设备间也可以设置在第 1 或第 2 层。确定设备间的位置可以参考以下设计规范。

（1）应尽量建在综合布线干线子系统的中间位置，并尽可能靠近建筑物电缆引入区和网络接口，以方便干线线缆的进出。

（2）应尽量避免设在建筑物的高层或地下室以及用水设备的下层。

（3）应尽量远离强振动源和强噪声源。

（4）应尽量避开强电磁场的干扰。

（5）应尽量远离有害气体源以及易腐蚀、易燃、易爆物。

（6）应便于接地装置的安装。

2. 设备间面积的计算

设备间的使用面积既要考虑所有设备的安装面积，还要考虑预留工作人员管理操作设备的地方。设备间最小使用面积不得小于 20 m^2。设备间的使用面积可按照下述两种方法来确定。

方法一：已知 S_b 为综合布线有关的并安装在设备间内的设备所占面积（m^2），S 为设备间的使用总面积（m^2），那么

$$S=(5\sim7)\Sigma S_b$$

方法二：当设备尚未选型时，设备间的使用总面积

$$S=KA$$

式中，A 表示设备间的所有设备台（架）的总数；K 表示系数，取值为（4.5～5.5）m^2/台（架）。

3. 设备间的建筑结构

设备间的建筑结构主要依据设备大小、设备搬运及设备重量等因素而设计。设备间的高度一般为 2.5～3.2 m。设备间的门至少高 2.1m、宽 1.5m。

设备间的楼板承重设计一般分为两级：A 级≥500kg/m^2；B 级≥300kg/m^2。

（三）设备间的配置设计原则与要求

设备间是大楼的电话交换机设备和计算机网络设备，以及建筑物配线设备（BD）安装的地点，也是进行网络管理的场所。对综合布线工程设计而言，设备间主要安装总配线设备。

当信息通信设施与配线设备分别设置时应考虑到设备电缆有长度限制的要求。安装总配线架的设备间与安装电话交换机及计算机主机的设备间之间的距离不宜太远。

在机柜中安装电话大对数电缆多对卡接式模块、数据线缆配线设备模块，大约能支持总量为 6 000 个信息点所需（电话和数据信息点各占 50%）的建筑物配线设备安装空间。在设计中一般要考虑以下几点。

（1）按照最近与操作便利性原则，设备间位置及大小应根据设备的数量、规模、网络构成等因素，综合考虑确定。

（2）每幢建筑物内，应至少设置一个设备间；如果电话交换机与计算机网络设备分别安装在不同的场地或根据安全需要，也可设置两个或两个以上设备间，以满足不同业务的设备安装需要。

（3）建筑物综合布线系统与外部配线网连接时，应遵循相应的接口标准要求，预留安装相应接入设备的位置；同时要遵循接地的原则。

（4）设备间的设计应符合下列规定。

① 设备间宜处于干线子系统的中间位置，并考虑主干线缆的传输距离与数量。

② 设备间宜尽可能靠近建筑物线缆竖井位置，有利于主干线缆的引入。

③ 设备间的位置宜便于设备接地。

④ 设备间应尽量远离高低压变配电、电机、X 射线、无线电发射等有干扰源存在的场地。

⑤ 设备间室内温度应为 10～35 ℃，相对湿度应为 20%～80%，并应有良好的通风。

⑥ 设备间内应有足够的设备安装空间，其使用面积不应小于 10 m²，该面积不包括程控用户交换机、计算机网络设备等设施所需的面积。

⑦ 设备间梁下净高不应小于 2.5 m，采用外开双扇门，门宽不应小于 1.5 m。

（5）设备间应防止有害气体（如氯、碳水化合物、硫化氢、氮氧化物、二氧化碳等）侵入，并应有良好的防尘措施。设备间允许的尘埃含量极限应符合表 9-1 所示的规定。

表 9-1 设备间允许的尘埃含量限值

尘埃颗粒的最大直径（mm）	0.5	1	3	5
灰尘颗粒的最大浓度（粒子束/m³）	1.4×107	7×105	2.4×105	1.3×105

（6）在地震区内，设备安装应按规定进行抗震加固。

（7）设备安装应符合以下规定。

① 机架或机柜前面的净空不应小于 800 mm，后面的净空不应小于 600 mm。

② 壁挂式配线设备底部离地面的高度不宜小于 300 mm。

（8）设备间应提供不少于两个 220 V 带保护接地的单相电源插座，但不作为设备供电电源。

（9）如果设备间安装电信设备或其他信息网络设备，设备供电应符合相应的设计要求。

（10）设备间内所有的总配线设备应用色标区别各类用途的配线区。

在设备间内应有可靠的 50 Hz、220 V 交流电源，必要时可设置备用电源和不间断电源。当设备间内装设计算机主机时，应根据需要配置电源设备。

（四）设备间的线缆铺设

1. 活动地板方式

这种方式是线缆在活动地板下的空间铺设。由于地板下空间大，因此电缆容量和条数多，路由自由短捷，节省电缆费用，线缆铺设和拆除均简单方便，能适应线路的增减变化，有较高的灵活性，便于维护管理。但其缺点是造价较高，会减少房屋的净高，对地板表面材料也有一定要求，如耐冲击性、耐火性、抗静电、稳固性等。

2. 地板或墙壁内沟槽方式

这种方式是线缆在建筑中预先建成的墙壁或地板内沟槽中铺设，沟槽的断面尺寸大小根据线缆终期容量来设计，上面设置盖板保护。这种方式的造价较活动地板低，便于施工和维护，也有利于扩建，但沟槽设计和施工必须与建筑设计和施工同时进行，在配合协调上较为复杂。沟槽方式因为是在建筑中预先制成，因此在使用中会受到限制，线缆路由不能自由选择和变动。

3. 预埋管理方式

预埋管路方式是在建筑的墙壁或楼板内预埋管路，其管径和根数根据线缆需要来设计。这种方式穿放线缆比较容易，维护、检修和扩建均很方便，造价低廉，技术要求不高，是一种最常用的方式。但预埋管路必须在建筑施工中进行，线缆路由受管路限制，不能变动，所以使用中会受到一些限制。

4. 机架走线架或槽道方式

这种方式是在设备（机架）上沿墙安装走线架（或槽道）的铺设方式，走线架和槽道的尺寸根据线缆需要设计。它不受建筑的设计和施工限制，可以在建成后安装，便于施工和维护，也有利于扩建。机架上安装走线架或槽道时，应结合设备的结构和布置来考虑，在层高较低的建筑中不宜使用。机架走线架或槽道的方式如图 9-2 所示。

图 9-2 机架走线架或槽道的方式

（五）设备间子系统的设计实例

1. 设备间布局设计图

在设计设备间布局时，一定要将安装设备区域和管理人员办公区域分开考虑，这样不但便于管理人员的办公，而且便于设备的维护，如图 9-3 所示。设备区域与办公区域使用玻璃隔断分开。

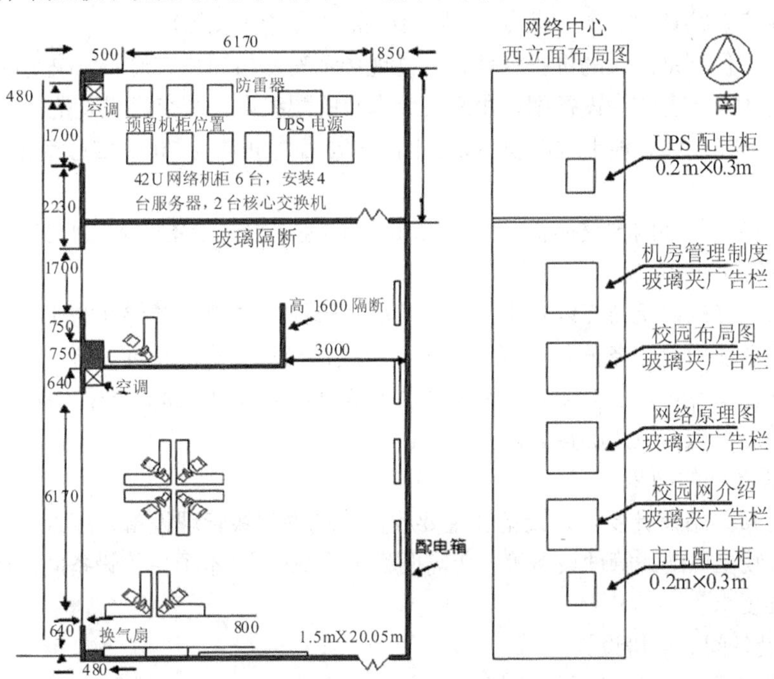

图 9-3 设备间布局设计图

2. 设备间预埋管路图

设备间的布线管道一般采用暗敷预埋方式，如图 9-4 所示。

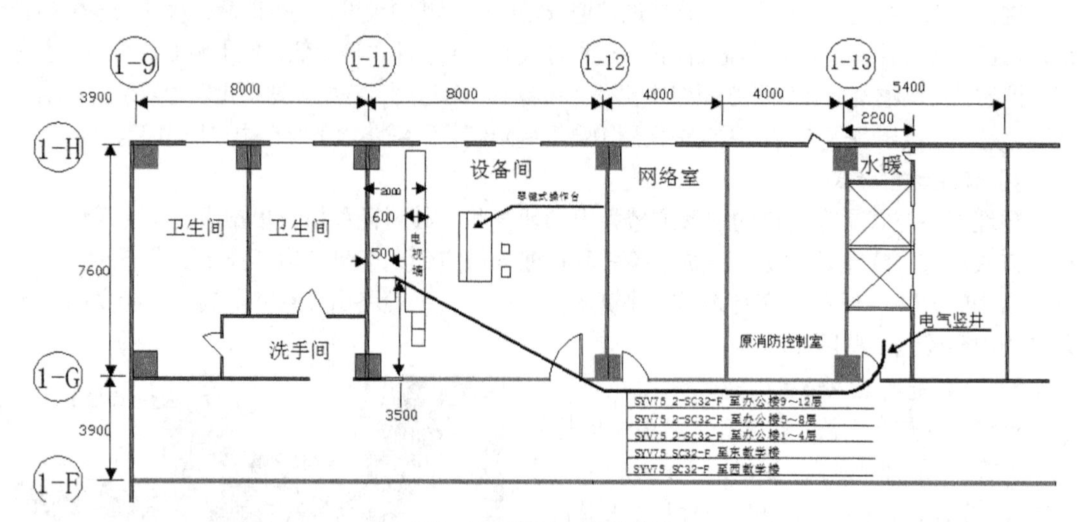

图 9-4　设备间预埋管路图

三、任务实施

【任务目标】

以某大学学生公寓楼的网络综合布线项目为例，开展设备间的方案设计。

【任务场景】

1. 项目相关的信息

（1）某大学新建一幢学生公寓楼，共 6 层，楼层高度为 3 m，每层 36 个房间，每个房间接入 2 个信息点，共计 430 个信息点（1 楼的设备间无需信息点）。

（2）为了方便网络系统的维护管理，通过现场考察并与用户沟通后，决定以公寓楼 1 楼靠近楼梯间的 118 号房作为设备间，用来安装本楼的配线设备及交换机设备。

（3）2 ~ 6 楼布设 30 根干线电缆至设备间，1 楼各房间共计 70 个信息点通过水平线缆接入设备间。

（4）各楼层电信间内的交换机以 1 000 Mbit/s 的速率接入设备间的核心交换机。

STEP 1 设备间的位置

考虑到公寓楼的建筑特点以及设备间的功能，选择 1 楼靠近楼梯间的 118 号房作为设备间是比较合适的。首先设备间位于建筑物平面中线，与垂直管道相近，方便干线电缆的布设与连接；另外，设备间设在 1 楼可以减少对学生学习和生活的干扰，方便网络管理人员维护，同时也方便建筑物入口电缆的接入。

STEP 2 设备间的面积

根据公寓楼网络设计要求，设备间主要放置建筑物配线管理设备、接入层交换机、核心交换机、建筑物出口配线管理设备等，所需面积少于 20 m²。本项目的设备间面积达到 45 m²，符合设计标准要求。

STEP 3 设备间的环境设计

为了给设备间内的设备提供良好的温度和湿度，使设备间达到防尘、防静电、防火等要求，使用铝合金隔板及玻璃在设备间内隔出一个 4 m×6 m 的区域，用来安装公寓楼的配线设备及网络设备。在隔出的区域内铺设防静电地板并做良好的接地处理，安装一台 3 匹柜式空调用于温度和湿度的控制。在设备间内配备 3 个手提式二氧化碳灭火器，用于设备间消防灭火。

设备间的供电系统采用三相五线制，一相线路用于照明供电、一相线路用于设备供电、一相线路用于空调供电。设备供电采用不间断供电系统，其余供电采用普通供电系统。设备间内主要安装 1 台核心交换机及 3 台接入层交换机，用电量比较少，配备 1 台 2kVA 的 UPS 设备及相关电池组就可以满足不间断供电要求。

STEP 4 设备间的设备管理

设备间内有入口配线设备、干线电缆配线设备、1 楼水平线缆的配线设备、核心交换机及接入层交换机等。为了方便管理，应分区域安装使用。入口配线设备安装在相对独立的区域。核心交换机与干线电缆配线设备安装在同一区域，以方便跳线连接管理。接入层交换机及水平线缆配线设备安装在同一区域，以方便跳线连接管理。以上所有设备均采用 19in 标准机柜安装。

四、任务总结

本任务主要介绍设备间子系统的位置和空间规划、设备间的面积计算、设备间的线缆铺设及进线间的配置。通过本任务的学习，让学生熟练掌握设备间子系统的规划与设计。

任务二　立式机柜的安装

一、任务分析

设备间子系统要按 ANSI/TLA/ELA-569 要求设计。设备间子系统是一个集中化设备区，连接系统公共设备及通过垂直干线子系统连接至管理子系统，如局域网（LAN）、主机、建筑自动化和保安系统等。

设备间子系统用于安装电信设备、连接硬件、接头套管等，为接地和连接设备、保护装置提供控制环境，是系统进行管理、控制、维护的场所。这些设备一般都安装在立式机柜中。在设备间子系统中，机柜的安装工作尤为重要。本任务的目的如下。

（1）通过立式机柜的安装，了解机柜的布置原则、安装方法及使用要求。

（2）通过立式机柜的安装，掌握机柜门板的拆卸和重新安装。

二、相关知识

（一）机柜的安装要求

GB50311-2007《综合布线系统工程设计规范》国家标准“第 6 章 安装工艺要求”内容中，对机柜的安装有如下要求。

一般情况下，综合布线系统的配线设备和计算机网络设备采用 19in 标准机柜安装。机柜尺寸通常为 600 mm（宽）×900 mm（深）×2 000 mm（高），共有 42U 的安装空间。机柜内可安装光纤连接盘、RJ45（24 口）配线模块、多线对卡接模块（100 对）、理线架、计算机/SW 设备等。设备间内机柜的安装要求标准如表 9-2 所示。

表 9-2　机柜安装要求标准

项目	标准
安装位置	应符合设计要求，机柜应距墙 1 cm，以便于安装和施工，所有安装螺丝不得有松动，保护橡皮垫应安装牢固
底座	安装应牢固，应按设计图的防震要求进行实施
安放	安放应竖直，柜面水平，垂直偏差≤1‰，水平偏差≤3 mm，机柜之间缝隙≤1 mm
表面	完整，无损伤，螺丝坚固，每平方米表面凹凸度应<1 mm
接线	接线应符合设计要求，接线端子各种标志应齐全，保持良好
配线设备	接地体、保护接地、导线截面、颜色应符合设计要求
接地	应设接地端子，并良好地连接接入楼宇接地端排
线缆预留	① 对于固定安装的机柜，在机柜内不应有预留线长，预留线应预留在可以隐蔽的地方，长度在 1 ~ 1.5 m； ② 对于可移动的机柜，进入机柜的全部线缆在接入机柜入口处，应至少预留 1 m，同时各种线缆的预留长度相互之间的差别应不超过 0.5 m
布线	机柜内走线应全部固定，并要求横平竖直

（二）机柜的电源布置

机柜应配置一整套可拆卸、可更换的固定式配电单元（Power Distrbution Unit，PDU），用于机柜设备电源的引入、分配、保护、分合、接插（插座或端子）等。同一个机柜内，交流配电和直流配电不应混用（机柜散热风扇配电除外）。

插座应优先选用符合 GB1002 规定的两极带接地单相插座，也可采用符合 GB17465.1 要求的 C9/C10 两极带接地单相插座（IEC 60320 C13/C14），如图 9-5 所示。

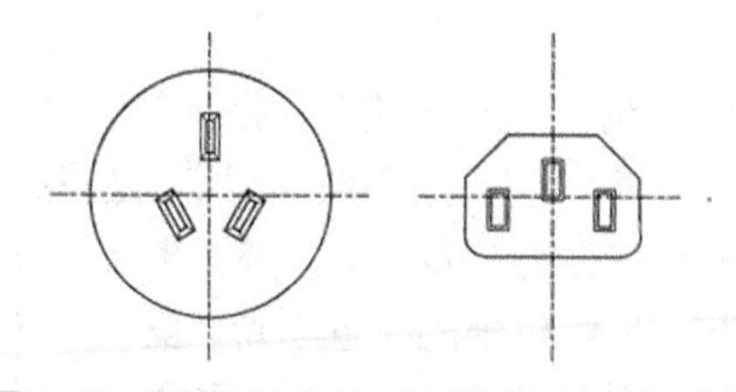

图 9-5　两极带接地单相插座标准外形示意图

相关要求如下。

（1）插座簧片应具有良好的导电性能和机械弹性，同时应具有良好的耐疲劳、耐磨损、耐腐蚀性能（建议使用锡、磷、青铜材质）；单个插头从插座拔出所需最小力应不小于 30 N，以防止插头在正常使用时自动脱落或因轻微碰撞而导致接触不良。

（2）插座应选用模块化标准件，以方便拆装更换模块。

（3）插座额定电流为 10 A，特殊情况下可选用 16 A。

（三）机柜的布线原则

1. 走线槽

根据所装设备，配置走线横、竖槽道。线槽应平整、无扭曲变形，内壁应光滑、无毛刺。

线槽的连接应连续无间断，每节线槽的固定点不应少于两个，在转角、分支处和端部均应有固定点，并紧贴墙面固定，如图 9-6 所示。

图 9-6 机柜线槽图

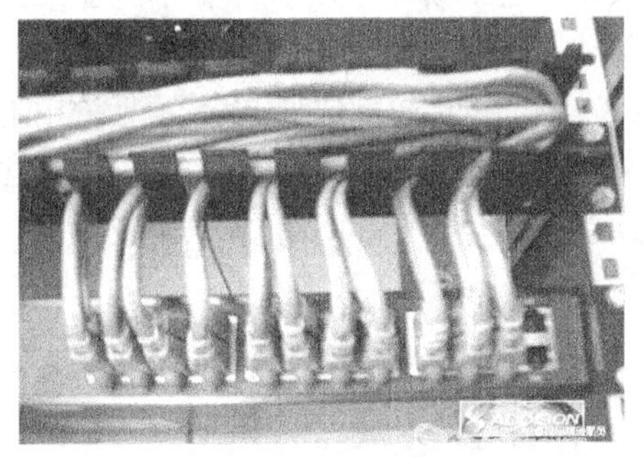
图 9-7 线槽内过度的弯曲半径示意图

2. 不能有过度的线缆弯曲半径

在布线施工中，由于过线槽的空间有限，如图 9-7 所示的弯曲半径是很容易产生的。但在 GB50311/GB50312 与 EIA/TIA 568B ISO/IEC 等标准中，对双绞线的折弯度是有严格要求的。线缆的弯曲半径不得超过线缆本身线径的 8 倍。显然，图 9-7 中的施工是不规范的。由此造成的后果是线缆性能下降，因为长时间的过度弯曲会破坏线缆的电气性能。对于保护线缆的外护套层来说，虽然外观在短期内体现不出来，但由于气候、温度等客观现象的变化，会使外护套的寿命大大缩短，而影响线缆的使用年限等。

3. 强弱电分开

通信线缆不同于电力电缆，电力电缆产生电磁波会影响通信线缆的通信性能，导致数据混乱等现象，从而不能正常通信。强弱电未分别走线的情况如图 9-8 所示。

4. 成束的线缆不能过紧地扎在一起

规范、整洁的线缆敷设会增加整个机房及水平区的美观度，使整个系统看上去漂亮。但通信线缆的线芯一般比较细，多股线缆一起敷设时，如果过紧地扎在一起，容易产生串扰，这对线缆本身来说是得不偿失的。另外，长时间过紧地扎线，极容易造成线缆外护套的破裂，如图 9-9 所示。

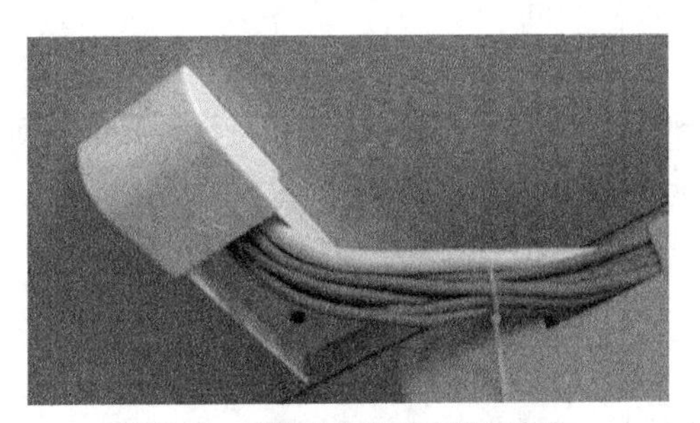
图 9-8 强弱电未分别走线示意图

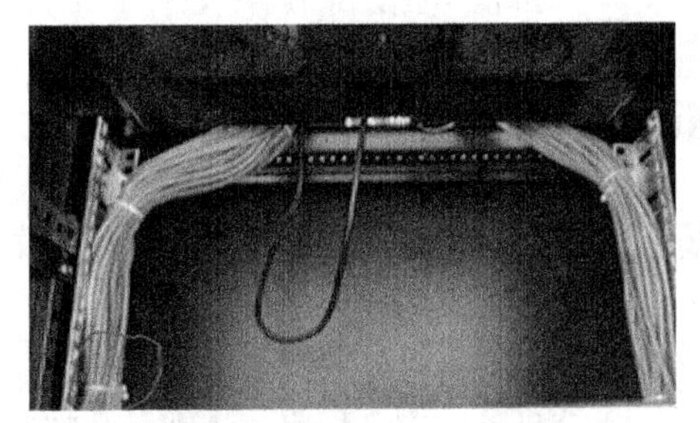
图 9-9 扎线过紧的线缆示意图

（四）线缆的标识

（1）把系统中每一根电缆连线的相关信息集中地编制在一起，通过信息表可以知道总的接线工作量，并可以通过表中的线号栏把所有所需的线号预先打印出来，就免去了拿着整套图纸前后找线号的麻烦。

（2）柜内元件安装完毕后，应立即按照信息表和原理图进行正确的标签粘贴。

（3）标签粘贴在元件附近的底板和元件本体上，位置要以明显、易于发现，尽量不遮盖元件的主要型号为准，且不靠近人员操作位置。

（4）所有的端子部位装上管径配套的白色线号管，线号管上按图纸要求打印号码，号码印记向外并防止其脱落。线号管号码的印字方向为“从左向右，从上向下”，如图 9-10 所示。

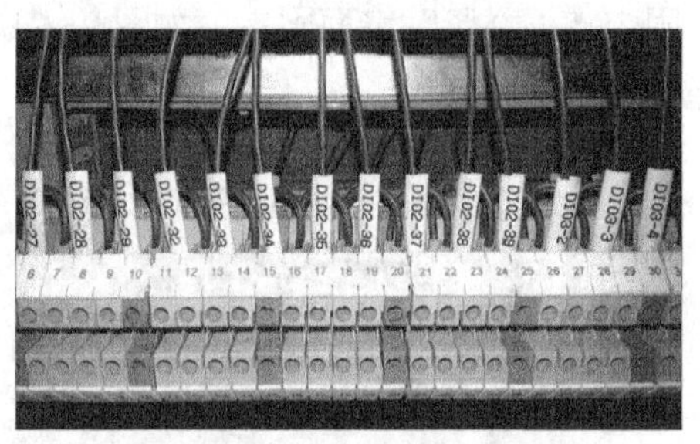

图 9-10 线缆标识示意图

三、任务实施

【任务目标】

（1）通过立式机柜的安装，了解机柜的布置原则、安装方法及使用要求。

（2）通过立式机柜的安装，掌握机柜门板的拆卸和重新安装。

【实训要求】

（1）准备实训工具，列出实训工具清单。

（2）独立领取实训材料和工具。

（3）完成立式机柜的定位、地脚螺丝的调整、门板的拆卸和重新安装。

【实训材料和工具】

（1）立式机柜 1 个。

（2）十字头螺钉旋具，长度为 150 mm，用于固定螺丝，一般每人 1 个。

（3）5 m 卷尺，一般每组 1 把。

【实训步骤】

STEP 1 2～3 人组成一个项目组，选举项目负责人，每组设计一种设备安装图，并且绘制图纸，准备实训工具，列出实训工具清单。

STEP 2 领取实训材料和工具。

STEP 3 确定立式机柜的安装位置，立式机柜在管理间、设备间或机房的布置必须考虑远离配电箱，四周保证有 1 m 的通道和检修空间。

STEP 4 实际测量尺寸。

STEP 5 准备好需要安装的设备——立式网络机柜。将机柜就位，然后将机柜底部的定位螺栓向下旋转，将 4 个轱辘悬空，保证机柜不能转动。

STEP 6 安装完毕后，学习机柜门板的拆卸和重新安装。

【实训报告要求】

（1）画出立式机柜安装位置布局示意图。

（2）分步陈述实训程序或步骤以及安装注意事项。

（3）实训体会和操作技巧。

四、任务总结

本任务主要介绍设备间机柜安装的要求、机柜电源的配置、机柜的布线原则和线缆标识等知识。通过本任务的实训，使学生掌握网络机柜的安装及布线的技能。

项目考核表

专业：__________ 班级：__________ 课程：__________

项目名称：项目九　设备间子系统的设计与实施	**工作任务：** 任务一　设备间子系统的规划与设计 任务二　立式机柜的安装
考核场所：	**考核组别：**

项目考核点	**分值**
1. 能够根据需求选择合适的设备间位置	10
2. 能够根据需求选择设备间面积	15
3. 能够根据需求设置设备间环境	10
4. 能够根据需求完善设备间的安全措施	15
5. 能够根据需求进行防火处理	10
6. 能够根据需求进行接地	15
7. 能够根据需求进行线缆敷设	10
8. 能够根据应用需求和应用环境选购、安装设备间机柜	15
合　计	100

考核结果（答辩情况）

学号	姓名	各考核点得分										自评	组评	综评	合计
		1	2	3	4	5	6	7	8	9	10				

组长签字：__________ 教师签字：__________ 考核日期：　　年　月　日

思考与练习

一、填空题

1. 设备间中应有足够的设备安装空间，一般设备间的面积不应小于________。
2. 对绞线电缆一般以箱为单位订购，每箱对绞线电缆的长度为________。
3. 电缆管理标记通常有________、________和________3种。

4. 在不同类型的建筑物中，电缆管理常采用________和________两种管理方式。

二、选择题

1. 下列缆线中可以作为综合布线系统的配线缆线的是（　　）。

A. 特性阻抗为 100 Ω的对绞电缆　　B. 特性阻抗为 150 Ω的对绞电缆

C. 特性阻抗为 120 Ω的对绞电缆　　D. 62.5 μm/125 μm 的多模光缆

2. 下列通道中不能用来敷设干线缆线的是（　　）。

A. 通风通道　　B. 电缆孔　　C. 电缆井　　D. 电梯通道

3. 室外电缆进入建筑物时，通常在入口处经过一次转换进入室内。在转接处加上电气保护设备，以避免因电缆受到雷击、感应电动势或电力线接触而给用户设备带来损坏。这是为了满足（　　）。

A. 屏蔽保护　　B. 过流保护　　C. 电气保护　　D. 过压保护

4. 综合布线系统的电信间、设备间内安装的设备、机架、金属线管、桥架、防静电地板，以及从室外进入建筑物内的电缆都需要（　　），以保证设备的安全运行。

A. 接地　　B. 防火　　C. 屏蔽　　D. 阻燃

5. 为了获得良好的接地，推荐采用联合接地方式，接地电阻要求小于或等于（　　）。

A. 1 Ω　　B. 2 Ω　　C. 3 Ω　　D. 4 Ω

三、简答题

1. 如何确定设备间的位置和大小？
2. 设备间、电信间对环境有哪些要求？
3. 室外线缆进入建筑物内，应采取什么保护措施？

PART 10 项目十 进线间和建筑群子系统的设计与实施

知识点

- 考虑环境美化要求
- 建筑群未来发展要求
- 线缆路由的选择
- 电缆引入要求
- 干线电缆、光缆交接要求
- 建筑群子系统布线线缆的选择
- 电缆线的保护

技能点

- 能够根据需求进行环境美化
- 能够根据需求考虑建筑群未来发展需要
- 能够根据需求进行线缆路由的选择
- 能够根据需求考虑电缆的引入
- 能够根据需求考虑干线电缆、光缆交接要求
- 能够根据布线需求进行建筑群子系统布线线缆的选择
- 能够根据需求进行线缆的保护
- 能够根据需求进行室外管道的铺设和室外架空布线

建议教学组织形式

- 参观学院公寓楼进线间
- 通过案例学习建筑群子系统的设计

任务一　进线间子系统的规划和设计

一、任务分析

进线间是建筑物外部通信和信息管线的入口部位，并可作为入口设施和建筑物配线设备的安装场地。进线间一般提供给多家电信业务经营者使用，通常设于地下一层。进线间主要作为室外电缆和光缆引入楼内的成端与分支，以及光缆的盘长空间位置。因为光缆至大楼（Fiber to The Building，FTTB）、光缆至用户（Fiber to The Home，FTTH）和光缆至桌面（Fiber to The Office，FTTO）的应用及容量日益增多，进线间就显得尤为重要。一般情况下，进线间宜单独设置场地，以便功能的分区。对于电信专用入口设备比较少的布线场合，也可以将进线间与设备间合并使用。

二、相关知识

进线间子系统的设计标准

随着信息与通信业务的发展，进线间的作用越来越重要。原来从电信线缆的引入角度考虑，将进线间称为交接间，但其已不仅仅是完成配线方面的功能了。同时，它又不同于电信枢纽楼对进线间的使用要求。体现在管道容量上，进线间也是现阶段被认识和引起重视的一个原因。因此，GB50311-2007 标准中将进线间列入综合布线系统的 7 个组成部分之一。

1. 进线间的位置

一般一个建筑物宜设置一个进线间，一般是供多家电信运营商和业务提供商所使用，通常设于地下一层。外线宜从两个不同的路由引入进线间，有利于与外部管道沟通。进线间与建筑物红外线范围内的人孔或手孔采用管道或通道的方式互连。

目前，许多商用建筑物的地下一层环境大大改善，可安装电、光的配线架设备及通信设施。在不具备设置单独进线间或入楼电缆、光缆数量及入口设施较少的建筑物中，也可以在入口处采用挖地沟或使用较小的空间完成缆线的成端与盘长。入口设施则可安装在设备间，最好是单独的设置场地，以便功能的区分。

2. 进线间面积的确定

进线间因涉及因素较多，难以统一提出具体所需面积，可根据建筑物实际情况，并参照通信行业和国家的现行标准要求进行设计。

（1）进线间应满足缆线的敷设路由、成端位置及数量、光缆的盘长空间和缆线的弯曲半径、充气维护设备、缆线设备安装所需要的场地空间和面积。

（2）进线间的大小应按进线间的进局管道最终容量及入口设施的最终容量设计，同时应考虑满足多家电信业务经营者安装入口设施等设备的面积。

3. 线缆配置要求

（1）建筑群主干电缆和光缆、公用网和专用网电缆、光缆及天线馈线等室外缆线进入建筑物时，应在进线间成端转换成室内电缆、光缆，并在缆线的终端处可由多家电信业务经营者设置入口设施，入口设施中的配线设备应按引入的电缆、光缆容量配置。

（2）电信业务经营者或其他业务服务商在进线间设置安装入口配线设备应与建筑物配线设备（BD）或建筑群配线设备（CD）之间敷设相应的连接电缆、光缆，实现路由互通。缆线类型与容量应与配线设备相一致。

4. 入口管孔数量

进线间应设置管道入口。在进线间缆线各口处的管孔数量应留有充分的余量，以满足建筑物之间、建筑物弱电系统、外部接入业务及多家电信业务经营者和其他业务服务商缆线接入的需求，建议留有 2～4 孔的余量。

进线间入口管道口所有布放缆线和空闲的管孔应采取防火材料封堵，做好防水处理。

5. 进线间的设计

进线间宜靠近外墙和在地下设置，以便于缆线的引入。进线间的设计应符合下列规定。

（1）进线间应防止渗水，宜设有抽排水装置。

（2）进线间应与布线系统垂直竖井沟通。

（3）进线间应采用相应防火级别的防火门，门向外开，宽度不小于 1 000 mm。

（4）进线间应设置防有害气体措施和通风装置，排风量按每小时不小于 5 次容积计算。

（5）进线间在安装配线设备和信息通信设施时，应符合设备安装设计的要求。

（6）与进线间无关的管道不宜通过。

6. 进线间入口管道处理

进线间入口管道所有布放缆线和空闲的管孔应采取防火材料封堵，做好防水处理。

三、任务实施

以某学院学生公寓楼的网络综合布线项目为例，开展进线间的方案设计。

（一）项目相关的资讯

（1）大学新建学生公寓楼，共 6 层，楼层高度为 3 m，每层 36 个房间，每个房间接入 2 个网络信息点，共计 430 个信息点（1 楼设备间不需信息点）。

（2）公寓楼内每个房间需要接入 1 个电话语音信息点，共计 215 个语音信息点。

（3）公寓楼需要外接计算机网络系统和电话语音系统，两个系统的线缆均通过架空方式接入楼内。

（二）进线间设计方案

STEP 1 进线间的设置

由于公寓楼没有地下层，也没有专门的房间用于进线间，因此从实用性角度出发，本项目的进线间和设备间合并使用。为了更好地进行功能区分，在设备间内划分了 4 m×6 m 的隔断区域作为楼内计算机网络设备管理专用区，另在设备间划出 5 m^2 隔断区作为进线间使用。

本楼的进线间主要提供给中国移动业务部门，作为电话语音线路的入口管理，而计算机网络系统的入口光缆仍然直接接入设备间的专用管理区域。中国移动的电话语音线路通过架空方式接入楼内，再经过 1 楼走廊管槽布设，进入进线间。

STEP 2 进线间的系统配置

本项目进线间专用于楼内电话语音系统的管理，因此需要根据楼内介入语音信息点容量确定具体的配线管理设备。根据配线子系统设计的知识，知道进线间可以使用 110 配线设备或 BIX 配线设备进行线路管理。考虑进线间的场地空间及语音信息点的介入规模，选择 BIX 配线系统，并且系统连接采用经跳线连接方式。

本楼共计接入 215 个语音信息点，因此链接主干测得配线设备应选择 1 个 300 线对的 BIX 安装架、9 条（INT（215/25））25 线对的 BIX 安装架、9 条（INT（215/25））25 线对的 BIX 条和 54 根 4 线对的 BIX 交叉跳线。

四、任务总结

本任务主要介绍进线间子系统的位置、面积、线缆配置。通过本任务的学习，让学生熟练掌握进线间子系统的设置，包括语音信息点的统计，走线架，线缆的配置。

任务二　建筑群子系统的规划和设计案例

一、任务分析

建筑群子系统主要应用于多幢建筑物组成的建筑群综合布线场合，单幢建筑物的综合布线系统可以不考虑建筑群子系统。建筑群子系统的设计主要考虑布线路由选择、线缆选择、线缆布线方式等内容。

在进行建筑群子系统设计时，首先要进行需求分析，具体内容包括工程的总体概况、工程各类信息点的统计数据、各建筑物信息点的分布情况、各建筑物的平面设计图、现有系统的状况、设备间位置等；然后具体分析从一个建筑物到另一个建筑物之间的布线距离、布线路径，逐步明确和确认布线方式和布线材料。

二、相关知识

（一）建筑群子系统的设计原则

1. 考虑环境美化要求

建筑群主干布线子系统设计应充分考虑建筑群覆盖区域的整体环境美化要求，建筑群干线电缆尽量采用地下管道或电缆沟敷设方式。因客观原因最后选用了架空布线方式的，也要尽量选用原已架空布设的电话线或有线电视电缆的路由，将干线电缆与这些电缆一起敷设，以减少架空敷设的电缆线路。

2. 考虑建筑群未来发展需要

在线缆布线设计时，要充分考虑各建筑需要安装的信息点种类、信息点数量，选择相应干线电缆的类型以及电缆敷设方式，使综合布线系统建成后，保持相对稳定，能满足今后一定时期内各种新的信息业务发展的需要。

3. 线缆路由的选择

考虑到节省投资，线缆路由应尽量选择距离短、线路平直的路由，但具体的路由还要根据建筑物之间的地形或敷设条件而定。在选择路由时应考虑原有已铺设的地下各种管道，线缆在管道内应与电力线缆分开敷设，并保持一定间距。

4. 电缆引入要求

建筑群干线电缆、光缆进入建筑物时，都要设置引入设备，并在适当位置终端转换为室内电缆、光缆。引入设备应安装必要保护装置以达到防雷击和接地的要求。干线电缆引入建筑物时，应以地下引入为主，如果采用架空方式，应尽量采取隐蔽方式引入。

5. 干线电缆、光缆交接要求

建筑群的干线电缆、主干光缆布线的交接不应多于两次。从每幢建筑物的楼层配线架到建筑群设备间的配线架之间只应通过一个建筑物配线架。

6. 建筑群子系统布线线缆的选择

建筑群子系统敷设的线缆类型及数量由综合布线连接应用系统种类及规模来决定。一般来说，计算机网络系统常采用光缆作为建筑物布线线缆。在网络工程中，经常使用 62.5 μm/

125 μm 规格的多模光缆，有时也用 50 μm/125 μm 和 100 μm/140 μm 规格的多模光纤。户外布线大于 2 km 时可选用单模光纤。

电话系统常采用三类大对数电缆作为布线线缆。三类大对数双绞线是由多个线对组合而成的电缆。为了适合于室外传输，电缆还覆盖了一层较厚的外层皮。三类大对数双绞线根据线对数量分为 25 对、50 对、100 对、250 对、300 对等规格，要根据电话语音系统的规模来选择三类大对数双绞线相应的规格及数量。

有线电视系统常采用同轴电缆或光缆作为干线电缆。

7. 电缆线的保护

当电缆从一建筑物到另一建筑物时，要考虑易受到雷击、电源碰地、电源感应电压或低电压上升等因素，必须保护这些线对。如果电气保护设备位于建筑物内部（不是对电信公用设施实行专门控制的建筑物），那么所有保护设备及其安装装备都必须有 UL 安全标记。

有些方法可以确定电缆是否容易受到雷击或电源的损坏，也可以知道有哪些保护器可以防止建筑物、设备和连线因火灾和雷击而遭毁坏。

当发生下列任何情况时，线路就被暴露在危险的境地之中。

（1）雷击引起干扰。

（2）工作电压超过 300 V 以上而引起电源故障。

（3）地电压上升到 300 V 以上而引起电源故障。

（4）60 Hz 感应电压值超过 300 V。

当出现上述所列的情况时，就应对线路进行保护。应确定被雷击的可能性，除非下述任意一个条件存在，否则电缆就有可能遭到雷击。

（1）该地区每年遭受雷暴雨袭击的次数只有 5 天或更少，而且大地的电阻率小于 100 Ωm。

（2）建筑物的直埋电缆小于 42 m，而且电缆的连续屏蔽层在电缆的两端都接地。

（3）电缆处于已接地的保护伞之内，而此保护伞由邻近的高层建筑物或其他高层结构所提供。

（二）建筑群子系统的线缆布线方法

建筑群子系统的线缆布设方式有 4 种，即架空布线法、直埋布线法、地下管道布线法和隧道内电缆布线。

1. 架空布线法

架空布线法通常应用于有现成电杆，对电缆的走线方式无特殊要求的场合。这种布线方式造价较低，但影响环境美观且安全性和灵活性不足。架空布线法要求用电杆将线缆在建筑物之间悬空架设，一般先架设钢丝绳，然后在钢丝绳上挂放线缆。架空布线使用的主要材料和配件有：缆线、钢缆、固定螺栓、固定拉攀、预留架、U 形卡、挂钩、标志管等，在架设时需要使用滑车、安全带等辅助工具。

架空电缆通常穿入建筑物外墙上的 U 形钢保护套，然后向下（或向上）延伸，从电缆孔进入建筑物内部，如图 10-1 所示。建筑物距最近处的电线杆应小于 30 m。建筑物的电缆入口可以是穿墙的电缆孔或管道，电缆入口的孔径一般为 5 cm。通信电缆与电力电缆之间的间距应遵守当地城市管理行政执法局等部门的有关法规。

架空线缆的敷设步骤如下。

（1）电杆以 30～50 m 的间隔距离为宜。

（2）根据线缆的质量选择钢丝绳，一般选择 8 芯钢丝绳。

（3）接好钢丝绳。

（4）架设线缆。

（5）每隔 0.5 m 架一个挂钩。

2．直埋布线法

直埋布线法根据选定的布线路由在地面上挖沟，然后将线缆直接埋在沟内，除了穿过基础墙的那部分电缆有管保护外，电缆的其余部分直埋于地下，没有保护，如图 10-2 所示。直埋电缆通常应埋在距地面 0.6 m 以下的地方，或按照当地城市管理行政执法局等部门的有关法规去施工。

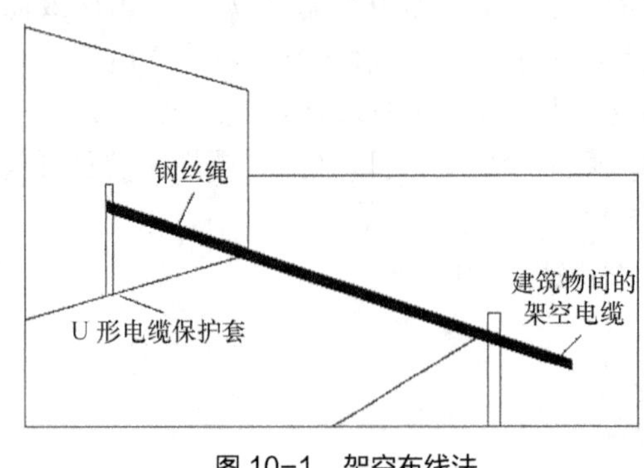

图 10-1　架空布线法

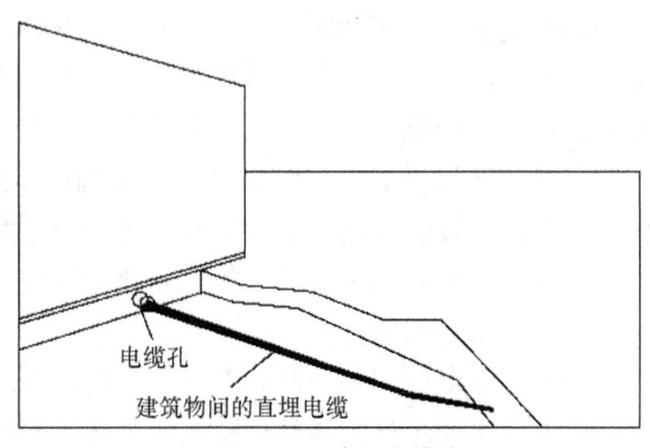

图 10-2　直埋布线法

当建筑群子系统采用直埋沟内敷设时，如果在同一个沟内埋入了其他的图像、监控电缆，应设立明显的共用标志。

直埋布线法的路由选择受到土质、公用设施、天然障碍物（如木、石头）等因素的影响。直埋布线法具有较好的经济性和安全性，总体优于架空布线法，但更换和维护电缆不方便且成本较高。

3．地下管道布线法

地下管道布线是一种由管道和入孔组成的地下系统，它把建筑群的各个建筑物进行互连，如图 10-3 所示，一根或多根管道通过基础墙进入建筑物内部的结构。地下管道对电缆起到很好的保护作用，因此电缆受损坏的几率减少，且不会影响建筑物的外观及内部结构。

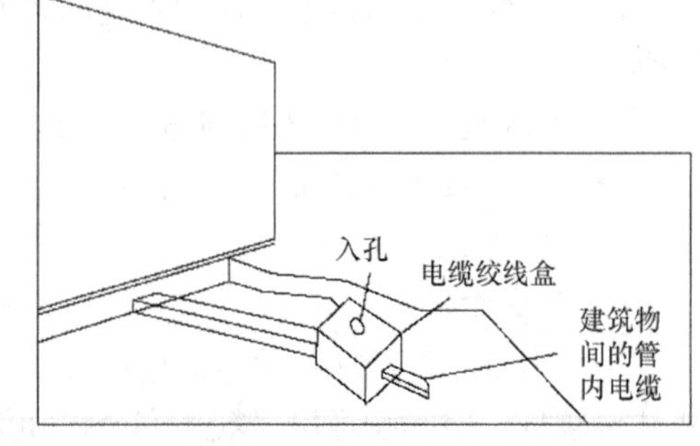

图 10-3　地下管道布线法

管道埋设的深度一般在 0.8～1.2 m，或符合当地城市管理行政执法局等部门有关法规规定的深度。为了方便日后的布线，管道安装时应预埋 1 根拉线。为了方便线缆的管理，地下管道应间隔 30～180 m 设立一个接合井，以方便人员维护。接合井可以是预制的，也可以是现场浇筑的。

此外，安装时至少应预留 1～2 个备用管孔，以供扩充之用。

4．隧道内电缆布线

在建筑物之间通常有地下通道，大多是供暖、供水的，利用这些通道来敷设电缆不仅成本低，而且可以利用原有的安全设施。考虑到暖气泄漏等后果，电缆应与供气、供水、供暖的管道保持一定的距离，安装在尽可能高的地方，可根据民用建筑设施的有关条件进行施工。

以上叙述了管道内、直埋、架空和隧道 4 种建筑群布线方法，它们的优缺点如表 10-1 所示。

表 10-1 4 种建筑群布线方法比较

方法	优 点	缺 点
管道内	提供最佳的机械保护；任何时候都可敷设电缆；敷设、扩充和加固都很容易；保持建筑物的外貌	挖沟、开管道和入孔的成本很高
直埋	提供某种程度的机械保护；保持建筑物的外貌	挖沟成本高；难以安排电缆的敷设位置；难以更换和加固
架空	如果本来就有电线杆，则成本最低	没有提供任何机械保护；安全性差；影响建筑物的美观
隧道	保持建筑物的外貌，如果本来就有隧道，则成本最低且安全	热量或泄漏的热气可能会损坏电缆；电缆可能会被水淹没

三、任务实施

（一）建筑群子系统的设计步骤

STEP 1 确定电缆敷设现场的特点，包括确定整个工地的大小、工地的界线、建筑物的数量等。

STEP 2 确定电缆系统的一般参数，包括确认起点、端接点位置，所涉及的建筑物及每座建筑物的层数，每个端接点所需的双绞线的对数，有多个端接点的每座建筑物所需的双绞线总对数等。

STEP 3 确定建筑物的电缆入口，建筑物入口管道的位置应便于连接公用设备。根据需要在墙上穿过一根或多根管道。

对于现有的建筑物，要确定各个入口管道的位置、每座建筑物有多少入口管道可供使用、入口管道数目是否满足系统的需要。

如果入口管道不够用，则要确定在移走或重新布置某些电缆时是否能腾出某些入口管道，在不够用的情况下应另装多少入口管道。

如果建筑物尚未建起，则要根据选定的电缆路由完善电缆系统设计，并标出入口管道。建筑物入口管道的位置应便于连接公用设备，根据需要在墙上穿过一根或多根管道。查阅当地的建筑法规，了解其对承重墙穿孔有无特殊要求。所有易燃材料（如聚丙烯管道、聚乙烯管道）应端接在建筑物的外面，外线电缆的聚丙烯外皮例外，只要它在建筑物内部的长度（包括多余电缆的卷曲部分）不超过 15 m 即可。如果外线电缆延伸到建筑物内部的长度超过 15 m，就应使用合适的电缆入口器材，在入口管道中填入防水和气密性很好的密封胶，如 B 型管道密封胶。

STEP 4 确定明显障碍物的位置，包括确定土壤类型、电缆的布线方式、地下公用设施的位置，查清拟定的电缆路由中沿线各个障碍物位置或地理条件、对管道的要求等。

STEP 5 确定主电缆路由和备用电缆路由，包括确定可能的电缆结构、所有建筑物是否共用一根电缆，查清在电缆路由中哪些地方需要获准后才能通过，选定最佳路由方案等。

STEP 6 选择所需电缆的类型和规格，包括确定电缆长度，画出最终的结构图，画出所需路由的位置和挖沟详图，确定入口管道的规格，选择每种设计方案所需的专用电缆，保证电缆可进入入口管道，选择其规格、材料、长度和类型等。

STEP 7 确定每种选择方案所需的劳务成本，包括确定布线时间、计算总时间、计算每种方案的成本，总时间乘以当地的工时费以确定成本。

STEP 8 确定每种选择方案的材料成本，包括确定电缆成本、所有支持结构的成本、所有支持硬件的成本等。

STEP 9 选择最经济、最实用的设计方案：把每种选择方案的劳务费成本加在一起，得到每种方案的总成本，比较各种方案的总成本，选择成本较低者。确定该比较经济的方案是否有重大缺点，以致抵消了经济上的优点。如果发生了这种情况，应取消此方案，考虑经济性较好的设计方案。

（二）建筑群子系统的设计实例

1. 设计实例1—室外管道的铺设

在设计建筑群子系统的埋管图时，一定要根据建筑物之间数据或语音信息点的数量来确定埋管规格，如图10-4所示。

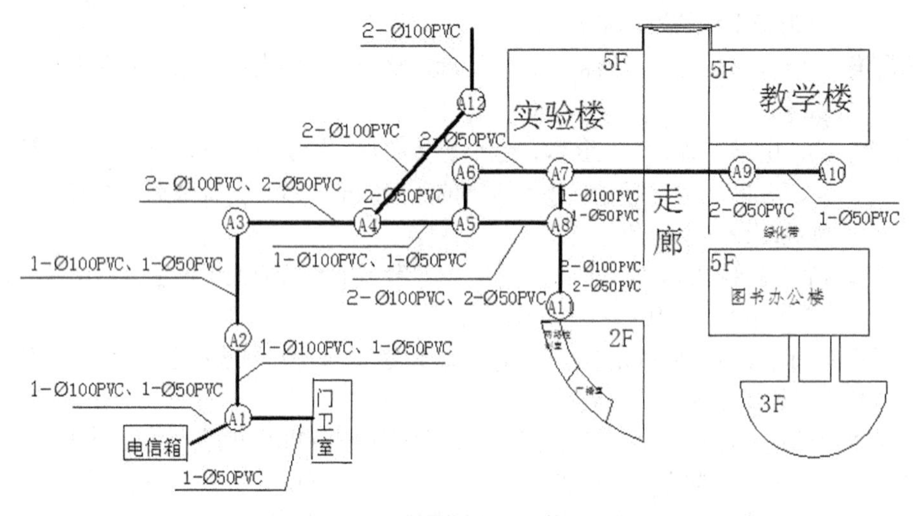

图10-4　建筑群之间预埋管图

室外管道进入建筑物的最大管外径不宜超过100 mm。

2. 设计实例2—室外架空图

建筑物之间的线路还有一种连接方式就是架空。设计架空路线时，需要考虑建筑物的承受能力和角度，如图10-5所示。

四、任务总结

本次任务介绍了建筑群子系统设计的原则以及布线方法，并以某大学的楼宇布线为例，进行了建筑群子系统的设计，包括电缆引入、干线电缆、光缆交接、电缆线保护等技术。通过本任务的实践让学生掌握建筑群子系统的设计与实施。

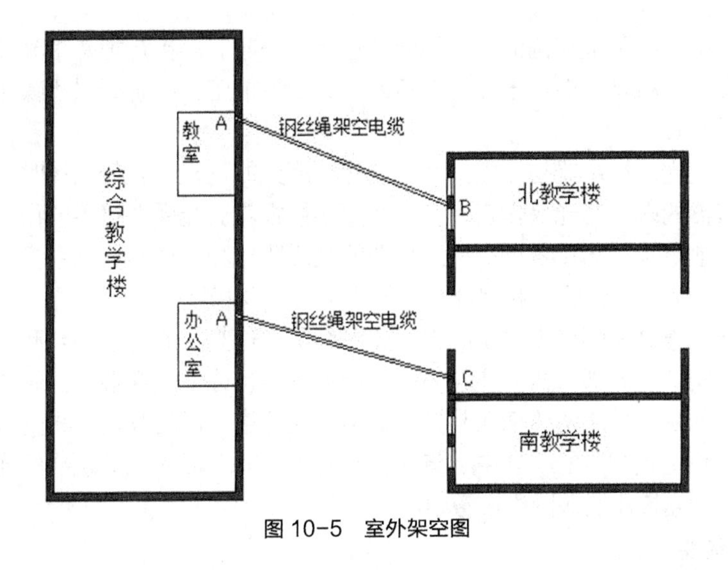

图 10-5 室外架空图

任务三 光纤熔接

一、任务分析

光纤熔接技术常用于网络综合布线系统的电信间、设备间和建筑群子系统的光缆系统端接及线路维护管理。在网络系统日常维护中，当布设的光缆被恶意破坏时，也常使用光纤熔接技术解决光缆续接的问题。通过实训，了解光纤及光纤传输工作过程，熟练掌握光纤熔接技术要领和注意事项。

二、相关知识

通信光纤自 20 世纪 70 年代开始应用以来，现在已经发展成为长途干线、室内电话中继、水底和海底通信以及局域网、专用网等有线传输的骨干，并且已开始向用户接入网发展，由光纤到路边（Fiber to The Curb，FTTC）、光纤到大楼（FTTB）等向光纤到户（FTTH）发展。针对各种应用和环境条件，通信光缆有架空、直埋、管道、水底、室内等敷设方式。

光纤传输具有传输频带宽、通信容量大、损耗低、不受电磁干扰、光缆直径小、重量轻、原材料来源丰富等优点，因而正成为新的传输媒介。光在光纤中传输时会产生损耗，这种损耗主要由光纤自身的传输损耗和光纤接头处的熔接损耗组成。光缆一经定购，其光纤自身的传输损耗也基本确定，而光纤接头处的熔接损耗则与光纤的本身及现场施工有关。努力降低光纤接头处的熔接损耗，则可增大光纤中继放大传输距离和提高光纤链路的衰减裕量。

（一）光纤连接与要求

1. 光纤连接的种类

光缆敷设完成后必须通过光纤连接才能形成一条完整的光纤传输链路。一条光纤链路有多处连接点，包括光纤直接连接点、连接器端接和连接器互连等连接点，所以光纤连接应有相应的接续和端接两种方式。

光纤接续是指两端光纤之间的永久连接。光纤接续分为机械接续和熔接两种方法。机械接续是把两根切割清洗后的光纤通过机械连接部件结合在一起。机械接续部件是一个把两根光纤集中并接续在一起的设备。机械接续可以进行调谐以减少两根光纤间的连接损耗。光纤熔接是在高压电弧下把两根切割清洗后的光纤连接在一起。熔接是把两根光纤的接头熔化后接为一体。光纤熔接机是专门用于光纤熔接的工具。目前工程中主要采用操作方便、接续损耗低的熔接连接方式。

光纤端接是把光纤连接器与一根光纤接续然后磨光的过程。光纤端接时，要求连接器接续和对光纤连接器的端头磨光操作正确，以减少连接损耗。光纤端接主要用于制作光纤跳线和光纤尾纤。目前市场上端接各种类型连接器的光纤跳线和尾纤的成品繁多，现在综合布线工程中普遍选用现成的光纤跳线和尾纤，而很少进行现场端接光纤连接器。

光纤连接器互连是将两根半固定的光纤（尾纤）通过其上的连接器与此模块嵌板（光纤配线架、光纤插座）上的耦合器互连起来，连接器互连也称为光纤端接。做法是将两条半固定光纤上的连接器从嵌板的两边插入其耦合器中。光纤连接器的互连是将一条半固定光纤上的连接器插入嵌板上耦合器的一端中，将此耦合器的另一端插入光纤跳线的连接器后，再将光纤跳线另一端的连接器插入网络设备中。

2. 光纤接续要求

（1）安全操作规程

由于光纤传输和材料结构方面的特性，在施工过程中，如果操作不当，光源可能会伤害到人的眼睛，切割留下的光纤纤维碎屑会伤害人的身体，因此在光缆施工过程中要采取有效的安全防范措施。具体要遵守以下安全规程。

① 参加光缆施工的人员必须经过专业培训。

② 折断的光纤碎屑实际上是细小的玻璃针形光纤，容易划破皮肤和衣服。它刺入人的皮肤，会使人感到相当疼痛。如果该碎片被吸入人体内，会对人体造成较大的危害。因此，制作光纤终接头或使用裸光纤的技术人员必须戴上眼镜和手套，穿上工作服。在可能存在裸光纤的工作区应坚持反复清扫，确保没有任何光纤碎屑，并用瓶子或其他容器装光纤碎屑，确保这些碎屑不会遗漏，以免对人造成伤害。

③ 决不允许观看已通电的光源、光纤及其连接器，更不允许用光学仪器观看已通电的光纤传输器件。只有在断开所有光源的情况下，才能对光纤传输系统进行维护操作。如果必须在光纤工作时对其进行检查，那么操作人员应佩戴具有红外滤波功能的保护眼镜，因为光纤连接不好或断裂会使人受到光波辐射（特别是当系统采用激光作为光源时）。

④ 在光纤使用过程中（即正在通过光缆传输信号时），技术人员不得检查其端头。只有光纤为深色（即未传输信号）时方可进行检查。由于大多数光学系统中采用的光是人眼看不见的，所以在操作光传输通道时要特别小心。

⑤ 离开工作区之前，所有接触过裸光纤的工作人员必须立即洗手，并对衣服进行检查，用干净胶带拍打衣服去除可能粘在衣服上的光纤碎屑。

（2）光纤接续的基本要求

① 光缆终端接头或设备的布置应合理有序，安装位置需安全稳定，其附近不应有可能损害它的外界设施，如热源和易燃物质等。

② 从光纤终端接头引出的光纤尾纤或单芯光缆的光纤所带的连接器应设计要求插入光配线架上的连接部件中。暂时不用的连接器可不插接，但应套上塑料帽，以保证其不受污染，以便今后连接。

③ 在机架或设备（如光纤接头盒）内，应对光纤和光纤接头加以保护，光纤盘绕方向要一致，要有足够的空间和符合规定的曲率半径。

④ 光缆中的金属屏蔽层、金属加强芯和金属铠装层均应按设计要求，采取终端连接和接地，并要求检查和测试其是否符合标准规定，如有问题必须纠正。

⑤ 光缆传输系统中的光纤连接器在插入适配器或耦合器前，应用酒精棉签擦拭连接器插头和适配器内部，清洁干净后方能插接，插接必须精密、牢固可靠。

⑥ 光纤中端连接处均应设有醒目标志（如光线序列号和用途等），其标志内容应正确无误、清楚完整。

3. 光纤连接的损耗

光纤连接损耗的原因包括光纤本征因素和非本征因素两类。光纤本征因素是指光纤自身因素，它是由光纤的变化所引起的，当两个不同类型的光纤连接在一起时，会导致本征损耗。非本征因素是指接续技术引起的光纤连接损耗。光缆一经购置，其光纤自身的传输损耗也基本确定，而光纤接头处的接续损耗则与光纤本身及现场施工有关。所以，引起光纤连接损耗的主要原因是非本征因素，应提高接续技术降低光纤接头处的接续损耗。

非本征因素主要有以下几种情况。

（1）端面分离。活动连接器的连接不好，很容易产生端面分离，造成连续损耗。当熔接机放电电压较低时，也容易产生端面分离，此情况在有拉力测试功能的熔接机中可以发现。

（2）轴心错位。单模光纤纤芯很细，两根对接轴心错位会影响连续损耗。当错位 1.2 μm 时，连续损耗达 0.5 dB。

（3）轴心倾斜。当光纤断面倾斜 1° 时约产生 0.6 dB 的连接损耗，如果要求连续损耗≤0.1 dB，则单模光纤的倾角应≤0.3°。3 种影响损耗的非本征因素如图 10-6 所示。

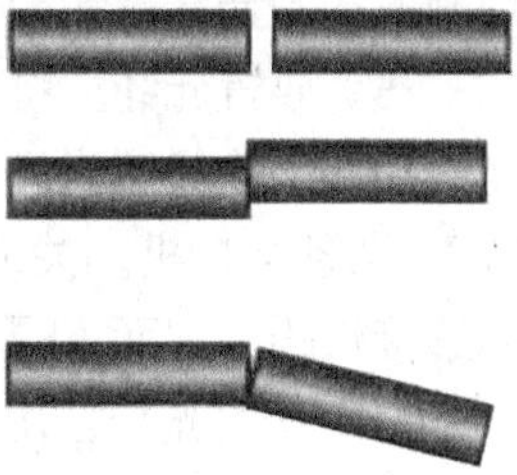

端面分离损耗
轴心错位损耗
轴心倾斜损耗

图 10-6　3 种影响损耗的非本征因素

（4）端面质量。光纤端面的平整度差时也会产生损耗，甚至产生气泡。

（5）接续点附近光纤物理变形。光缆在架设过程中的拉伸变形、连接盒中加固光缆压力太大等，都会对连接损耗有影响，甚至熔接几次都不能改善。

对于熔接来说，接续人员操作水平、操作步骤、盘纤工艺水平、熔接机中电极的清洁程度、熔解参数的设置、工作环境的清洁度等因素均会影响到损耗值。

（二）光纤熔接技术

1. 光纤熔接技术的原理

光纤熔接是目前普遍采用的光纤接续方法。熔接是指将光纤的端面熔化后将两根光纤连接到一起。这个过程与金属线焊接类似，通常要用电弧来完成。

光纤熔接不产生缝隙，因此不会引入反射损耗，入射损耗也很小，在 0.01～0.15dB。在光纤进行熔接前要把它的涂敷层剥离。机械接头本身是保护连接光纤的护套，但熔接在连接处却没有任何保护。因此，熔接光纤设备包括重新涂敷器，它涂敷熔接区域。作为选择的另一种方法是，使用熔接保护套管。

2. 光纤熔接的过程和步骤

光纤熔接的工具有开缆工具、熔接机、光纤切割刀、光纤剥离钳、凯夫拉纤维线剪刀、斜口剪、酒精棉等。光纤熔接的材料有接续盒、熔接尾纤、耦合器、热缩套管等。认真做好光纤接续前的准备工作后，就可以开始进行光纤熔接了。

光纤熔接的过程与步骤如下。

（1）开剥光缆，并将光缆固定到接续盒内。在开剥光缆之前应去除施工时受损变形的部分，使用专用开剥工具，将光缆外护套开剥 1 m 左右。如遇铠装光缆，则可用钳子将铠装光缆护套里护缆钢丝夹住，利用钢丝将线缆外护套开剥，并将光缆固定到接续盒内，用卫生纸将油膏擦拭干净后，穿入接续盒。

（2）分纤。将不同束管、不同颜色的光纤分开，穿过热缩管。剥去涂覆层的光纤很脆弱，使用热缩管，可以保护光纤熔接头。

（3）准备熔接机。熔接机的功能就是把两根光纤熔接到一起，所以正确使用熔接机也是降低光纤接续损耗的重要措施。光纤熔接是接续工作的中心环节，因此高性能的熔接机和熔接过程中的科学操作是十分必要的。

熔接时打开熔接机电源，采用预置的程序进行熔接，并在使用中和使用后及时去除熔接机中的灰尘，特别是夹具、镜面和 V 形槽内的粉尘和光纤碎末。熔接前要根据系统使用的光纤和工作波长来选择合适的熔接程序。

（4）制作对接光纤端面。光纤端面制作的好坏将直接影响光纤对接后的传输质量，所以在熔接前一定要做好被熔接光纤的端面。首先用光纤熔接机配置的光纤专用剥线钳剥去光纤纤芯上的涂覆层，再用蘸有酒精的清洁棉在裸纤上擦拭几次（用力要适度），然后用精密光纤切割刀切割光纤，切割长度一般为 10～15 mm。

（5）放置光纤。将光纤放在熔接机的 V 形槽中，小心地压上光纤压板和光纤夹具，根据光纤切割长度设置光纤在压板中的位置（一般将对接的光纤的切割面放在靠近电极尖端的位置）。准备熔接机，关上防风罩，按“SET”键即可自动完成熔接。需要的时间一般根据使用的熔接机的不同而不同，一般需要 6～10 s。

（6）移出光纤，用加热炉加热热缩管。打开防风罩，把光纤从熔接机上取出，再将热缩管放在裸纤中间，再放到加热炉中加热。加热炉可采用 20 mm 微型热缩套管和 40 mm 及 60 mm 一般热缩套管，20 mm 热缩管需 40 s，60 mm 热缩管需 85 s。

（7）盘纤固定。将接续好的光纤盘到光纤收容盘内。在盘纤时，盘圈的半径越大，弧度越大，整个线路的损耗越小。所以，一定要保持一定的半径，使激光在光纤传输时，避免产生一些不必要的损耗。

（8）密封和挂起。如果在野外熔接，接续盒一定要密封好，防止进水。接续盒进水后，由于光纤及光纤熔接点长期浸泡在水中，可能会出现部分光纤衰减增加，故最好将接续盒做好防水措施并用挂钩挂在吊线上。至此，光纤熔接完成。

在工程施工过程中，光纤接续是一项细致的工作，此项工作做得好坏直接影响到整套系统的运行情况，它是整套系统的基础。这就要求我们在现场操作时要仔细观察、规范操作，这样才能保证光纤熔接的质量。

（三）盘纤

经过熔接的光纤需要整理和放置到接线盒中去，这一过程叫做盘纤。盘纤是一门技术，也是一门艺术。科学的盘纤方法，可使光纤布局合理、附加损耗小、经得住时间和恶劣环境的考验，并可避免因挤压造成的断纤现象。

1. 盘纤的规则

（1）沿松套管或光缆分支方向进行盘纤，前者适用于所有的接续工程，后者仅适用于主干光缆末端且为一进多出、分支多为小对数光缆。该规则是每熔接和热缩完一个或几个松套管内的光纤或一个分支方向光缆内的光纤后，盘纤一次。优点是避免了光纤松套管间或不同分支光缆间光纤的混乱，使之布局合理、易盘、易拆，更便于日后维护。

（2）以预留盘中热缩管安放单元为单位盘纤。此规则是根据接续盒内预留盘中某一小安放区域内能够安放的热缩管数目进行盘纤，避免了由于安放位置不同而造成同一束光纤参差不齐、难以盘纤和固定，甚至出现急弯或小圈等现象。

2. 盘纤的方法

（1）先中间后两边，即先将热缩后的套管逐个放置于固定槽中，然后再处理两侧余纤。优点是有利于保护光纤接点，避免盘纤可能造成的损害。在光纤预留盘空间小、光纤不易盘绕和固定时，常用此种方法。

（2）从一端开始盘纤，固定热缩管，然后再处理另一侧余纤。优点是可根据一侧余纤长度灵活选择热缩管的安放位置，方便、快捷，可避免出现急弯或小圈现象。

经过盘纤整理后的24芯室内光缆配线盒接续示意图如图10-7所示。

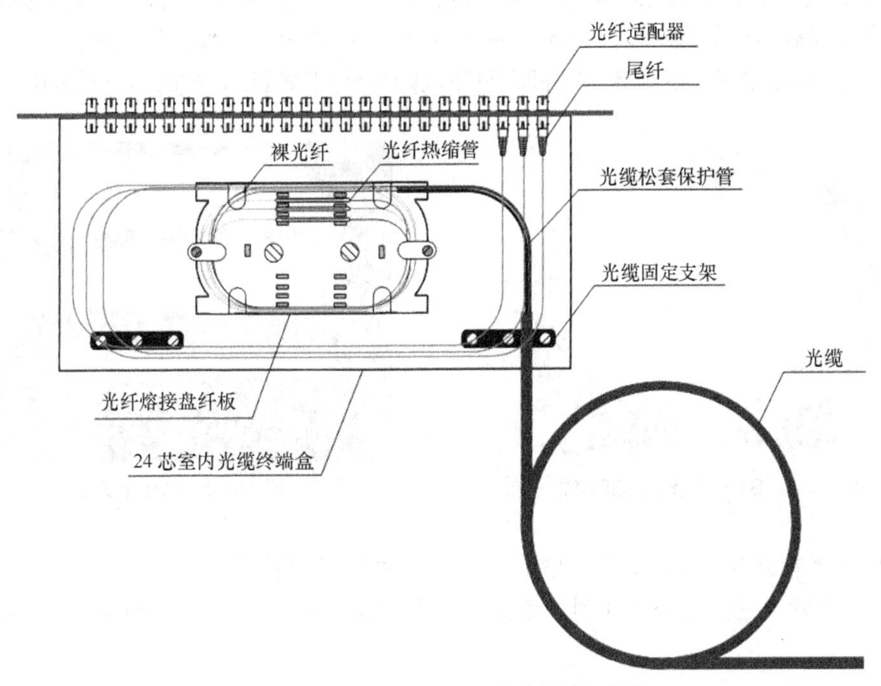

图10-7　24芯室内光缆配线盒接续示意图

（3）特殊情况的处理。如果个别光纤过长或过短，可将其放在最后，单独盘绕。带有特殊光器件时，可将其放到另一盘处理。若与普通光纤共盘时，应将特殊光器件轻置于普通光纤之上，两者之间加缓冲衬垫，以防止挤压造成断纤，且特殊光器件尾纤不能太长。

（4）根据实际情况采用多种图形盘纤。按余纤的长度和预留空间大小，顺势自然盘绕，切勿生拉硬拽，应灵活地采用圆、椭圆、“CC”“～”等多种图形盘纤，最大限度地利用预留空间并有效降低盘纤带来的附加损耗。

三、任务实施

（一）任务要求

（1）认识各种规格的电缆、光纤跳线和光纤尾纤。

（2）认识熔接光纤的工具，并掌握其使用方法与使用技巧。

（3）掌握光纤熔接机的使用方法。

（4）掌握光纤剥线的技术与技巧。

（5）认识各种规格的光纤配线盒及其安装方法。

（6）掌握光纤在光纤配线盒中的盘绕技术。

分组实训，每小组 3～5 人，每小组领取光纤熔接工具箱 1 套、光纤熔接机 1 台（含切割刀）、光纤配线盒 1 个、光纤尾纤 6 个、热缩管和标签纸 1 批。要求每小组能够独立熔接 1 根 6 芯光缆，并把熔接好的光纤盘绕在光纤配线盒内，且接上耦合器，每根光纤要根据纤芯颜色做好标签。

（二）认识材料与工具

1. 实训材料

（1）6 芯室外多模光缆 1 根，长度不能小于 5 m。

（2）ST 型接头的多模光纤尾纤 6 根，每根长约 1.5 m。多模光纤尾纤可通过将 3 m 的 ST–ST 多模光纤跳线裁成两段而得到。图 10–8 所示为 ST–ST 多模光纤跳线。

（3）光纤配线盒 1 个，用于电信间和设备间的光纤配线管理，如图 10–9 所示。

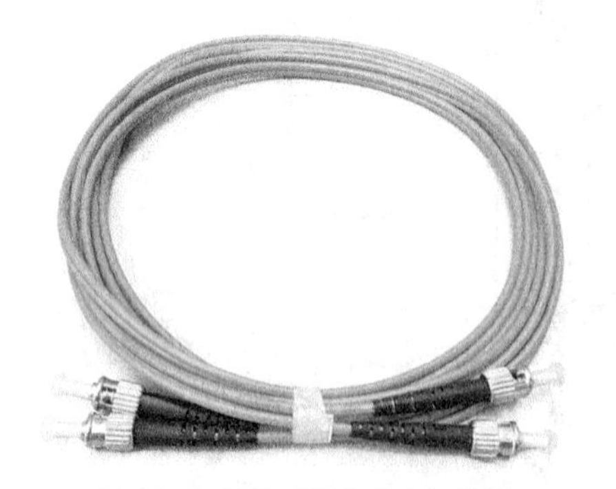

图 10–8 ST–ST 多模光纤跳线

图 10–9 光纤配线盒

（4）ST 多模光纤耦合器 6 个，用于电信间和设备间的端接管理。

（5）热缩管 1 包、标签纸 1 批、卷筒纸 1 卷和浓度为 0.97 的医用酒精（用于清洗光纤纤芯）。

2. 实训工具

（1）光纤熔接机 1 台（含光纤切割刀），用于光纤的熔接。

（2）光纤熔接工具箱 1 套，含有剪刀、光纤剥皮剪、小手电和美工刀等。

3. 具体实训过程

STEP 1 用卷尺从光纤断头处开始量 1～1.5 m，做好标记，用尖嘴钳将光纤两边的钢丝剥出。

STEP 2 将剥出的光纤保护钢丝绳用力拉至光纤标记处，剥除过程中两人一组，一人用工具固定光纤端头，一人用尖嘴钳拉开已剥出的钢丝绳。

STEP 3 把光缆保护钢丝绳拉开后，用钳子剪断。

STEP 4 剥除光缆保护钢丝绳后，将光缆的保护外皮分开，再用钳子将外皮剪断。

STEP 5 剥除光缆保护外皮后，会看到一层薄铁质螺纹管保护层，用美工刀在薄铁质螺纹管保护层上划一圈，将其切断。注意，要保留一小部分薄铁质螺纹管保护层，大约 5 ~ 10 cm。

STEP 6 从切口处将已切割的螺纹管轻轻地往外抽出，注意不要损伤到保护套内部的纤芯。

STEP 7 将薄铁质保护管去掉后，会看到一层白色的胶管保护层，使用美工刀切割保护层，注意保留 10 ~ 20 cm 的保护管，注意不能切得太深，以防损伤到保护层内部的纤芯。

STEP 8 从切割断口处将白色保护管剥除。抽出白色保护管后，会流出一些硅胶物，这些硅胶物有助于缓冲对纤芯的拉力。

STEP 9 用蘸有工业酒精的棉花将硅胶物擦拭干净。

STEP 10 将清洁后的纤芯穿入准备好的热缩套管。

STEP 11 用光纤剥线钳把纤芯外层的油漆层刮掉，大约处理 3 ~ 5 cm 的纤芯。

STEP 12 用蘸有酒精的棉花将已刮去油漆层的裸纤擦拭干净。

STEP 13 把裸纤放到光纤切割刀的刀架上，切除裸纤并保留 2 cm 刮除油漆层的纤芯。一定要注意切割技巧，以保证光缆接头端面平整。

STEP 14 把切割好的裸纤放到熔接机的熔接架上。纤芯端面不能超过电板盖上夹片，以使裸纤不松动。

STEP 15 把光纤尾纤外层的保护胶管用切割刀剥去大约 10 cm，再用剪刀把纤维绳剪掉。

STEP 16 用光纤剥纤钳剥除尾纤 3 ~ 5 cm 的保护管，得到裸芯。

STEP 17 用蘸有酒精的棉花将裸纤擦拭干净。

STEP 18 把裸纤放在切割刀的刀架上，按以上要求进行切割。

STEP 19 把切割好的尾纤放到熔接机的熔接架的另一边。同样，纤芯端面不能超过电极。盖上平片夹。

STEP 20 把熔接架的防风盖盖上，检查两边的纤芯是否有紧拉的现象。盖上防风盖后，熔接机会自动检查两端纤芯的切割面，如果不合格则会在显示屏上自动提示，指出具体哪一端的纤芯不合格。若两端都合格，则会提示“请继续”。

STEP 21 按“START”键，熔接机自动调整两端纤芯的位置，并进行熔接。通过显示屏会看到调芯过程以及熔接瞬间两端熔接在一起电极放电的画面。熔接好后，会自动提示纤芯熔接是否成功，若不成功会提示“熔接失败”，若成功则会提示损耗值，损耗值不能高于 0.02 dB。此外，还要求对熔接点进行拉力测试。

STEP 22 把热缩套管小心地推到溶接点上，使两边被刮掉油漆保护层的裸纤都套在热缩管内，将热缩套管小心地放到加热槽内。

STEP 23 再次检查热缩套管是否把熔接点套住，然后将加热槽的两个小盖子盖上。按加热“HEAT”键，对热缩套管进行加热，让管慢慢收紧，从而起到保护熔接点的作用。在加热的同时，在尾纤离 ST 头约 3 ~ 5 cm 的地方贴上所熔纤芯颜色的标记。

STEP 24 当加热指示灯熄灭后，打开加热槽的防风盖，看到热缩套管已经收缩紧了，并把裸纤的部分包在了一起。注意，不能直接用手去拿热缩套管，因为其温度还比较高，应拿着两边的纤芯，把热缩套管抬起来。

STEP 25 按照13~24步重复操作，将每根纤芯与尾纤熔接起来，并贴上标签。

STEP 26 把每根光缆的纤芯都与尾纤熔接好后，将有热缩套管的部分卡接到光纤配线盒的热缩套管卡座内。用纤维绑扎带将光缆固定到光纤配线架上，整理热缩套管到光缆头之间的纤芯。要小心地将这些纤芯盘绕在光纤配线盒内，并使用电工胶带粘贴固定起来。注意保持光纤盘绕的弯曲度，不能将纤芯打折，以防折断纤芯。

STEP 27 把光纤耦合器扭到配线盒的小卡板上，耦合器的缺口处要朝着同一个方向。把熔接好尾纤的ST头卡入耦合器的内部端，再整理ST头道热缩套管之间的光纤，将其盘绕在光纤盒内，并使用电工胶粘贴固定起来。再用绑扎带将带保护外皮的光纤头紧紧绑在卡座上。把多余的尾纤也绑扎好，盘成圆形或椭圆形。为了防尘，把每个耦合器没有接线的一端用盖帽套好，盖上光纤配线盒。套有盖帽的耦合器要露出来，以方便接入光纤跳线。

STEP 28 若要检测光纤是否熔接成功，则应打开耦合器的盖帽，使用专用测试仪器进行光纤链路的测试。

STEP 29 最后，把光纤配线盒安装到机柜内，并把多余的光缆盘绕在机柜底部。

四、任务总结

光缆施工主要包括光缆敷设和光纤连接。本次任务介绍了光纤敷设前的准备工作、基本要求和光纤敷设技术，讲解了光纤连接器的操作、光纤熔接以及盘纤的技术要点和具体过程。通过实践让学生学习光纤熔接的具体操作。

项目考核表

专业：____________　　班级：____________　　课程：____________

项目名称： 项目十　进线间和建筑群子系统的设计与实施	**工作任务：** 任务一　进线间子系统的规划和设计 任务二　建筑群子系统的规划和设计案例 任务三　光纤熔接
考核场所：	**考核组别：**

项目考核点	分值
1. 能够根据需求进行环境美化	15
2. 能够根据需求考虑建筑群未来发展需要	10
3. 能够根据需求进行线缆路由的选择	10
4. 能够根据需求考虑电缆的引入	10
5. 能够根据需求考虑干线电缆、光缆的交接要求	15
6. 能够根据布线需求进行建筑群子系统布线线缆的选择	10
7. 能够根据需求进行线缆的保护	15
8. 能够根据需求进行室外管道的铺设和室外架空布线	15
合　计	100

续表

考核结果（答辩情况）

学号	姓名	各考核点得分								自评	组评	综评	合计
		1	2	3	4	5	6	7	8				

组长签字：__________ 教师签字：__________ 考核日期： 年 月 日

思考与练习

一、填空题

1. 建筑群子系统由________、________和________等相关硬件组成。

2. 建筑群子系统的地埋管道穿越园区道路时，必须使用________或者________连通。

3. 建筑群子系统一般使用________进行敷设。

4. 进线间一般应设置在地下或者靠近外墙，以便于缆线的引入，并且应与布线________连通。

5. 进线间应采取防有害气体的措施和设置通风装置，排风量按每小时不小于________容积计算。

6. 建筑群的干线电缆、主干光缆布线的交接不应多于________。

二、选择题

1. 建筑群子系统的线缆布设方式分别是（　　）。

A. 架空布线法　　B. 直埋布线法

C. 地下管道布线法　　D. 隧道内电缆布线

2. 架空电缆时，建筑物到最近处的电线杆相距应小于（　　）。

A. 20 m　　B. 25 m　　C. 30 m　　D. 35 m

3. 架空线缆敷设时，电杆以（　　）m 的间隔距离为宜。

A. 20～30　　B. 30～50　　C. 40～60　　D. 50～60

4. 架空线缆敷设时，每隔（　　）架一个挂钩。

A. 0.5 m　　B. 1.0 m　　C. 1.5 m　　D. 2.0 m

5. 直埋电缆通常应埋在距地面（　　）m 以下的地方，或按照当地城市管理行政执法局等部门的有关法规去施工。

A. 0.5　　B. 0.6　　C. 0.7　　D. 0.8

6. 光缆转弯时，其转弯半径要大于光缆自身直径的（　　）倍。

A. 10　　B. 15　　C. 20　　D. 25

三、思考题

1. 建筑群子系统的设计原则是什么？
2. 进线间子系统的设计原则是什么？
3. 比较建筑群子系统的 4 种布线方式，并说明其优点和缺点。
4. 室外管道光缆施工时，需要注意哪些问题？

PART 11 项目十一 综合布线系统的测试与验收

知识点

- 综合布线系统的测试标准
- 综合布线系统的测试模型
- 对绞电缆、大对数电缆、光纤电缆的性能指标
- 综合布线系统测试仪器的使用方法
- 常见故障的分析方法

技能点

- 理解综合布线系统的测试模型
- 了解综合布线系统的测试类型
- 掌握综合布线系统的测试方法
- 掌握综合布线系统测试工具的使用

建议教学组织形式

- 教学演示测试仪器的使用方法
- 根据工程项目实例讲解测试方法及故障排除方法

任务一 综合布线的测试与验收

一、任务分析

高速网络通信要求更高品质的网络线缆及施工技术，特别是六类、七类网络综合布线系统的出现，对工程施工技术的要求越来越严格。为了保证施工的质量，在工程施工完成之后，必须组织专业人员对布线系统进行严格的测试。对于综合布线的施工方来说，测试主要有两

个目的：一是提高施工的质量和速度；二是向用户证明他们的投资得到了应有的质量保证。

从工程的角度来看，可将综合布线工程的测试分为两类：验证测试和认证测试。验证测试一般是在施工的过程中由施工人员边施工边测试，以保证所完成的每个连接的正确性。认证测试是指对布线系统依照标准例行逐项检测，以确定布线是否能达到设计要求，包括连接性能测试和电气性能测试。

本次任务需要完成的工作有以下几项。

（1）了解各国及国际标准制定机构制定的综合布线系统测试标准。

（2）了解综合布线系统的测试内容，掌握测试仪器的使用方法。

二、相关知识

（一）测试标准

随着综合布线技术的发展，各国及国际标准制定机构都在积极地制订和修订综合布线系统的测试标准，以满足综合布线系统的技术要求和适应市场的需要，标准的完善将会使市场更加规范化。目前常用的综合布线系统测试标准有：北美标准 ANSI/TIA/EIA-568B、国际标准 1S0/IEC1180 和国家标准 GB50312-2007。

ANSI/TIA/EIA-568B 标准于 2002 年正式公布，它将取代 ANSI/TIA/EIA-568A 标准和所有附录。该标准包括五类、超五类、六类电缆系统要求，并分别对应于 ISO/IEC11801 第二版 2002 中的 D、E 级。

IS0/IEC1180 标准主要有 IS0/IEC11801:1995、ISO/IEC11801 修订 2000 和 ISO/IEC11801 第二版 2002 三个版本。IS0/IEC11801:1995 制定了综合布线系统测试的相应标准。该标准把电缆的级别分为 B、C、D 三级，分别与 TIA/EIA 的三类、四类、五类相对应。ISO/IEC11801 修订 2000 对链路的定义进行了修正，认为以往的链路定义应被永久链路和通道的定义所取代。此外，对永久链路和通道远端串扰、综合近端串扰（PS-NEXT）和传输延迟进行了规定，并提高了近端串扰（NEXT）等传统参数的指标。IS0/IEC11801 第二版 2002 定义了六类、七类电缆标准，并重新定义了超五类布线系统标准。目前，ISO/IEC 正在制定增强型六类综合布线标准和七类连接器标准。

国家标准 GB50312-2007 是我国综合布线工程测试验收的强制性标准，该标准自 2007 年 10 月 1 日起正式实施。它明确规定了综合布线工程中电气性能测试的要求，在附录中还进一步明确了综合布线系统工程电气测试方法及测试内容、光纤链路测试方法。该标准把电缆级别分为 A、B、C、D、E 和 F 级，定义了超五类、六类、七类布线系统的标准。

（二）测试模型

GB50312-2007 标准规定了综合布线工程电气测试中使用的三种模型，即基本链路连接模型、永久链路连接模型和信道连接模型。三类和五类布线系统按照基本链路连接模型和信道连接模型进行测试，超五类和六类布线系统按照永久链路连接模型和信道连接模型进行测试。

1. 基本链路连接模型

基本链路连接模型用于测试综合布线中的固定链路部分。由于综合布线承包商通常只负责这部分的链路安装，所以基本链路又被称为承包商链路。它包括最长 90 m 的水平布线，两端可分别有一个连接点以及用于测试的两条各 2 m 长的跳线。基本链路连接模型如图 11-1 所示。

2. 永久链路连接模型

永久链路连接模型用于测试固定链路（水平电缆及相关连接器件）性能，包括从信息插座到楼层配线设备（包括集合点）的水平电缆。永久链路连接模型如图 11-2 所示。

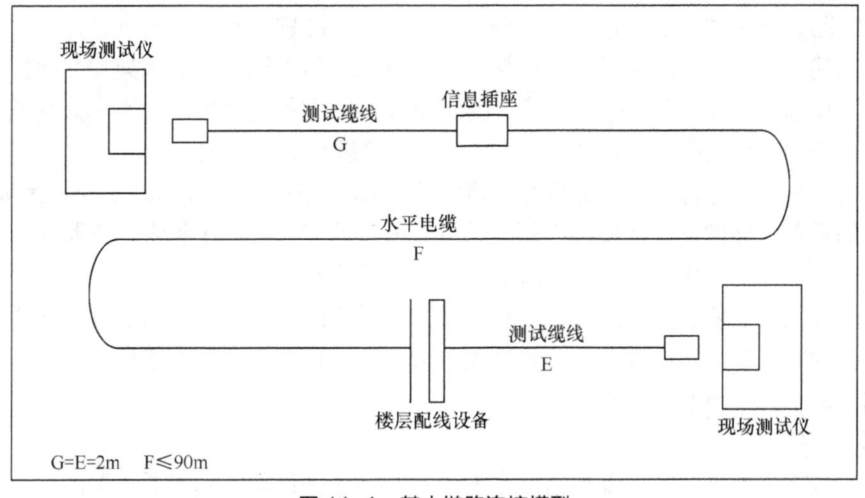

图 11-1 基本链路连接模型

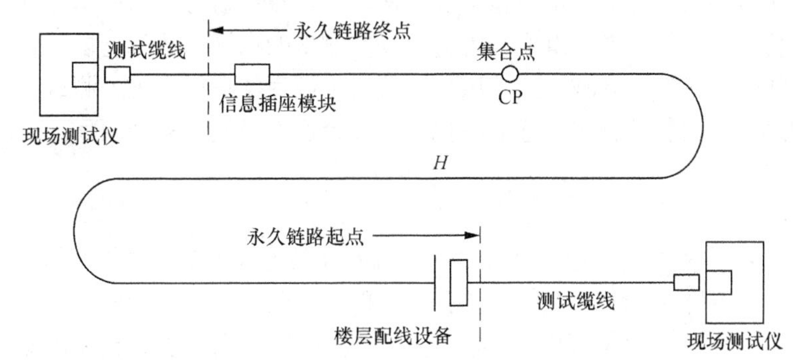

图 11-2 永久链路连接模型

3. 信道连接模型

信道连接模型用于测试端到端的链路整体性能，它在永久链路连接模型的基础上，还包括工作区和电信间的设备电缆和跳线在内的整体信道。信道连接模型如图 11-3 所示。信道具体包括最长 90 m 的水平缆线、信息插座模块、集合点、电信间的配线设备、跳线、设备线缆，总长不得大于 100 m。

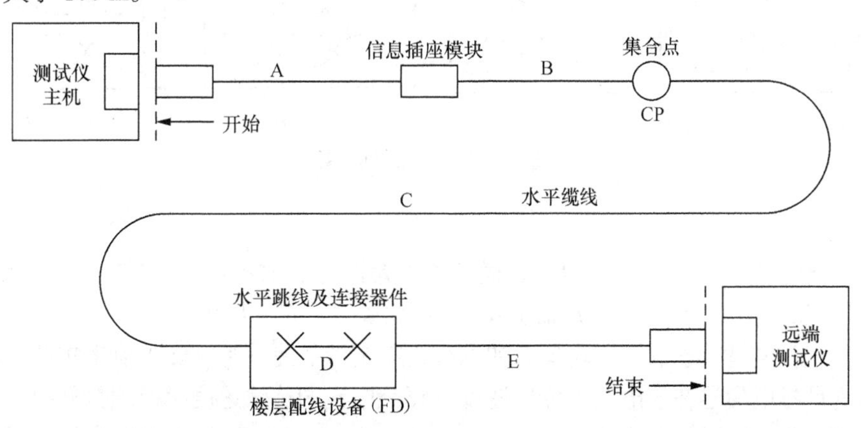

注：A 为工作区终端设备电缆；B 为 CP 缆线；C 为水平缆线；D 为配线设备连接跳线；
E 为配线设备到设备连接电缆
B+C≤90m；A+D+E≤10m

图 11-3 信道连接模型

基本链路连接模型与信道连接模型两者相比最大的区别在于，基本链路连接模型不包括用户端使用的电缆（这些电缆是用户连接工作区终端与信息插座、配线架及交换机等设备的连接线），而信道是作为一个完整的端到端链路定义的，包括连接网络站点和集线器的全部链路，其中用户的末端电缆必须是链路的一部分，且必须与测试仪相连。

基本链路测试是综合布线施工单位必须负责完成的。通常综合布线施工单位完成工作后，所要连接的设备、器件还没有安装，而且并不是所有的线缆都连接到设备或器件上，所以综合布线施工单位只能向用户提出一个基本链路的测试报告。

工程验收测试一般选择基本链路连接模型。从用户的角度来说，用于高速网络的传输或其他通信传输时的链路不仅要包含基本链路部分，而且还要包括用于连接设备的用户电缆，所以他们希望得到一个通道的测试报告。

（三）测试内容

综合布线工程测试内容主要包括三个方面：工作区到设备间的连通状况测试、主干线连通状况测试和跳线测试。每项测试内容主要测试以下参数：信息传输速率、衰减、距离、接线图和近端串扰等。一般来说，电缆级别越高需要测试的指标参数就越多，如五类布线系统只需要测试接线图、长度、衰减、近端串扰等项目，而六类布线系统的测试内容则在五类布线系统的基础之上，增加了衰减与近端串扰比、综合近端串扰等多个项目。下面具体介绍各测试参数的内容。

1. 接线图

接线图（Wire Map）用于检验每根电缆末端的 8 条芯线与接线端子实际连接是否正确，并对安装连通性进行检查。测试仪器能显示出电缆端接的线序是否正确，正确的线对组合为：1/2、3/6、4/5、7/8。布线过程中可能出现以下正确或不正确的连接图测试情况，具体如图 11-4 所示。

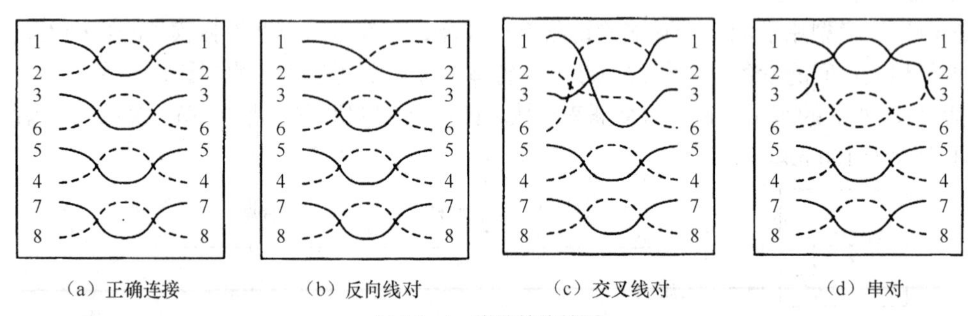

图 11-4　常见的连接图

2. 长度

基本链路的最大物理长度是 94 m，通道的最大长度是 100 m。基本链路和通道的长度可通过测量电缆的长度确定，也可从每对芯线的电气长度测量中导出。

测量电气长度是基于信号传输延迟和电缆的额定传播速度（NAP）值来实现的。所谓额定传播速度是指电信号在该电缆中传输速度与真空中光的传输速度比值的百分数。测量额定传播速度的方法有时域反射法（Time Domain Reflectometry，TDR）和电容法。采用时域反射法测量链路的长度最为常用。它通过测量测试信号在链路上的往返延迟时间，并将其与该电缆的额定传播速度值进行计算，进而得出链路的电气长度。

3. 衰减

衰减（Attenuation）是信号能量沿基本链路或通道传输损耗的量度，它取决于双绞线电阻、分布电容、分布电感的参数和信号频率。衰减量会随频率和线缆长度的增加而增大，其度量单位为 dB。信号衰减增大到一定程度时，将会引起链路传输的信息不可靠。引起衰减的原因还有集肤效应、阻抗不匹配、连接点接触电阻以及温度等因素。表 11-1 中给出了 GB50312-2007 标准规定的五类水平链路及信道性能指标。从表 11-1 中可以看到，在基本链路测试模型中，100 MHz 传输信号要求衰减值不能大于 21.6 dB；在信道测试模型中，100 MHz 传输信号要求衰减值不能大于 24 dB。

表 11-1　五类水平链路及信道性能指标

频率（MHz）	基本链路性能指标		信道性能指标	
	近端串音（dB）	衰减（dB）	近端串音（dB）	衰减（dB）
1.00	60.0	2.1	60.0	2.5
4.00	51.8	4.0	50.6	4.5
8.00	47.1	5.7	45.6	6.3
10.00	45.5	6.3	44.0	7.0
16.00	42.3	8.2	40.6	9.2
20.00	40.7	9.2	39.0	10.3
25.00	39.1	10.3	37.4	11.4
31.25	37.6	11.5	35.7	12.8
62.50	32.7	16.7	30.6	18.5
100.00	29.3	21.6	27.1	24.0
长度（m）	94		100	

4. 近端串扰损耗

串扰是高速信号在双绞线上传输时，由于分布电感和电容的存在，在邻近传输线中感应的信号。近端串扰（Near End Cross-Talk，NEXT）是指在一条双绞电缆链路中，发送线对对同一侧其他线对的电磁干扰信号。NEXT 值是对这种耦合程度的度量，它对信号的接收产生不良的影响。NEXT 值的单位是 dB，其定义为导致串扰的发送信号功率与串扰之比。NEXT 值越大，串扰越低，链路性能越好。表 11-1 给出了 GB50312-2007 标准规定的五类水平链路及信道性能指标。从表 11-1 中可以看到，在基本链路测试模型中，100 MHz 传输信号要求 NEXT 值不能小于 29.3 dB；在信道测试模型中，100 MHz 传输信号要求 NEXT 值不能小于 27.1 dB。

5. 直流环路电阻

任何导线都存在电阻，直流环路电阻是指一对双绞线电阻之和。当信号在双绞线中传输时，在导体中会消耗一部分能量且转变为热量，100 Ω 屏蔽双绞电缆直流环路电阻每百米不大于 19.2 Ω，150 Ω 屏蔽双绞电缆直流环路电阻每百米不大于 12 Ω，常温环境下的最大值每百米不超过 30 Ω。直流环路电阻的测量应将每对双绞线远端短路，在近端测量直流环路电阻，其值应与电缆中导体的长度和直径相符合。表 11-2 所示为 GB50312-2007 标准规定的各级电缆的信道直流环路电阻值。

表 11-2　信道直流环路电阻

最大直流环路电阻（Ω）					
A 级	B 级	C 级	D 级	E 级	F 级
560	170	40	25	25	25

6. 特性阻抗

特性阻抗（Impedance）是衡量电缆及相关连接件组成的传输通道的主要特性的参数。一般来说，双绞线电缆的特性阻抗是一个常数。我们常说电缆规格为 100 ΩUTP、120 ΩFTP、150 ΩSTP，这些电缆对应的特性阻抗就是 100 Ω、120 Ω、150 Ω。一个选定的平衡电缆通道的特性阻抗极限不能超过标称阻抗的 15%。

7. 衰减与近端串扰比

衰减与近端串扰比（Attenuation to Cross-Talk Ratio，ACR）是双绞线电缆的近端串扰值与衰减的差值，它表示信号强度与串扰产生的噪声强度的相对大小，单位为 dB。它不是一个独立的测量值，而是衰减测量值与近端串扰测量值的差值（NXET-Attenuation）的计算结果，其值越大越好。衰减、近端串扰和衰减与近端串扰比都是频率的函数，应在同一频率下进行运算。表 11-3 所示为 GB50312-2007 标准规定的 D、E、F 级电缆的信道 ACR 建议值。

表 11-3　信道 ACR 建议值

频率（MHz）	最小回波损耗（dB）		
	D 级	E 级	F 级
1	56.0	61.0	61.0
16	34.5	44.9	56.9
100	6.1	18.2	42.1
250	—	-2.8	23.1
600	—	—	-3.4

8. 综合近端串扰

在一根电缆中使用多对双绞线进行传送和接收信息会增加这根电缆中某对线的串扰。综合近端串扰（Power Sun NEXT，PS NEXT）就是双绞线电缆中其他所有线对对被测线对产生的近端串扰之和。例如，4 对双绞电缆中 3 对双绞线同时发送信号，而在另一对线测量其串扰值，测量得到的串扰值就是该线对的综合近端串扰。表 11-4 所示为 GB50312-2007 标准规定的 D、E、F 级电缆的信道 PSNEXT 建议值。

表 11-4　信道 PSNEXT 建议值

频率（MHz）	最小 PSNEXT（dB）		
	D 级	E 级	F 级
1	57.0	62.0	62.0
16	40.6	50.6	62.0
100	27.1	37.1	59.9
250	—	30.2	53.9
600	—	—	48.2

9. 等效远端串扰

一个线对从近端发送信号，其他线对接收串扰信号，在链路远端测量得到的经线路衰减了的串扰值称为远端串扰（Far End Cross-Talk，FEXT）。但是，由于线路的衰减，会使远端点接收的串扰信号过小，以致所测量的远端串扰不是在远端的真实串扰值。因此，测量得到的远端串扰值在减去线路的衰减值后，得到的值就称为等效远端串扰（Equal Level FEXT，ELFEXT）。表 11-5 所示为 GB50312-2007 标准规定的 D、E、F 级电缆的信道 ELFEXT 建议值。

表 11-5 信道 ELFEXT 建议值

频率（MHz）	最小回波损耗（dB）		
	D 级	E 级	F 级
1	57.4	63.3	65.0
16	33.3	39.2	57.5
100	17.4	23.3	44.4
250	—	15.3	37.8
600	—	—	31.3

10. 传输延迟

传输延迟（Propagation Delay，PD）代表信号从链路的起点到终点的延迟时间。由于电子信号在双绞电缆并行传输的速度差异过大会影响信号的完整性而产生误码，因此要以传输时间最长的一对为准来计算其他线对与该线对的时间差异。传输延迟的表示会比电子长度测量精确得多。两个线对间的传输延迟的偏差对于某些高速局域网来说是十分重要的参数。

常用的双绞线和同轴电线等介质材料决定了相应的传输延迟。双绞线传输延迟为 56 ns/m，同轴电线传输延迟为 45 ns/m。

11. 回波损耗

回波损耗（Return Loss，RL）用于衡量通道特性阻抗的一致性。通道的特性阻抗随着信号频率的变化而变化。如果通道所用的线缆和相关连接件阻抗不匹配而引起阻抗变化，造成终端传输信号量被反射回去，被反射到发送端的一部分能量会形成噪声，导致信号失真，影响综合布线系统的传输性能。反射的能量越少，意味着通道采用的电缆和相关连接件的阻抗一致性越好、传输信号越完整，在通道上的噪声也越小。

双绞线的特性阻抗、传输速度、长度、各段双绞线的接续方式和均匀性都直接影响到结构回波损耗。表 11-6 所示为 GB50312-2007 标准规定的 C、D、E、F 级电缆的永久链路回波损耗建议值。

表 11-6 永久链路回波损耗建议值

频率（MHz）	最小回波损耗（dB）			
	C 级	D 级	E 级	F 级
1	15.0	19.0	21.0	21.0
16	15.0	19.0	20.0	20.0
100	—	12.0	14.0	14.0
250	—	—	10.0	10.0
600	—	—	—	10.0

三、任务实施

【任务目标】按照综合布线系统的标准和测试内容选择测试仪器进行测试，掌握测试仪器的使用方法。

【任务场景】根据校园网工程设计方案得知，按照综合布线系统的标准，根据不同的测试内容，选择测试仪器进行测试。

在综合布线工程测试中，经常使用的测试仪器有 Fluke DSP-100 测试仪、Fluke DSP-4000 系列测试仪。Fluke DSP-100 测试仪可以满足五类线缆系统的测试要求。Fluke DSP-4000 系列测试仪功能强大，可以满足五类、超五类、六类线缆系统的测试要求，配置相应的适配器还可用于光纤系统的性能测试。

1. Fluke DSP-100 测试仪

（1）Fluke DSP-100 的功能及特点

Fluke DSP-100 是美国 Fluke 公司生产的数字式五类线缆测试仪，它具有精度高、故障定位准确等特点，可以满足五类电缆和光缆的测试要求。图 11-5 所示为 Fluke DSP-100 线缆测试仪，它采用了专门的数字技术测试电缆，不仅完全满足 TSB-67 所要求的二级精度标准（已经过 UL 独立验证），而且还具有强大的测试和诊断功能。它运用其专利的“时域串扰分析”功能可以快速指出不良的连接、劣质的安装工艺和不正确的电缆类型等缺陷的位置。

图 11-5 FlukeDSP-100 线缆测试仪

测试电缆时，DSP-100 发送一个和网络实际传输的信号一致的脉冲信号，然后再对所采集的时域响应信号进行数字信号处理（Digital Signal Processing，DSP），从而得到频域响应。这样，一次测试就可替代上千次的模拟信号。

Fluke DSP-100 具有以下特点。

① 测量速度快。17 s 内即可完成一条电缆的测试，包括双向的 NEXT 测试（采用智能远端串元）。

② 测量精度高。数字信号的一致性、可重复性和抗干扰性都优于模拟信号。DSP-100 是第一个达到二级精度的电缆测试仪。

③ 故障定位准确。由于 DSP-100 可以获得时域和频域两个测试结果，从而能对故障进行准确定位。例如，DSP-100 可以准确地判断一段 UTP 五类线连接中误用了三类插头和连线、插头接触不良和通信电缆特性异常等问题。

④ 方便的存储和数据下载功能。DSP-100 可存储 1 000 多个 TIATSB-67 的测试结果或 600 个 IS0 的测试结果，而且能够在 2 min 之内将其下载到 PC 中。

⑤ 完善的供电系统。测试仪的电池供电时间为 12 h（或 1 800 次自动测试），可以保证一整天的工作任务。

⑥ 具有光纤测试能力。配置光缆测试选件 FTK 后，可以完成 850 nm/1 300 nm 多模光纤的光功率损耗的测试；并可根据通用的光缆测量标准给出通过和不通过的测试结果；还可以使用另外的 1 310 nm 和 1 550 nm 激光光源来测量单模光缆的光功率损耗。

（2）Fluke DSP-100 的组件

Fluke DSP-100 测试仪的随机配置如下。

- 1 个主机标准远端单元。
- 中英文用户手册。
- CMS 电缆数据管理软件（CD-ROM）。
- 1 条 100 ΩRJ45 校准电缆（15 cm）。
- 1 条 100 Ω五类测试电缆（2 m）。
- 1 条 50 ΩBNC 同轴电缆。
- AC 适配器/电池充电器。
- 充电电池（装在 DSP-100 主机内）。
- RS-232 接口电缆（用于连接测试仪和 PC，以便下载测试数据）。
- 1 条背带。
- 1 个软包。

根据 Fluke DSP-100 的使用要求，可以选择使用相应的选配件。

- DSP-FTK 光缆测试包，包括一个光功率计 DSP-FOM、一个 850/1 300 nm 的 LED 光源 FOS-850/1 300、两条多模 ST-ST 测试光纤、一个多模 ST-ST 适配器、说明书和包装盒。
- FOS–850/1 300 nm 的 LED 光源。
- Ls-1 310/1 550 nm 的激光光源，包括一个 1 310/1 550 nm 的双波长激光光源、两条单模 ST-ST 测试光纤、一个单模 ST-ST 适配器和说明书。
- DSP-FOM 光功率计，包括一个光功率计、两条多模 ST-ST 测试光纤、一个多模 ST-ST 适配器、说明书和包装盒。
- BC7210 外接电池充电器。
- C789 工具包。

（3）Fluke DSP-100 测试仪的简要操作方法

Fluke DSP-100 测试仪的测试工作主要由主机实现，主机面板上有各种功能键，在测试过程中主要使用以下 4 个功能键。

- “TEST”键，选择该键后测试仪进入自动测试状态。
- “EXIT”键，选择该键后从当前屏幕显示功能退出。
- “SAVE”键，选择该键后保存测试结果。
- “ENTER”键，选择该键后确认选择操作。

DSP-100 测试仪的远端单元操作很简便，只有一个开关以及指示灯。将开关打开即可开始测试。测试过程中如果测试项目通过，则显示“PASS”指示灯；如果测试未通过，则显示“FAIL”指示灯。

使用 Fluke DSP-100 测试仪进行测试工作的步骤如下。

① 将 Fluke DSP-100 测试仪的主机和远端分别连接被测试链路的两端。

② 将测试仪旋钮转至“SETUP”。

③ 根据屏幕显示选择测试参数，选择后的参数将自动保存到测试仪中，直至下次修改。

④ 将旋转钮转至“AUTOTEST”，按下“TEST”键，测试仪自动完成全部测试。

⑤ 按下“SAVE”键，输入被测链路编号、存储结果。

⑥ 如果在测试中发现某项指标未通过，将旋转钮转至“SINGLETEST”，根据中文速查表进行相应的故障诊断测试。

⑦ 排除故障后重新进行测试，直至指标全部通过为止。

⑧ 所有信息点测试完毕后，将测试仪与 PC 连接起来，通过随机附送的管理软件导入测试数据，生成测试报告，打印测试结果。

2. Fluke DSP-4000 系列测试仪

在综合布线工程测试中，最常使用的测试仪器是 Fluke DSP−4000 系列测试仪，它具有功能强大、精确度高、故障定位准确等优点。Fluke DSP−4000 系列的测试仪包括 DSP−4000、DSP−4300 和 DSP−4000PL 三类型号的产品。这三类型号的测试仪的基本配置完全相同，但支持的适配器及内部存储器有所区别。下面以 FLuke DSP−4300 为例，介绍 Fluke DSP−4000 系列测试仪的功能及基本操作方法。

（1）DSP−4300 电缆测试仪的功能及特点

DSP−4300 是 DSP−4000 系列的最新型号，它为高速铜缆和光纤网络提供更为综合的电缆认证测试解决方案，如图 11−6 所示。使用其标准的适配器就可以满足超五类、六类基本链路及通道链路和永久链路的测试要求。通过其选配的选件，可以完全满足多模光纤和单模光纤的光功率损耗测试要求。它在 DSP−4000 的基础之上，扩展了测试仪内部存储器，提供了方便的电缆编号下载功能，增加了准确性，提高了工作效率。

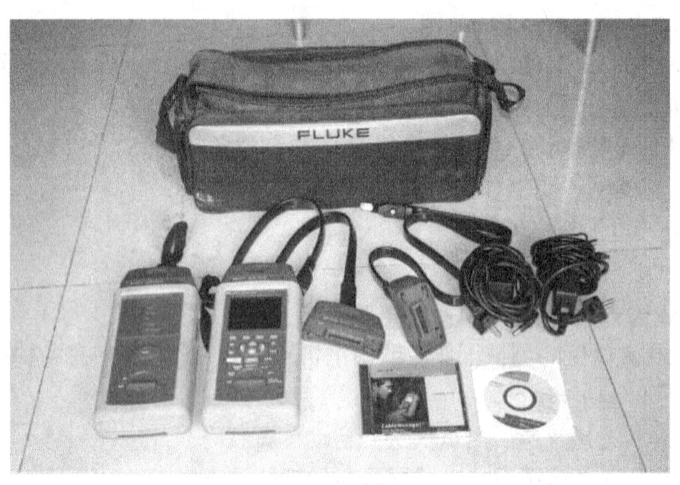

图 11−6　Fluke DSP−4300 测试仪组件

DSP−4300 测试仪具有以下特点。

① 测量精度高。它具有超过了五类、超五类和六类标准规范的Ⅲ级精度要求，并由 UL 和 ETL SEMKO 机构独立进行了认证。

② 使用新型永久链路适配器能获得更准确、更真实的测试结果，该适配器是 DSP−4300 测试仪的标准配件。

③ 标配的六类通道适配器使用 DSP 技术精确测试六类通道链路，包含的通道/流量适配器提供了网络流量监视功能，可以用于网络故障诊断和修复。

④ 能够自动诊断电缆故障并显示准确位置。

⑤ 将仪器内部存储器扩展至 16 MB，可以存储全天的测试结果。

⑥ 允许将符合 TIA−606A 标准的电缆编号下载到 DSP−4300，确保数据准确并节省时间。

⑦ 包含先进的电缆测试管理软件包，可以生成和打印完整的测试文档。

（2）DSP-4300 电缆测试仪的组件

如图 11-6 所示，DSP-4300 测试仪的随机配置如下。

- DSP-4300 主机和智能远端。
- Cable Manger 软件。
- 16 MB 内部存储器。
- 16 MB 多媒体卡。
- PC 卡读取器。
- Cat6/5e 永久链路适配器。
- Cat6/5e 通道适配器。
- Cat6/5e 通道/流量监视适配器。
- 语音对讲耳机。
- AC 适配器/电池充电器。
- 便携软包。
- 用户手册和快速参考卡。
- 仪器背带。
- 同轴电缆（BNC 接头）。
- 校准模块。
- RS-232 串行电缆。
- RJ45 到 BNC 的转换电缆。

根据光纤的测试要求，DSP-4300 测试仪还可以使用以下常用选配件。

- DSP-FTA440S 多模光缆测试选件，其中包括使用波长为 850 nm 和 1 300 nm 的 VCSEL 光源、光缆测试适配器、用户手册、SC/ST50 μm 多模测试光缆、ST/ST 单模测试光缆和 ST/ST 适配器。
- DSP-FTA430S 单模光缆测试选件，其中包括使用波长为 1 310 nm 和 1 550 nm 的激光光源、光缆测试适配器、用户手册、SC/ST 单模测试光缆、ST/ST 单模测试光缆和 ST/ST 适配器。
- DSP-FTA42OS 多模光缆测试选件，其中包括使用波长为 850 nm 和 1 300 nm 的 LED 光源、光缆测试适配器、用户手册、SC/ST 62.5 μm 多模测试光缆、ST/ST62.5 μm 多模测试光缆和 ST/ST 适配器。
- DSP-FTK 光缆测试包，其中包括一个光功率计 DSP-FOM、一个 850/1 300 nm LED 光源 FOS-850/1300、两条多模 ST-ST 测试光纤、一个多模 ST-ST 适配器、说明书和包装盒。

（3）DSP-4300 电缆测试仪的简要操作方法

在综合布线测试过程中主要使用的是 DSP-4300 测试仪的主机部分和智能远端部分，它们分接在被测试链路的两端。图 11-7 所示为典型的基本连接的测试图。

整个测试工作主要由主机部分进行控制，它负责配置测试参数，发出各种测试信号，智能远端部分接收测试信号并反馈回主机部分，主机根据反馈信号判别被测链路的各种电气参数。主机部分有一个简易的操作面板，由一系列功能键及液晶显示屏组成；另外还有一系列接口用于各种通信连接。DSP-4300 测试仪主机部分的正面及侧面示意图如图 11-8 所示。

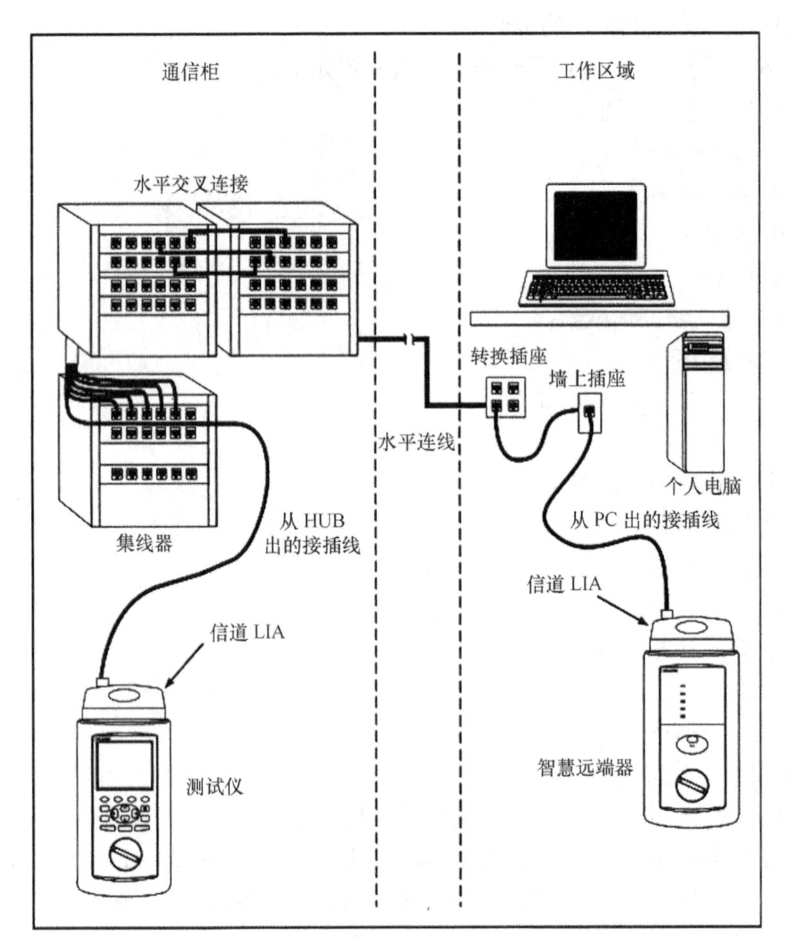

图 11-7　典型基本连接测试图

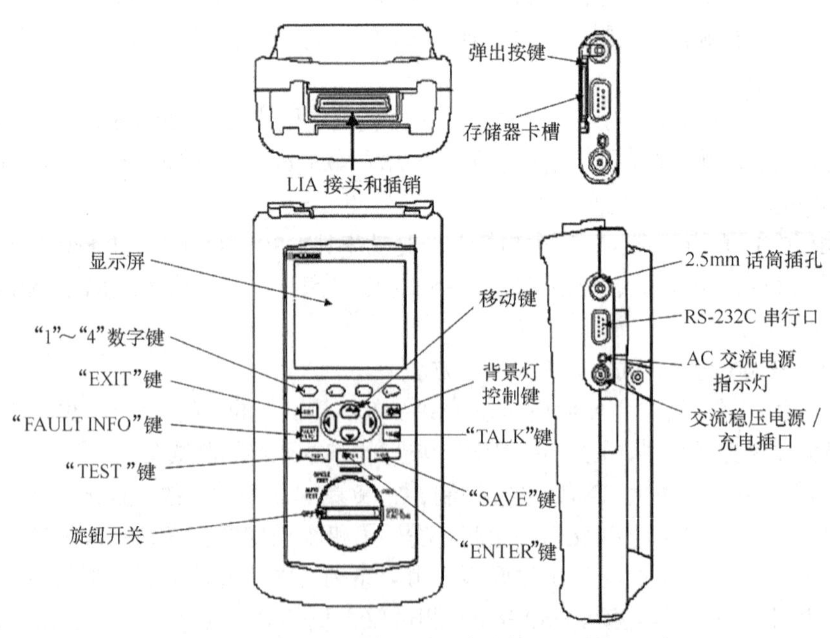

图 11-8　DSP-4300 测试仪主机部分的正面及侧面示意图

DSP-4300 测试仪的远端器部分由旋转开关及一系列指示灯组成，如图 11-9 所示。如果测试项目通过，则“PASS”指示灯亮；如果测试项目失败，则“FAIL”指示灯亮。如果在测试过程中，则“TESTING”指示灯闪烁。

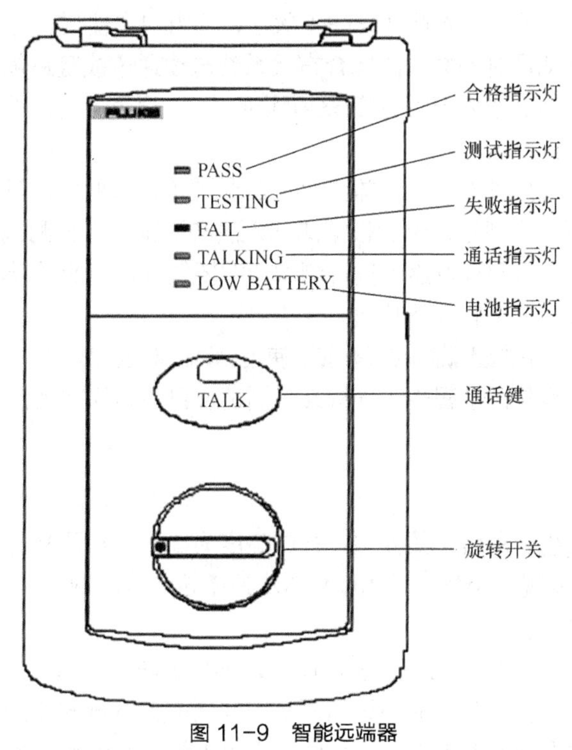

图 11-9 智能远端器

DSP-4300 测试仪对双绞线电缆通道测试的步骤如下。

① 为主机和智能远端器插入相应的适配器。

② 将智能远端器的旋转开关置为“ON”。

③ 把智能远端器连接到电缆连接的远端。对于通道测试，用网络设备接插线连接。

④ 将主机上的旋转开关转至“AUTOTEST”档位。

⑤ 将测试仪的主机与被测电缆的近端连接起来。对于通道测试，用网络设备接插线连接。

⑥ 按主机上的“TEST”键，启动测试。

⑦ 自动测试完成后，使用数字键给测试点进行编号，然后按“SAVE”键保存测试结果。

⑧ 所有信息点测试完成后，使用串行电缆将测试仪和 PC 相连。

⑨ 使用随机附带的电缆管理软件导入测试数据，生成并打印测试报告。

四、任务总结

本次任务主要介绍了综合布线系统的测试标准、测试模型、测试内容以及测试仪器的使用方法。

任务二 对绞电缆布线的测试

一、任务分析

综合布线系统中使用的电缆主要用于配线子系统和跳线。电缆布线的验证测试是指施工人员在施工过程中使用电缆测试仪“能手”等简单仪器，对刚完成的连接的连通性进行测试，检查电缆打线是否正确，如果发现问题则及时解决，以保证线对安装正确。一般要求，4 对对绞电缆与配线架或信息插座的 8 位信息模块相连时，必须按色标和线对顺序进行卡接；在一个工程中应统一使用一种（T568A 或 T568B）线序，不得混合使用。

电缆布线的认证测试是对安装好的综合布线系统电缆通道或链路依照某个验收标准（如 GB50321-2007）的电气性能指标要求进行逐项测试比较，以确定电缆及相关连接硬件和安装工艺是否达到规范和设计要求。

综合布线工程的认证测试一般应由施工单位、监理单位和业主同时参加，测试前应确定测试方法和所使用的测试仪型号，然后根据测试方法和测试对象将测试仪参数调整或校正为符合测试要求的数值，最后到现场逐项进行测试，并要做好相应的现场测试记录。

本次任务需要完成的工作有以下几项。

（1）根据项目的情况，选择正确的测试模型，使用测试仪器进行测试，并将测试结果记录下来。

（2）在对绞电缆布线测试过程中，分析某些测试项目遇到的问题，并进行有效的解决。

二、相关知识

1. 项目背景

某大学新建一幢学生公寓楼，共 6 层，楼层高度为 3 m，每层 36 个房间，每个房间安装 2 个网络信息点，以便实现每个学生以 100 Mbit/s 速率接入校园网。

2. 项目设计方案概述

该项目经招标后，由中标公司开展项目设计，选用了超五类布线系统的方案。工作区选用单口信息插座，分别安装在宿舍的两边墙面上，并配两根 3 m 的超五类双绞线跳线。配线子系统选用超五类模块及超五类非屏蔽双绞线。线缆布线采取明装 PVC 线槽的方案。楼层配线采用双电信间的方案。每个电信间管理 16 个房间，电信间内采用超五类模块化配线架。干线子系统采用双主干的布线方案。在每一楼层的东西两头各设一个电信间，主干电缆分别连接东西两头的电信间，并接入到 1 楼的设备间。干线电缆采用 62.5 μm/125 μm 多模光缆。考虑到学生公寓楼场地比较紧张，采取设备间与进线间合一的方案，1 楼电信间不再单独设置，而是全部合并到设备间。设备间设在 1 楼，其间内安装了主干电缆配线设备、1 楼水平电缆配线设备、接入层网络交换机以及承担整幢楼网络交换的核心交换机等设备。

3. 项目施工概述

中标公司组织施工队伍按照设计方案完成了工作区、配线子系统、干线子系统、设备间和进线间等系统的施工。在施工过程中，公司项目经理要求工程队对各子系统施工进行随工测试。工程队使用简单的测试设备完成了各信息点的通断测试。

三、任务实施

【任务目标】根据需求选择正确的测试模型，了解对绞电缆的测试标准，掌握测试仪器的测试方法，有效解决出现的问题。

【任务场景】根据综合布线工程设计方案得知，对绞电缆测试是其中一项必要的测试内容。本次任务是对对绞电缆进行全面的测试和故障的排除。

STEP 1 测试方案制定与实施

1. 测试模型的选择

根据项目的概述情况，可以知道本项目采用超五类布线系统，因此项目实施完成之后，主要测试布线链路是否达到超五类布线系统的指标要求。由于网络综合布线工程实施完成后，网络设备还没有上架调试，因此本项目测试验收应选择基本链路连接模型进行测试。根据基本链路模型定义，主要测试从各楼层配线架到各房间信息插座模块的链路是否达到超五类布线系统的要求。

2. 测试组织与实施

要实施测试工作，首先要准备能满足超五类布线测试的测试仪器（如 Fluke DSP-4000 等），以及用于测试人员沟通的对讲机。测试人员以两人一组的形式进行分组，一人固定在楼层电信间，负责用测试仪器主机连接配线架端口；一人到楼层的各房间，负责用测试仪器的副机连接各信息插座端口。在楼层电信间的测试人员根据原先确定的测试顺序，负责操作仪器进行测试，并记录下测试结果，记录表格如表 11-7 所示。要注意的是，在测试之前要将每个房间的信息插座端口编好序号，每根电缆也应该标上电缆标记，楼层电信间的配线架也应插入标记。只有这样，测试过程中才不容易混淆测试结果，发现故障时也能准确地定位。

表 11-7　综合布线系统工程电缆链路性能指标测试记录表

<table>
<tr><td colspan="4">工程项目名称</td><td colspan="8"></td></tr>
<tr><td rowspan="3">序号</td><td colspan="3" rowspan="2">编号</td><td colspan="8">内容</td></tr>
<tr><td colspan="8">电缆系统</td></tr>
<tr><td>地址号</td><td>缆线号</td><td>设备号</td><td>长度</td><td>接线图</td><td>衰减</td><td>近端串扰</td><td>……</td><td>电缆屏蔽层连通情况</td><td>其他任选项目</td><td>备注</td></tr>
<tr><td></td><td></td><td></td><td></td><td></td><td></td><td></td><td></td><td></td><td></td><td></td><td></td></tr>
<tr><td></td><td></td><td></td><td></td><td></td><td></td><td></td><td></td><td></td><td></td><td></td><td></td></tr>
<tr><td></td><td></td><td></td><td></td><td></td><td></td><td></td><td></td><td></td><td></td><td></td><td></td></tr>
<tr><td></td><td></td><td></td><td></td><td></td><td></td><td></td><td></td><td></td><td></td><td></td><td></td></tr>
<tr><td colspan="4">测试日期、人员
测试仪表型号
测试仪表精度</td><td></td><td></td><td></td><td></td><td></td><td></td><td></td><td></td></tr>
<tr><td colspan="4">处理情况</td><td></td><td></td><td></td><td></td><td></td><td></td><td></td><td></td></tr>
</table>

STEP 2 测试故障的排除

在双绞线电缆测试过程中，经常会碰到某些测试项目测试不合格的情况，这说明双绞线电缆及其相连接的硬件安装工艺不合格或者产品质量不达标。要有效地解决测试中出现的各种问题，就必须认真理解各项测试参数的内涵，并依靠测试仪准确地定位故障。下面将介绍测试过程中经常出现的问题及相应的解决办法。

1. 接线图测试未通过

该项测试未通过可能是由以下因素造成的。

（1）双绞线电缆两端的接线相序不对，造成测试接线图出现交叉现象。

（2）双绞线电缆两端的接头有短路、断路、交叉、破裂的现象。

（3）跨接错误：某些网络特意需要发送端和接收端跨接，当为这些网络构筑测试链路时，由于设备线路的跨接，测试接线图会出现交叉。

相应的解决问题的方法如下。

（1）对于双绞线电缆端接线相序不对的情况，可以采取重新端接的方式来解决。

（2）对于双绞线电缆两端的接头出现的短路、断路等现象，首先根据测试仪显示的接线图判定双绞线电缆哪一端出现了问题，然后重新端接双绞线电缆。

（3）对于跨接错误的问题，只要重新调整设备线路的跨接即可解决。

2. 链路长度测试未通过

链路长度测试未通过的可能原因如下。

（1）测试仪标称传播相速度设置不正确。

（2）实际长度超长，如双绞线电缆通道长度不应超过 100 m。

（3）双绞线电缆开路或短路。

相应的解决问题的方法如下。

（1）可用已知的电缆确定传播相速度，并重新校准标称传播相速度。

（2）对于电缆超长的问题，只能采用重新布设电缆来解决。

（3）双绞线电缆开路或短路的问题，首先要根据测试仪显示的信息，准确地定位电缆开路或短路的位置，然后采取重新端接电缆的方法来解决。

3. 近端串扰测试未通过

近端串扰测试未通过的可能原因如下。

（1）双绞线电缆端接点接触不良。

（2）双绞线电缆远端连接点短路。

（3）双绞线电缆线对扭绞不良。

（4）存在外部干扰源的影响。

（5）双绞线电缆和连接硬件的性能问题，或者不是同类产品。

（6）双绞线电缆的端接质量问题。

相应的解决问题的方法如下。

（1）端接点接触不良的问题经常出现在模块压接和配线架压接方面，因此应对电缆所端接的模块和配线架进行重新压接加固。

（2）对于远端连接点短路的问题，可以通过重新端接电缆来解决。

（3）如果双绞线电缆在端接模块或配线架时线对扭绞不良，则应采取重新端接的方法来解决。

（4）对于外部干扰源，只能采用金属槽或更换为屏蔽双绞线电缆的方法来解决。

（5）对于双绞线电缆及相连接硬件的性能问题，只能采取更换的方式来彻底解决，所有线缆及连接硬件应更换为相同类型的产品。

4. 衰减测试未通过

衰减测试未通过的原因可能如下。

（1）双绞线电缆超长。

（2）双绞线电缆端接点接触不良。

（3）电缆和连接硬件的性能问题，或者不是同类产品。

（4）电缆的端接质量有问题。

（5）现场温度过高。

相应的解决问题的方法如下。

（1）对于超长的双绞线电缆，只能采取更换电缆的方式来解决。

（2）对于双绞线电缆端接质量问题，可采取重新端接的方式来解决。

（3）对于电缆和连接硬件的性能问题，应采取更换的方式来彻底解决，所有线缆及连接硬件应更换为相同类型的产品。

四、任务总结

本次任务主要介绍了综合布线系统中对绞电缆布线测试的相关知识，结合实际项目，制定了测试方案并实施测试，解决了测试过程中的故障。

任务三　大对数电缆的测试

一、任务分析

在综合布线系统的干线子系统中，大对数电缆常用于数据和语音的主干电缆，其线对数量比 4 对双绞线电缆要多，如 25 对、100 对和 300 对等。大对数电缆不能直接采用 4 对双绞线电缆测试的方法，可以分组使用双绞线测试仪进行测试，但效率比较低，因此一般推荐使用专用的大对数电缆测试仪进行测试，如 TEST−ALL25 测试仪。

本次任务需要完成的工作有以下几项。

（1）了解 TEST−ALL25 测试仪的基本使用情况。

（2）掌握 TEST−ALL25 测试仪在进行大对数电缆测试过程中的测试方法。

二、相关知识

1. TEST-ALL25 测试仪简介

TEST−ALL25 是个自动化的测试系统，可在无源电缆上完成测试任务。TEST−ALL25 可同时测 25 对线的连续性、短路、开路、交叉、有故障的终端、外来的电磁干扰和接地中出现的问题。

要测试一根 25 对线的大对数电缆，首先在大对数电缆两端各接一个 TEST−ALL25 测试仪，在这两个测试仪之间形成一条通信链路，如图 11−10 所示。分别启动测试仪，由这两个测试仪共同完成测试工作。

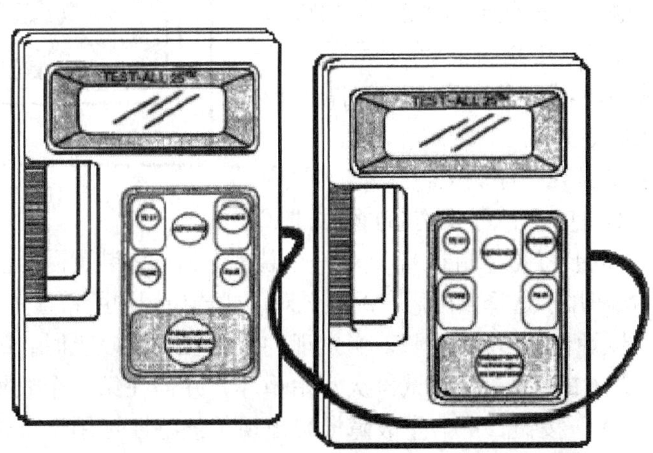

图 11−10　测试电缆两端分别连接 TEST−ALL25 测试仪

2. TEST-ALL25 测试仪的操作面板

（1）液晶显示屏

TEST-ALL25 测试仪使用了一个大屏幕的彩色液晶显示屏，如图 11-11 所示。它能显示用户的工作方式以及测试的结果。液晶显示屏从 1 到 25 计数指示电缆对，在每个数字的左边有一个绿色符号表示电缆对正常，而在每个数字的右边有一个红色符号表示电缆对的环路。

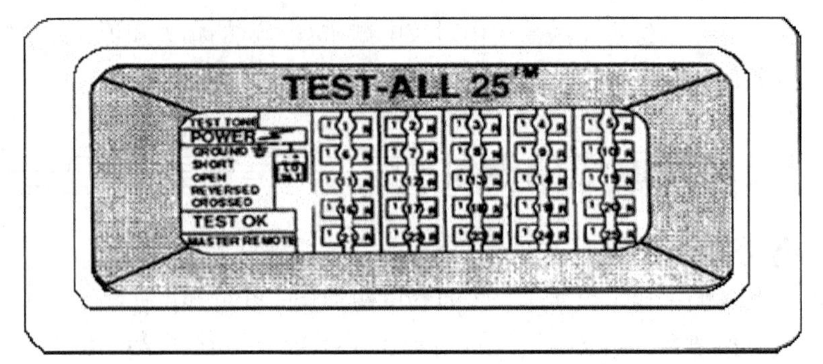

图 11-11　TEST-ALL25 测试仪的液晶显示屏

（2）控制按钮

在该测试仪的面板上有 5 个控制按钮，在其右边板上有 5 个连接插座。控制按钮如图 11-12 所示。

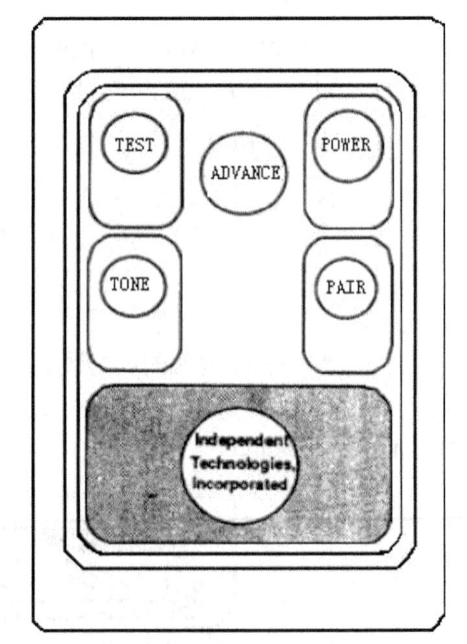

图 11-12　TEST-ALL25 控制按钮

“POWER”电源开关按钮在测试仪右上角。当整个测试系统安装完毕，打开测试仪电源开关时，该仪器就开始进行自动测试（进行自动测试时，一定要先连接电缆，然后打开测试仪的电源，这样可以防止测试仪将测出的电缆故障作为测试设备内部故障来显示）。

“PAIR”绿色开关按钮在测试仪的右下角，使用它可以选择测试 25 对……4 对、3 对、2 对、1 对线缆。打开测试仪电源时，它总是处在测试 25 对线缆的状态下，除非用户选择另一种状态。

“TONE”按钮使测试仪具有声波功能。当“TONE”按钮处于工作状态时，“TONE”出现在显示屏上。一个光源照亮了线对的绿色或红色字符。在线对需要时，“TONE”能使用推进式按钮。

按下“TEST”按钮开始顺序测试。在双端测试中，TEST-ALL25 测试仪有一个可操作的测试按钮“TEST”，这是最基本的装置（控制器），而另一个装置作为远程装置需要重新调整。

“ADVANCE”按钮用于选择发出声音的线缆对，或选择用户所希望查看的故障指示。当测试完成时，同时显示所有发现的故障。当发现的故障在一个以上时，闪光显示的部分较难看懂。按“ADVANCE”按钮，测试再次开始循环，并停在第一个故障情况的显示上；再次推动“ADVANCE”按钮，下一个故障情况出现（该特性可用于查错时重新测试的多故障情况）。

（3）测试连接插座

测试仪上的测试插座如图 11-13 所示。GROUND 插座提供接地插座和用于使设备正确接地，这样做的目的是保证测试结果正确。25PAIRCONNECTOR 插座允许将连接的电缆直接插入测试仪中进行测试。它也可应用 25 对测试软件和 25 对 110 硬件适配器，便于在测试中访问 110 系统。

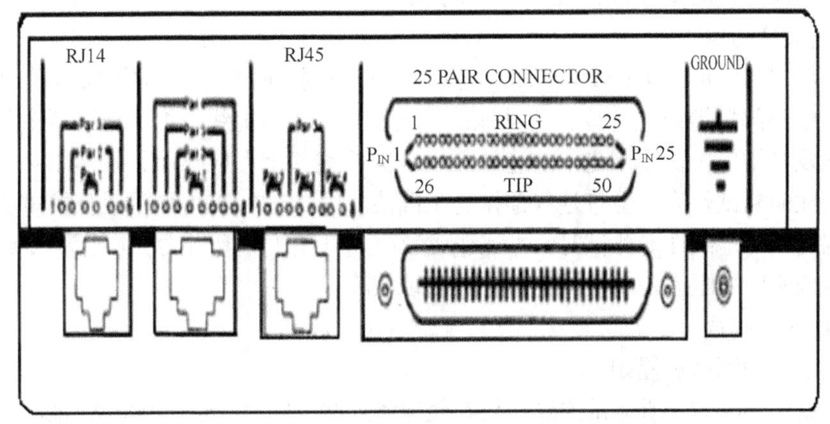

图 11-13 TEST-ALL25 测试仪上的测试插座

RJ45 插座允许将带有 RJ45 插头的测试软线直接插入测试仪中进行测试。RJ14 插座允许将 RJ14 和 RJ11 线缆直接插入 TEST-ALL25 测试仪中进行测试。

三、任务实施

【任务目标】根据要求使用 TEST-ALL25 测试仪进行大对数电缆测试，了解 TEST-ALL25 测试仪的各项功能，掌握 TEST-ALL25 测试仪的使用方法。

【任务场景】根据综合布线工程设计方案得知，大对数电缆常用于数据和语音的主干电缆，其线对数量要远多于双绞线电缆。本次任务是对大对数电缆进行全面的测试和故障的排除。

使用 TEST-ALL25 测试仪进行大对数电缆测试的过程中，主要有以下测试程序。

1. 自检

把要测试的大对数电缆连接到测试仪插座上，打开 TEST-ALL25 测试仪电源开关。测试仪自动完成自检程序，以保证整个系统测试精确。下面是操作者在显示屏上能观察到的信息。

（1）当测试仪检查它的内部电路时，彩色屏幕上显示文字、数字和符号，大约需要 1 s。

（2）如果测试仪整个系统正常，屏幕先变黑，然后显示“TESTOK”，大约需要 1 s。

（3）最后，“MASTER”灯闪烁并在屏幕右边显示数字，表示该测试仪已经准备好，可以使用。

2. 通信

一旦自检程序完成之后，保证该测试仪已经连到一个电路上，并着手进行与远端的通信。通信链路总是被测电缆中的第一个电缆对。当通信链路已经成功建立，第一个测试仪的显示屏中“MASTER”灯亮，而在远端的第二个测试仪上“REMOTE”灯亮。

在使用另一个测试仪不能正常通信的情况下，“MASTER”灯闪烁，提示不能通信，要进行再次尝试，必须再次按“TEST”按钮。

3. 电源故障的测试

TEST−ALL25 测试仪上“POWER FAULT”灯亮完成电源故障测试时，能检查通交流电或直流电的所有 50 根导线。如果所测电压（交流或直流）等于或高于 15 V，该电压将在两端测试仪的显示屏上显示出来，并终止测试程序（当指出有电源故障而且确实存在电源故障时，常常需要重新测试。因为有时电缆上的静电会造成电源故障指示错误。但应当注意，接地导体良好时，可以防止测试时因静电产生电压指示差错）。

4. 接地故障的测试

屏幕显示“GROUND FAULT”时，表示正在进行接地测试。该测试表示在两端的测试仪上连接一根外部接地导线。首先测试地线的连续性，包括地线是否已连到两个测试仪上，电缆的两端及其地电位。不同电平的电压常常在大楼地线上形成噪声，从而影响传输质量。该地线连续性的测试是为了检查地线连接的正确性。用 TEST−ALL25 测试仪测试已接地的导线和完成端到端的地线性能测试时，可能造成噪声或电缆故障（测试参考值为 75 000 W 或小于地线与导线之间的阻值，均被认为是存在接地故障）。

5. 连续性的测试

端到端线对的测试过程如下。

（1）短路（Shorts）：所测试的导线与其他导体短路（电阻值达 6 000 W 或小于导线之间的电阻，称为短路）。

（2）开路（Open）：测试的导线为开路的导线（测试仪之间端到端大于 2 600 W，称为开路导线）。

（3）反接（Reversed）：为了测试端到端线对的正确性，当进行连续性测试时，要保证每一个被测导线连到其他测试仪上。

（4）交叉（Crossed）：为了测试所有的导线端到端连接的正确性，还应检查所测电缆组中是否有与其他导线交叉连接的情况（这就是常说的易位）。

当所有测试令人满意地完成，而且测试过程中没有发现任何故障时，显示屏上“TESTOK”灯亮。

大对数线的测试也可以用测试 4 对双绞线电缆的测试仪来分组测试。每 4 对线作为一组，当测到第 25 对时，向前错位 3 对线。这种测试方法也是较为常用的。

四、任务总结

本次任务主要介绍了综合布线系统中大对数电缆布线测试的相关知识，使用 TEST−ALL25 测试仪实施测试，解决了测试过程中的故障。

任务四　光缆布线的测试

一、任务分析

随着计算机技术和通信技术的高速发展，光纤价格越来越低，光纤在网络综合布线工程中的应用越来越广泛，光纤测试技术已成为一个崭新的领域。目前在网络综合布线工程中，光纤主要应用于水平布线、建筑物主干布线和建筑群主干布线。

光纤链路的传输质量不仅取决于光纤和连接件的质量，还取决于安装工艺和应用环境。对光纤和光纤系统的测试如下。

（1）在施工前进行器材检验时，一般检查光纤的连续性，必要时需采用光纤损耗测试仪对光纤链路的插入损耗和光纤长度进行测试。

（2）对光纤链路的衰减进行测试，同时测试光跳线的衰减值。

测量光纤连续性时，通常是将红色激光、发光二极管（LED）或其他可见光从光纤的一端注入，并在光纤的另一端监视光的输出。如光纤有断裂或其他的不连续点，则光纤输出的光功率就会下降或根本没有光输出。在购买光跳线时，通常使用激光笔或明亮的手电筒来检查其中光纤的连续性。

本次任务需要完成的工作有以下几项。

（1）了解光纤测试的内容、连接方式和光纤链路损耗的计算方法。

（2）结合某实际项目，制定测试方案，选择测试仪器进行测试。

二、相关知识

1. 光纤测试的内容

按照不同的标准，可将光纤分为室内光纤和室外光纤，或者单模光纤和多模光纤等。虽然种类很多，但光纤及其传输系统的基本测试方法与所使用的测试仪器原理基本相同。对光纤或光纤传输系统，其基本的测试内容有连续性和衰减/损耗、光纤输入功率和输出功率、分析光纤的衰减损耗、确定光纤连续性和发生光损耗的部位等。根据 GB50312-2007 标准的规定，具体包括以下内容。

（1）在施工前进行器材检验时，一般检查光纤的连通性，必要时应采用光纤损耗测试仪（稳定光源和光功率计组合）对光纤链路的插入损耗和光纤长度进行测试。

（2）对光纤链路（包括光纤、连接器件和熔接点）的衰减进行测试，同时测试光跳线的衰减值，可作为设备连接光缆的衰减参考值。整个光纤信道的衰减值应符合设计要求。

2. 光纤的测试连接方式

测试的光缆由多根纤芯组成，在测试时使用测试跳线分别将测试的光纤逐根接入到测试仪器中进行双向（收与发）测试，连接方式如图 11-14 所示。从图中可以看出，被测试的光纤链路包括光连接器件及适配器。

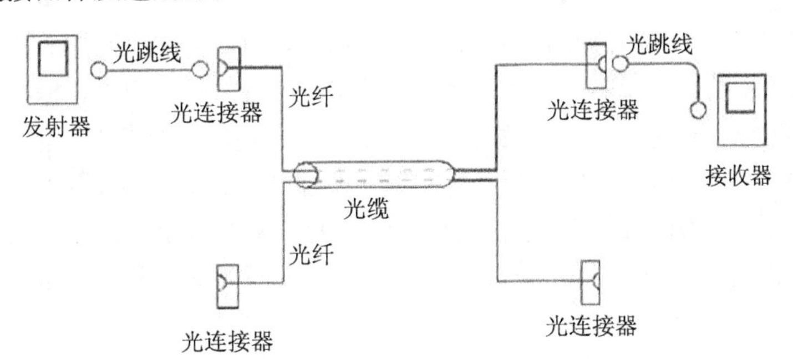

图 11-14 光缆测试连接图

3. 光纤链路损耗的计算

被测试光纤链路的损耗包括光纤损耗、连接器件损耗和光纤连接点损耗。由于光纤中的波含有杂质，因此在光传输过程会产生光吸收与背射现象，造成光纤损耗。连接器件的质量及灰尘造成的损耗不可小视。由于光纤链路中有多个连接器，因此容易造成巨大的光传输损耗。连接点损耗主要是在光纤续接过程中形成的，主要对施工质量造成影响。

光纤链路损耗的计算，可以参照以下公式。

光纤链路损耗 = 光纤损耗 + 连接器件损耗 + 光纤连接点损耗

其中：

光纤损耗 = 光纤损耗系数（dB/km）× 光纤长度（km）

连接器件损耗 = 连接器件损耗/个 × 连接器件个数

光纤连接点损耗 = 光纤连接点损耗/个 × 光纤连接点个数

GB50312–2007 标准规定了光纤链路损耗参考值，如表 11–8 所示，可以借助这些数据及以上公式计算出被测光纤链路的损耗极限值，作为评估测试结果的依据。

表 11-8　光纤链路损耗参考值

种类	工作波长（nm）	衰减系数（dB/km）
多模光纤	850	3.5
多模光纤	1 300	1.5
单模室外光纤	1 310	0.5
单模室外光纤	1 550	0.5
单模室内光纤	1 310	1.0
单模室内光纤	1 550	1.0
连接器件衰减	0.75 dB	
光纤连接点衰减	0.3 dB	

三、任务实施

【任务目标】了解光纤测试的内容、连接方式和光纤链路损耗的计算方法，掌握光纤测试仪器的使用方法。

【任务场景】根据综合布线工程设计方案，做好光纤测试的各项准备工作，按照测试步骤要求进行测试。

1. 项目概述

某学校学生宿舍小区校园网络工程项目中，编号为 213 的宿舍所在的建筑群子系统设计了一根 8 芯、500 m 长的多模室外光缆，意在通过架空布线方式实现 213 栋宿舍设备间与学生宿舍小区设备间的连接。已知该光缆的纤芯为 62.5 μm，使用标准发光二极管（LED）光源，光纤工作在 850 nm 的光波上。8 芯的多模光缆在两端的设备间中均采取光纤配线架的形式对光纤进行管理。为了确保光纤链路通信的稳定性，光纤采取熔接方式制作光纤接头，并接入到机柜的光纤配线架中。该项目光缆布设完成之后，需要测试光缆的连通性及每根光纤链路的损耗，以评估光缆施工质量。

2. 光纤测试的准备工作

在光纤测试中，光信号是由光纤链路一端的 LED 光源所产生的（对于 LGBC 多模光缆或室外单模光缆来说是由激光光源产生的）。光信号从光纤链路的一端传输到另一端的损耗是由于光纤本身的长度和传导性能而产生的，连接器的数目和接续的多少也会产生相应的损耗。当光纤损耗超过某个限度值，表明此条光纤链路是有缺陷的。

为了确保测试的准确性，在进行光纤的各种参数测量之前，要选择匹配的光纤接头，仔细地平整及清洁光纤接头端面。如果选用的接头不合适，就会造成损耗或者光的反射。

还要估算出该光缆的每根光纤链路的损耗极限值。根据以上项目的介绍可以知道，每根光纤链路至少应包括 2 个光纤耦合器、2 个光纤接头和 2 个光纤熔接点，因此可以套用光纤链路损耗的计算公式计算光纤链路损耗。

3. 光纤测试的步骤

下面是使用 938 系列光纤测试仪进行光纤链路测试的步骤。

（1）测试光纤链路所需的硬件

- 两个 938A 光纤损耗测试仪（OLTS）。
- 为使在两个地点进行测试的操作员之间能够通话，需要有无线电话（至少要有电话）。
- 4 条光纤跳线，用来建立 938A 测试仪与光纤链路之间的连接。
- 红外线显示器，用来确定光能量是否存在。
- 眼镜（测试人员必须戴上眼镜）。

测试人员特别要注意：在执行测试的过程时，决不能去观看一个光源的输出。为了确定光能量是否存在，应使用能量/功率计或红外线显示器来测试。

（2）设置测试设备

遵照 938A 光纤损耗测试仪随机提供的指令来设置测试仪。

（3）对 938A 测试仪进行调零

调零用来消除能级偏移量。当测试非常低的光能级时，不调零将会引起很大的误差，调零还能消除跳线的损耗。为了调零，在位置 A 用一跳线将 938A 的光源（输出端口）和检波器插座（输入端口）连接起来，在光纤链路的另一端（位置 B）完成同样的操作，测试人员必须在两个位置（A 和 B）上对两台 938A 调零，如图 11-15 所示。

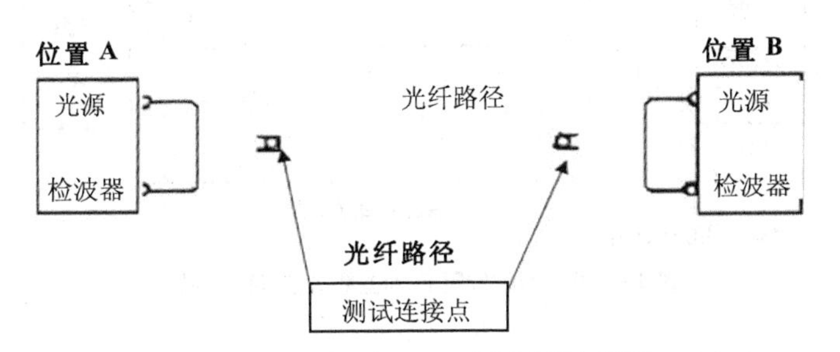

图 11-15　对两台 938A 测试仪进行调零

（4）对测试仪进行自校准

连续按住“ZEROSET”按钮 1 s 以上，等待 20 s 来完成自校准，如图 11-16 所示。

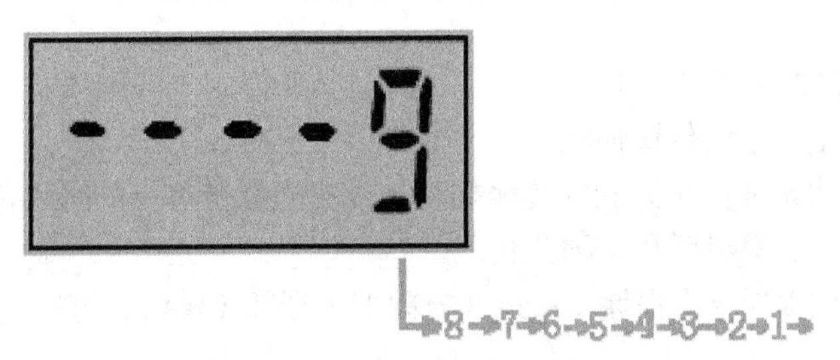

图 11-16　对 938A 测试仪进行自校准

（5）测试光纤链路中一个方向上的损耗

测试位置 A 到位置 B 方向上的损耗的具体操作步骤如图 11–17 所示。

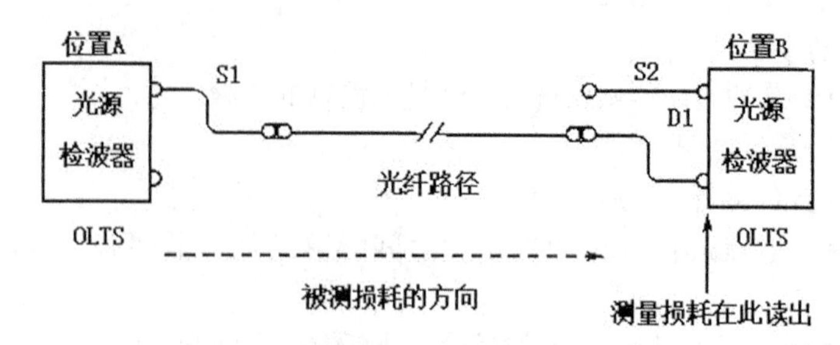

图 11–17　测试位置 A 到位置 B 方向上的损耗

在位置 A 的 938A 测试仪上从检波器插座（IN 端口）处断开跳线 S1，并把 S1 连接到被测的光纤链路上。

在位置 B 的 938A 测试仪上从检波器插座（IN 端口）处断开跳线 S2。

在位置 B 的 938A 检波器插座（输入端口）与被测光纤通路的位置 B 末端之间用另一条光纤跳线连接起来。

在位置 B 处的 938A 测试仪上读出位置 A 到位置 B 方向上的损耗。

（6）测试光纤链路中另一个方向上的损耗

测试位置 B 到位置 A 方向上的损耗的具体操作步骤如图 11–18 所示。

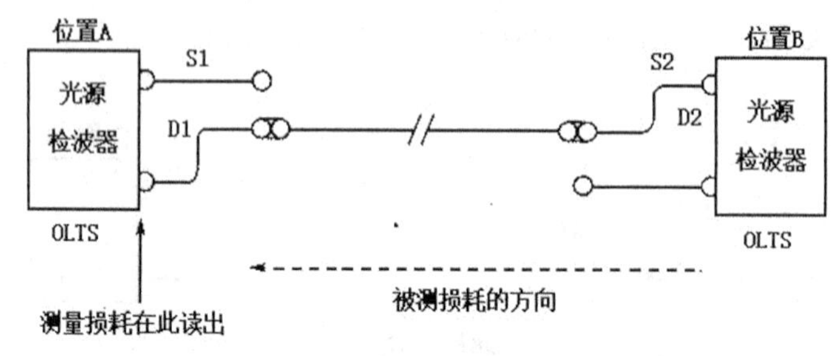

图 11–18　测试位置 B 到位置 A 方向上的损耗

在位置 B 的光纤链路处将跳线 D2 断开。

将跳线 S2（位置 B 处的）连接到光纤链路上。

从位置 A 处将跳线 Sl 从光纤链路上断开。

用另一条跳线 D1 将位置 A 处的 938 检波器插座（IN 端口）与位置 A 处的光纤链路连接起来。

在位置 A 处的 938A 测试仪上读出位置 B 到位置 A 方向上的损耗。

（7）计算光纤链路上的传输损耗

根据前面测试出来的两个方向的传输损耗，计算光纤链路上的平均传输损耗，然后将数据认真地记录下来。计算时采用下列公式。

平均损耗 =［损耗（A 到 B 方向）+ 损耗（B 到 A 方向）］/2

（8）记录所有的数据

当一条光纤链路建立好后，测试的是光纤链路的初始损耗。要认真地将安装系统时所测试的初始损耗记录在案。以后在某条光纤链路工作不正常，要进行测试时，将此时的测试值与最初测试的损耗值进行比较。若此时的测试值高于最初测试的损耗值，则表明存在问题。其原因可能在于测试设备，也可能在于光纤链路。

（9）重复以上测试过程

如果测出的数据高于最初记录的损耗值，那么要对所有的光纤连接器进行清洗。此外，测试人员要检查对设备的操作是否正确，还要检查测试跳线的连接条件。光纤测试连接如图 11-19 所示。

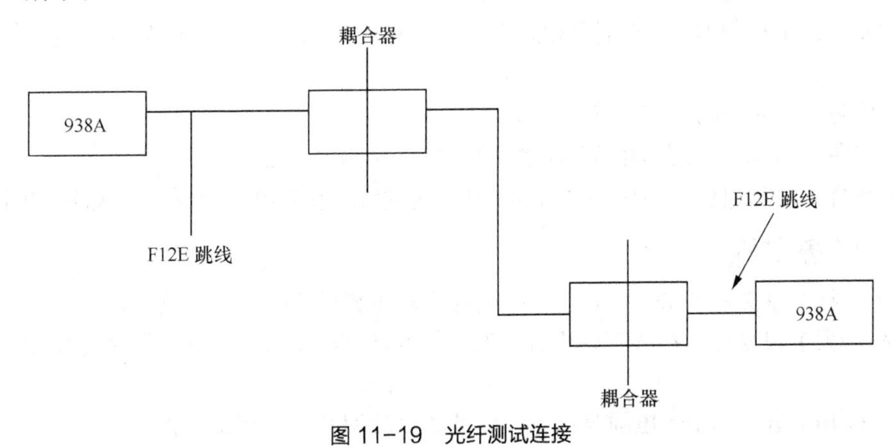

图 11-19 光纤测试连接

如果重复出现较高的损耗值，那么就要检查光纤链路上有没有不合格的接续、损坏的连接器以及被压住或夹住的光纤等。测试数据记录单如表 11-9 所示。

表 11-9 测试数据记录单

光纤号 NO	波长（nm）	在 X 位置的损耗读数 Lx（dB）	在 Y 位置的损耗读数 Ly（dB）	总损耗为（Lx+Ly）/2（dB）
1				
2				
3				
……				
n				

四、任务总结

本次任务主要介绍了综合布线系统中光纤电缆布线测试的相关知识，以实际工程项目为例，使用光纤测试仪器按要求进行测试并记录所有的数据。

任务五　编制测试报告

一、任务分析

与 Fluke DSP-4000 系列测试仪配合使用的测试管理软件是 Fluke 公司的 Link Ware 电缆测试管理软件。Link Ware 电缆测试管理软件支持 ANSI/EIA606-A 标准，允许将 ANSI/EIA600-A 标准管理信息添加到 Link Ware 数据库。该软件可以帮助组织、定制、打印和保存 Fluke 系列测试仪测试的铜缆和光纤记录，并配合 LinkWare Stats 软件生成各种图形测试报告。

本次任务需要完成的工作有以下几项。

（1）掌握 Link Ware 电缆测试管理软件的安装与连接方法。

（2）结合某实际项目，使用 Link Ware 电缆测试管理软件测试数据并生成测试报告。

二、任务实施

【任务目标】掌握用 Link Ware 电缆测试管理软件测试数据并生成测试报告。

【任务场景】根据综合布线工程设计方案，做好前期各项准备工作，测试完成后，生成测试报告。

（一）使用 Link Ware 电缆测试管理软件测试数据并生成测试报告

操作步骤如下。

（1）安装 Link Ware 电缆测试管理软件。

（2）通过 RS-232 串行接口或 USB 接口将 Fluke 测试仪与 PC 相连，如图 11-20 所示。

（3）导入测试仪中的测试数据。例如，要导入 Fluke DSP-4300 测试仪中存储的测试数据，则应在 Link Ware 软件窗口中执行 File→Import from→DSP-4100/4300 命令，如图 11-21 所示。

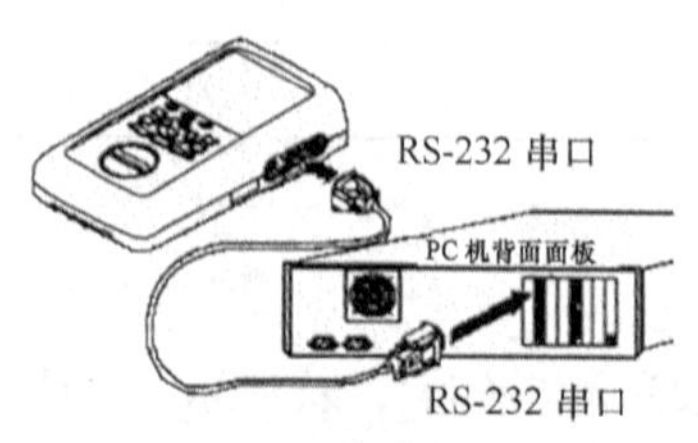

图 11-20　将测试仪与 PC 相连

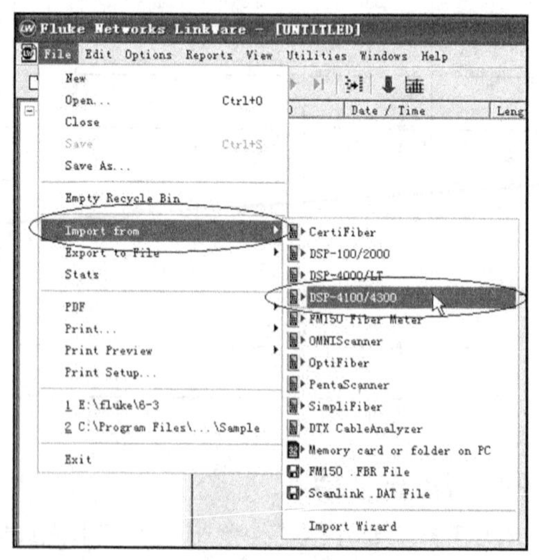

图 11-21　在菜单中选择要导入数据的测试仪型号

（4）导入数据后，可以双击某条测试数据记录，查看该数据的情况，如图 11-22 所示。

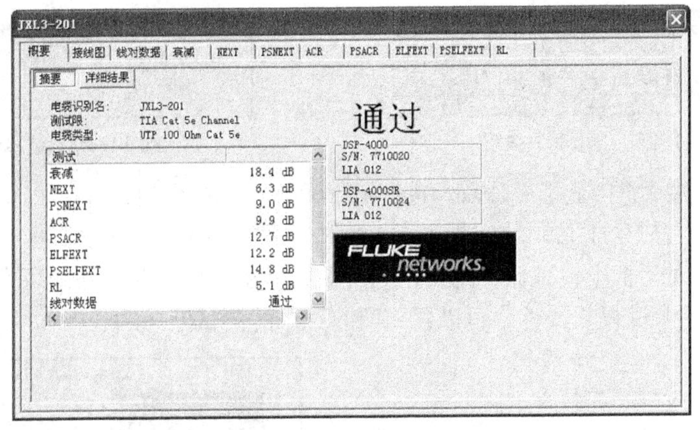

图 11-22　查看测试数据

（5）生成测试报告。测试报告有两种文件格式：ASCII 文本文件格式和 Acrobat Reader 的 PDF 格式。要生成 PDF 格式的测试报告，则应执行以下操作步骤。

① 首先选择生成测试报告的记录范围（如果生成全部记录的测试报告，则不需要选择）。

② 选择快捷菜单上的“PDF”按钮，弹出对话框提示选择的记录范围，如图 11-23 所示。

③ 单击“确定”按钮后，在弹出的对话框内输入保存为 PDF 文件的名称，如图 11-24 所示。

图 11-23　选择记录范围

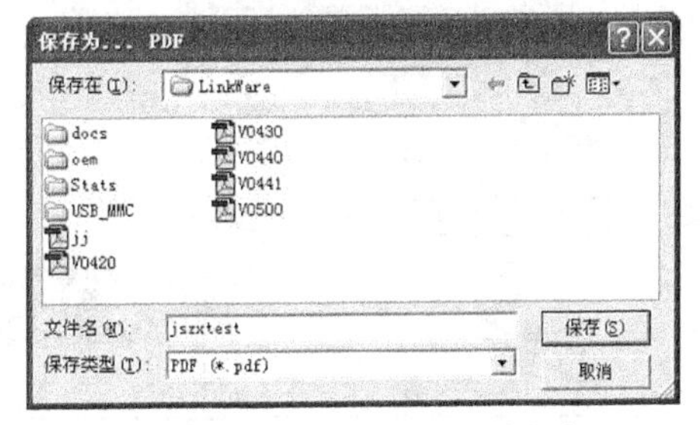

图 11-24　输入保存的文件名称

④ 单击“保存”按钮后，即生成了全部记录的测试报告，如图 11-25 所示。

如果要生成 ASC II 文本文件格式的测试报告，则应执行 File→Export to File→Autotest Reports 命令，在弹出的对话框中选择要生成报告的记录范围，单击“确定”按钮，在弹出的导出文件对话框中输入要保存文件的名称后，单击“保存”按钮即可生成报告文件。

（6）生成测试汇总图形报表。利用与 Link Ware 电缆测试管理软件配合使用的 Link Ware Stats 软件，可以生成一系列测试汇总图形报表，具体操作步骤如下。

① 在 Link Ware 软件窗口快捷菜单中单击“Stats”按钮，如图 11-26 所示。

② 在弹出的对话框中选择生成报表的记录范围，如图 11-27 所示。

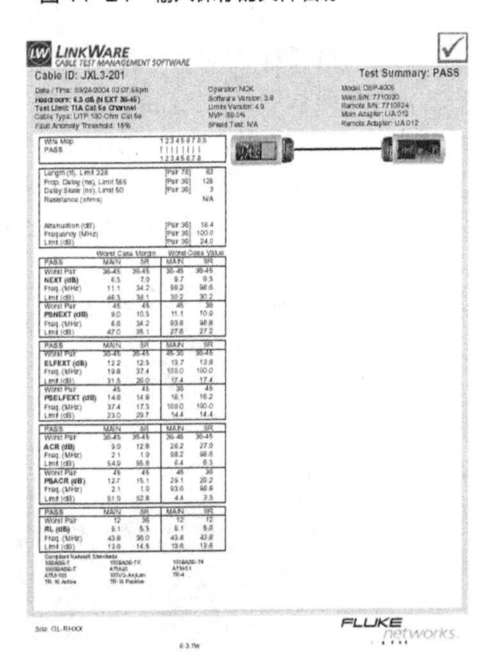

图 11-25　PDF 格式的测试报告

图 11-26 “Stats”按钮

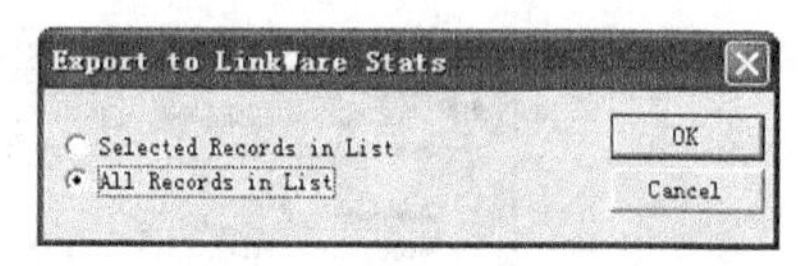

图 11-27 选择记录范围

③ 在弹出的对话框中选取“Create RePort”标签，并选择“Produce PDF（Adobe Acrobat format）”单选按钮（以生成 PDF 格式报表），然后单击“Create Report”按钮，如图 11-28 所示。

④ 在弹出的对话框中输入保存的文件名称后，单击“保存”按钮即可生成测试报表。

打开已生成的测试报表文件，可以看到所有记录的测试汇总图表，如图 11-29 所示。

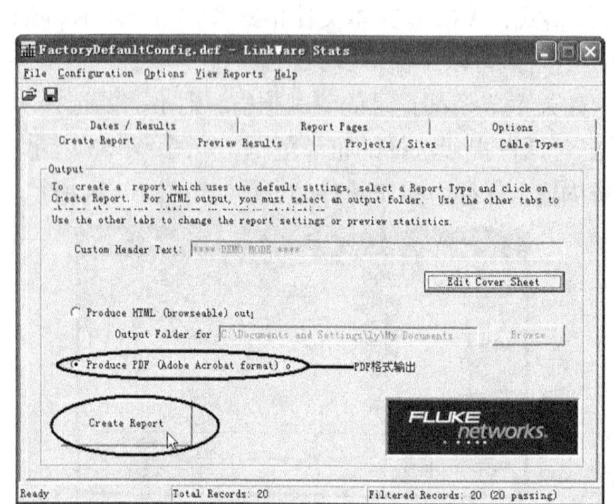

图 11-28 在“Creat Report”选项卡中选择相应选项

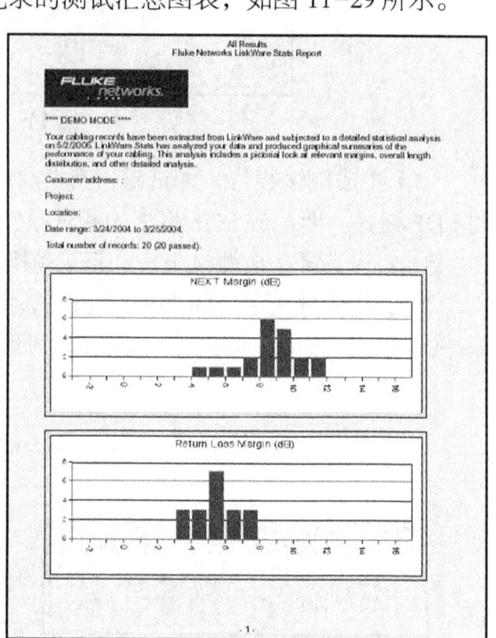

图 11-29 所选记录的测试汇总图表

（二）评估测试报告

通过电缆管理软件生成测试报告后，要组织人员对测试结果进行统计分析，以判定整个综合布线工程质量是否符合设计要求。使用 Fluke Link Ware 软件生成的测试报告中会明确给出每条被测链路的测试结果。如果链路的测试合格，则给出“PASS”的结论，如图 11-30 所示。如果链路测试不合格，则给出“FAIL”的结论，如图 11-31 所示。

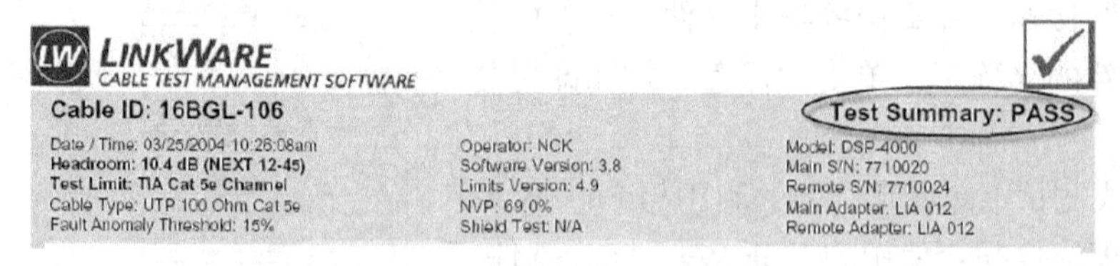

图 11-30 链路测试合格的报告

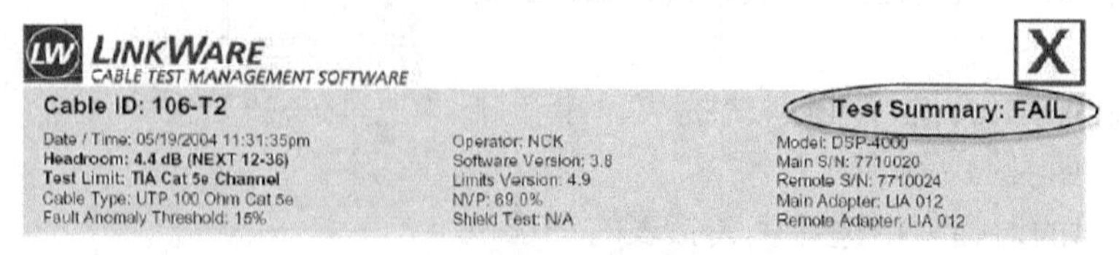

图 11-31 链路测试不合格的报告

对测试报告中每条被测链路的测试结果进行统计，就可以知道整个工程的达标率。要想快速地统计出整个被测链路的合格率，可以借助于 Link Ware Stats 软件来完成。该软件生成的统计报表的首页会显示出被测链路的合格率，图 11−32 所示为被测 20 条链路全部合格的测试统计信息。

对于测试不合格的链路，必须要求施工单位限时整改。整改完成后，施工方、监理方和用户方一起进行重新测试。只有整个工程的链路全部测试合格，才能确认整个综合布线工程通过测试验收工作。

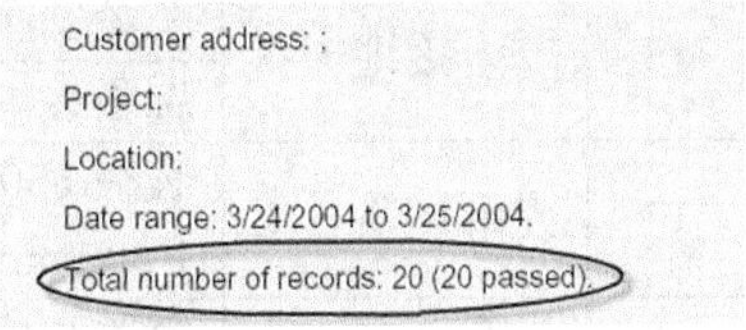

要想了解被测链路的每个测试项目对评判测试结果的影响，可以参见 YD/T1013−1999 标准中测试链路测试结构评估准则，详见表 11−10 所示的测试报告评估表。

Customer address: ;
Project:
Location:
Date range: 3/24/2004 to 3/25/2004.
Total number of records: 20 (20 passed).

图 11−32　Link Ware Stats 软件生成的测试统计信息

表 11-10　测试报告评估表

序号	测试项目	需测参数	项目测试	被测线对出现一个（含一个）以上失败参数对判定结果的影响
1		线对交叉（有/无）	B	
		反向线对（有/无）	B	
		交叉线对（有/无）	B	
		短路（有/无）	B	
		开路（有/无）	B	
		串绕线对及其他错误线对（有/无）	B	
2	长度	长度（各线对）	C	允许个别线对超标，在 10% 范围内判合格
3	特性阻抗	特性阻抗（各线对）	B	项目不合格，该链路不合格
4	环路电阻	环路电阻（各线对）	C	允许个别线对超标，在 40 Ω 之内判合格
5	衰减量	各线对衰减量及余量	B	
6	近端串扰损耗	各线对间串扰损耗及余量	B	
7	远方近端串扰损耗	各线对间串扰损耗及余量	B	
8	等效近端串扰损耗	各线对间 ELFEXT 值及最差值、余量	B	
9	相邻线对综合近端干扰	各受干扰线对对穿套功率总和值、与标准最小差值、余量	B	
10	近端 ACR	各受干扰线对 ACR、余量	B	
11	远端等效串扰总和	各受干扰线对 PSELFEXT 与标准限差及余量	B	
12	传输时延差值	各线对传输时延以及各线对传输时延差值	B	
13	回波损耗	各线对回波损耗值余量	B	
14	链路脉冲噪声	链路上 2 min 内脉冲平均个数≤10	B	项目不合格，该条链路不合格，扩展抽测
15	链路背景噪声	噪声值≤20 dB	B	

续表

序号	测试项目	需测参数	项目测试	被测线对出现一个（含一个）以上失败参数对判定结果的影响
16	安全接地	系统安全接地	B	
		屏蔽接地	B	
17	光纤链路	衰减 850 nm A−B，B−A 1 300 nm B−A，A−B	B	衰减值超过设定值，项目不合格，该条链路不合格
18	光纤链路	链路长度	C	指出长度作为参考

测试报告是测试工作的总结，也是测试工作的成果，它将作为工程质量的档案。当整个工程测试合格后，需要统一编制工程的测试报告。在编制测试报告时应该精心、细致，保证其完整性和准确性。测试报告应包括正文、数据副本（同时形成电子文件）和发现问题副本三部分。正文应包括结论页（包含施工单位、设计单位、工程名称、使用器件类别、工程规模、测试点数、合格与不合格等），统计合格率并做出结论，还应包括对整个工程测试生成的结论摘要报告（每条链路编号、通过及未通过的结论）。数据副本包括每一条链路的测试数据。

三、任务总结

本次任务主要介绍了使用 Link Ware 电缆测试管理软件测试数据并生成 ASCII 文本文件格式和 PDF 格式测试报告的操作步骤。

项目考核表

专业：__________ 班级：__________ 课程：__________

项目名称：项目十一　综合布线系统的测试与验收	**工作任务：** 任务一　综合布线的测试与验收 任务二　对绞电缆布线的测试 任务三　大对数电缆的测试 任务四　光缆布线的测试 任务五　编制测试报告
考核场所：	**考核组别：**

项目考核点	分值
1. 了解各国及国际标准制定机构制定的综合布线系统测试标准	10
2. 了解综合布线系统的测试内容，掌握测试仪器的使用方法	10
3. 根据项目的情况，选择正确的测试模型，使用测试仪器进行测试，并将测试结果记录下来	15
4. 在对绞电缆布线测试的过程中，分析某些测试项目遇到的问题，并进行有效的解决	10
5. 了解 TEST−ALL−25 测试仪的基本使用情况	10
6. 掌握 TEST−ALL−25 测试仪在进行大对数电缆测试过程中的测试方法	10

续表

项目考核点	分值
7. 了解光纤测试的内容、连接方式和光纤链路损耗的计算方法	10
8. 结合某实际项目，制定测试方案，选择测试仪器进行测试	15
9. 善于团队协作，营造团队交流、沟通和互帮互助的气氛	10
合 计	100

考核结果（答辩情况）

学号	姓名	各考核点得分										自评	组评	综评	合计
		1	2	3	4	5	6	7	8	9	10				

组长签字：________ 教师签字：________ 考核日期： 年 月 日

思考与练习

一、填空题

1. 综合布线工程测试内容主要包括三个方面：________、________、________。

2. 目前在综合布线工程中，常用的测试标准为美国国家标准协会 EIA/TIA 制定的________、________等标准。

3. 线缆传输的衰减量会随着________和________的增加而增大。

4. 线缆传输的近端串扰损耗（NEXT）________，则串扰越低，链路性能越好。

5. 衰减与近端串扰比（ACR）表示信号强度与串扰产生的噪声强度的相对大小，其值________，线缆传输性能就越好。

6. TSB−67 标准定义了两种测试模型，即________模型和________模型。

7. Fluke DSP−100 线缆测试仪只能测试________类线缆，Fluke DSP−4000 系列线缆测试仪可以测试________类线缆。

8. 光纤传输系统的性能测试除了可以使用 Fluke DSP−4000 系列的电缆测试仪以外，还经常使用 AT&T 公司生产的________光纤测试仪。

9. 大对数电缆的测试主要使用________自动化测试仪完成测试工作。

10. 测试完成后，应该使用________电缆管理软件导入测试数据并生成测试报告。

二、简答题

1. 简要说明基本链路测试模型和通道测试模型的区别。

2. 简述使用 Fluke DSP−4300 电缆测试仪测试一条超五类链路的过程。

3. 光纤链路测试主要包含哪些内容？光纤链路的损耗包括哪些因素？应该使用什么仪器进行测试?

4. 简要说明工程测试报告应包含的内容。使用什么方法生成测试报告?

5. 说明三种认证测试模型的差异。

PART 12 项目十二 综合布线工程管理

知识点

- 工程管理组织结构设计及人员安排
- 现场管理
- 质量管理
- 安全管理
- 成本管理
- 工程验收标准
- 工程验收内容
- 工程随工验收
- 工程竣工验收

技能点

- 掌握工程管理组织结构的设计及人员安排
- 掌握现场管理的技能
- 掌握质量管理的技能
- 掌握安全管理的技能
- 掌握成本管理的技能
- 掌握施工进度管理的技能
- 掌握工程随工验收的技能
- 掌握工程竣工验收的技能

建议教学组织形式

- 课件演示教学
- 实例演示教学

任务一　项目经理管理综合布线工程

一、任务分析

项目管理是一种已被公认的管理模式，是在 20 世纪 50 年代后期发展起来的一种计划管理方法，它在工程技术和工程管理领域起到越来越重要的作用，已得到广泛的应用。

所谓项目管理，是指项目的管理者，在有限资源的约束下，运用系统的观点、方法和理论，对项目涉及的全部工作进行有效的管理，即从项目的投资决策开始到项目结束的全过程进行计划、组织、指挥、协调、控制和评价，以实现项目的目标。

项目经理人也就是项目负责人，负责项目的组织、计划及实施过程，以保证项目目标的成功实现。项目经理人的任务就是要对项目实行全面的管理，具体体现在对项目目标要有一个全局的观点，并制定计划，报告项目进展，控制反馈，组建团队，在不确定的环境下对不确定性问题进行决策，在必要的时候进行谈判及解决冲突。

本次任务需要完成的工作有以下几项。

（1）掌握工程管理组织结构的设计及人员安排。

（2）掌握工程现场管理、质量管理、安全管理、成本管理等技术。

二、相关知识

（一）施工组织管理

1. 工程施工管理机构

针对综合布线工程的施工特点，施工单位要制定一整套规范的人员配备计划。

通常，人员配备包括项目经理领导下的技术经理、物料（施工材料与器材）经理、施工经理的工程负责制管理模式。工程施工组织机构如图 12-1 所示。

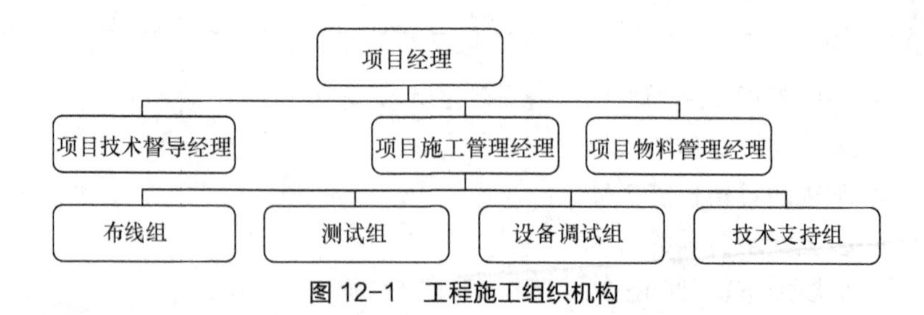

图 12-1　工程施工组织机构

项目经理：负责项目工程部的全面工作，主要统筹项目所有的施工设计、施工管理、工程测试及各类协调等工作。

项目经理部一般分为技术、施工、物料职能部门，并设有总监。

技术管理：负责审核设计，制定施工计划，检验产品性能指标，审核项目方案是否满足标书要求；负责施工技术的指导和问题的解决、工程进度的监控、工程施工质量的检验与监控；负责整个工程的资料管理，制定资料目录，保证施工图纸为当前有效的图纸版本；负责提供与各系统相关的验收标准，制定竣工资料，本工程技术建档工作，收集验收所需的各种技术报告，提出验收报告。

施工管理：主要承担工程施工的各项具体任务，其下设布线组、测试组、设备调试组和技术支持组，各组分工明确又可相互协调。

物料管理：主要根据合同及工程进度及时安排好库存和运输，为工程提供足够、合格的施工物料与器材。

2. 项目管理人员的组成

针对工程规模、施工进度、技术要求、施工难度等特点，根据正规化的工程管理模式，拟订出一套科学、合理的工程管理人事配置方案。

表 12-1 给出一个参考性人事安排，实际的工程项目施工组织由施工单位根据自己的情况进行组建。

表 12-1　人事安排表

<table>
<tr><th colspan="4">项目经理部</th></tr>
<tr><th colspan="2">项目管理人员组成</th><th>所在部门</th><th>联系电话</th></tr>
<tr><td colspan="2">工程主管：</td><td></td><td></td></tr>
<tr><td colspan="2">项目经理：</td><td></td><td></td></tr>
<tr><td colspan="2">项目副经理（总监）：</td><td></td><td></td></tr>
<tr><td colspan="2">技术负责人：</td><td></td><td></td></tr>
<tr><td colspan="2">质量安全负责人：</td><td></td><td></td></tr>
<tr><td colspan="2">材料供应及设备采购负责人：</td><td></td><td></td></tr>
<tr><td colspan="2">施工负责人：</td><td></td><td></td></tr>
<tr><td colspan="2">动力维修负责人：</td><td></td><td></td></tr>
<tr><td colspan="2">工程资料员：</td><td></td><td></td></tr>
<tr><td colspan="4">布线组人员组成：</td></tr>
<tr><td>……</td><td></td><td></td><td></td></tr>
<tr><td colspan="4">测试组人员组成：</td></tr>
<tr><td>……</td><td></td><td></td><td></td></tr>
<tr><td></td><td></td><td></td><td></td></tr>
<tr><td colspan="4">设备调试组人员组成：</td></tr>
<tr><td>……</td><td></td><td></td><td></td></tr>
</table>

3. 施工现场人员的管理

（1）制定施工人员档案。

（2）所有施工人员在施工场地内，均必须佩戴现场施工有效工作证，以资识别及管理。

（3）所有进入施工场地的员工，均给予工地安全守则， 并必须参加由工地安全负责人安排的安全守则课程。

（4）当员工离职时，更新人员档案并上报建设方相关人员。

（5）制定施工人员分配表。

（6）向施工人员发出工作责任表，细述当天的工作程序、所需材料与器材，说明施工要求和完成标准。

（二）现场管理措施及施工要求

1. 现场管理措施

（1）为了加强工程领导力量，工程应由有着较丰富的工程管理经验的工程师任项目负责人，同时配备有现场施工经验和管理能力的工程师担任现场施工负责人。

（2）加强施工计划安排。为了保质、保量、保工期、安全地完成这一任务，据总工期要求，制定施工总进度控制计划，并在总进度计划的前提下制定出日计划、周计划、旬计划及每天的施工计划。

（3）根据施工设计，按照工程进度充分备足每一阶段的物料，安排好库存及运输，以保证施工工程中的物料供应。

（4）安全措施。施工人员到现场施工，应采取必要措施。施工人员进入现场必须佩戴安全帽，现场严禁烟火。

（5）现场的临时用电，要遵循有关安全用电规定，服从现场建设单位代表的管理。带电作业时，随时做好监护工作。登高作业时，要系好安全带，并进行监护。

2. 现场施工要求

综合布线工程施工包括图纸会审、施工管理、技术交底、工程变更、施工步骤、施工配合、施工人员管理、施工工艺等。

（1）图纸会审

图纸会审是一项极其严肃和重要的技术工作。认真做好图纸会审工作，对于减少施工图中的差错，保证和提高工程质量有着重要的作用。

图纸会审应有组织、有领导、有步骤地进行，并按照工程进展，定期分级组织会审工作。图纸会审工作应由建设方和施工方提出问题，设计人员解答。

对于涉及面广、设计人员一方不能定案的问题，应由建设单位和施工单位共同协商解决办法。

会审结果应形成纪要，由建设单位、施工单位和监理单位三方共同签字，并分发下去，作为施工技术存档。

（2）管理细则

① 监察及报告。

- 按计划施工进度及设计安排工期，对所有工地人员介绍整个工程计划，明确委派每一位人员的责任及从属。
- 实施施工人员管理计划，确保所有人员履行所属责任，每天到工地报到，并分配当天的工作任务及所需的设备和工具。
- 班组长每天巡视工地，确保工程进度如期进行及达到施工标准。施工组主管每天提交当天的施工进度报告及归档。
- 项目管理批阅有关报告后，按需要调动适当人员及调整施工计划，以确保工程进度。
- 每周以书面形式向总工程师、监理方、建设方提交工程进度报告。
- 约定与工地管工的定期会议，了解工程的实施进度及问题，按不同情况及重要性，检讨及重新制定施工方向、程序及人员的分配，同时制定弹性人员调动机制，以便工程加快或变动进度时予以配合。
- 每日巡查施工场地，检查施工人员的工作操守，以确保工程的正确运行及进度。

② 施工原则。

- 坚持质量第一，确保安全施工；按计划和基建施工配合。
- 严格执行基本施工安装工序和技术监管的要求。
- 严格按照标准保证工程的质量，确保可靠性、安全性。
- 协调多工序、多工种的交叉作业。

③ 编制现场施工管理文件及施工图。

编制内容如下。

- 现场技术安全交底、现场协调、现场变更、现场材料质量签证、现场工程验收单。
- 工程概况，包括工程名称、范围、地点、规模、特点、主要技术参数、工期要求及投资等。
- 施工平面布置图，施工准备及其技术要求。
- 施工方法图、工序图、施工计划网络图。
- 施工技术措施与技术要求。
- 施工安全、防火措施。

④ 编制与审批程序。

施工方案经项目技术组组长审核，建设方和监理负责人（主任工程师）复审，建设方技术监管认可后生效并执行。

⑤ 施工方案的贯彻和实施。

方案编制完成后，施工前应由施工方案编制人向全体施工人员（包括质检人员和安全人员）进行交底（讲解）；项目主管负责方案的贯彻，各级技术人员应严格执行方案的各项要求。

在方案经批准下达后，各级技术人员必须严肃、认真地贯彻执行，未经批准的方案或不齐备的方案不得下达。

必须严肃工艺纪律，各级技术人员都不得随意更改方案的内容，因施工条件变化，方案难以执行，或方案内容不切合实际之处，应逐级上报，经变更签证后，方准执行新规定。

工程竣工后，应认真进行总结，提交方案实施的书面文件。

（3）技术交底

技术交底存在于基建设计单位与甲方、施工单位之间。技术交底工作应分级进行、分级管理，并定期按周进行交流，召开例会。

技术交底的主要内容包括：施工中采用的新技术、新工艺、新设备、新材料的性能和操作使用方法，及预埋部件注意事项。技术交底应做好记录。

（4）工程变更

经过图纸会审和技术交底工作之后，会发现一些设计图纸中的问题和用户需求的改动，或随着工程的进展，会不断发现一些问题。

这时，也不可能再修改图纸了，转而采用设计变更的办法，将需要修改和变更的地方，填写工程设计变更联络单。

变更单上附有文字说明，有的还附有大样图和示意图。

当收到工程变更单时，应妥善保存，它也是施工图的补充和完善性的技术资料，应将其对应相应的施工图进行认真核对，在施工时应按变更后的设计进行。

工程变更单是制作竣工图的重要依据，同时也是竣工资料的组成部分，应归纳存档。

（5）施工步骤

① 施工过程可分为以下三个阶段来进行。

施工准备阶段：阅读和熟悉基建施工图纸；绘出布线施工设计和施工图；订购设备、材料；到货清点验收、入库；定制布线管槽；人员组织准备等。

施工阶段：配合土建、装修施工，预埋电缆电线保护管各支持固定件、固定接线箱等。

设备安装阶段：依据工程进展，逐步进行设备安装。

② 施工步骤。根据具体项目的施工规模、工期，调配好施工步骤，确立重点，采取对策。施工过程中也要注意与弱电、土建、装修、机电分包的配合，以确保整个工程的顺利进行。

工程施工步骤包含在详细的施工进度计划内，进入现场后将其进一步细化。

- 施工准备：施工设计图纸的会审和技术交底，由甲方组织，建设方技术人员、工长参加；由建设方技术人员根据工程进度提出施工用料计划及施工机具和检验工具、仪器的配备计划，同时结算施工劳动力的配备，做好施工班组的安全、消防、技术交底和培训工作。
- 配合主体结构和装修，熟悉结构和装修预埋图纸，校清预埋位置尺寸以及有关施工操作、工艺、规程、标准的规定及施工验收规范要求。监督结构、装修工程的进度，做好管盒预埋安装和线槽敷设工作，做到不错、不漏、不堵。当分段隐蔽工程完成后，应配合甲方及时验收并及时办理隐检签字手续。
- 材料与器材开箱检查：由设备材料组负责，技术和质量监理参加，将已到施工现场的设备、材料做直观上的外观检查，保证无外伤损坏、无缺件，清点备件。核对设备、材料、电缆、电线、备件的型号规格、数量是否符合施工设计文件以及清单的要求，并及时如实地填写开箱检查报告。

仓库管理员应填写材料库存统计表与材料入库统计表，如表12-2和表12-3所示。

表12-2　材料库存统计表

材料库存统计表					
序号	材料名称	型号	单位	数量	备注
1					
2					
审核：		统计：		日期：	

表12-3　材料材料入库统计表

材料入库统计表					
序号	材料名称	型号	单位	数量	备注
1					
2					
审核：		仓管：		日期：	

- 由质量监理组负责，严格按照施工图纸文件要求和有关规范规定的标准对设备及路线等进行验收。
- 自检。在设备端接、测试完毕后，由质量监理组和技术支持组，按施工设计有关规程的规定，组织有关人员进行认真的检查和重点的抽查，确认无误以及合乎有关规定后，再进行竣工资料的整理和报验工作。

（6）施工注意事项

① 做到无施工方案不施工，有方案工作任务没交底不施工。

施工班组要认真做好完全上岗交底活动及记录，在固定时间内组织安全活动。严格执行操作规程，有权拒绝违章作业的指令，制止违章作业。

② 进入施工现场必须严格遵守安全生产纪律，严格执行安全生产规程。

③ 从事高空作业的人员要定时体检。不适合于高空作业的人员，不得从事高空作业。

④ 脚手架搭设要有严格的交底和验收制度，未经验收不得使用。施工时严禁擅自拆除各种安全措施，对施工有影响而非拆除不可时，要得到有关人员的批准，并采取加固措施。

⑤ 严格安全用电制度，遵守《施工现场临时用电安全技术规范》（JCJ46-88），临时用电要布局合理，严禁乱拉乱接，潮湿处、地下室及管道竖井内施工应采用低压照明。

现场用电，一定要有专人管理，同时设专用配电箱，严禁乱接乱拉，采取用电牌制度，杜绝违章作业，防止人身、线路、设备事故的发生。

⑥ 电钻、电锤、电焊机等电动机具用电、配电箱必须要有保护装置和良好的接地保护地线，所有电动机具和线缆必须定期检查，保证绝缘良好。使用电动机具时应穿绝缘鞋，戴绝缘手套。

（7）施工进度计划

① 在总体施工进度计划的指导下，由项目经理编制季、月、周施工作业计划，由专业施工技术督导员负责向施工队交底和组织实施。

② 项目部每周召开专业施工技术督导员、各子系统施工班组负责人参加的进度协调会，及时检查、协调各子系统工程进度及解决工序交接的有关问题。

定期召开各有关部门会议，协调部门与项目部之间有关工程实施的配合问题。

③ 项目经理按时参加甲方召开的生产协调会仪，及时处理与有关施工单位之间的施工配合问题，及时反映施工中存在的问题，以确保整个工程的顺利及同步进行。

（8）施工协调

施工协调即工程实施与土建工程在时间进度上的配合。施工过程中可能要处理与土建工程、机电安装、弱电安装在时间进度上良好的配合。

根据在工程管理和工程施工方面的经验，总结出在工程安装前期必须完成的环节。

① 施工图会审。图纸会审是一项极其严肃和重要的技术工作。认真做好图纸会审工作，对于减少施工图中的差错，保证和提高工程质量有着重要的作用。

图纸会审，分别由建设单位、监理方和系统设备供应商有步骤地进行，并按照工程的性质、图纸内容等分别组织会审工作。

会审结果应形成纪要，由设计、建设、施工各方共同签字，并分发下去，作为施工图的补充技术文件。

② 施工时间表。该时间表的主要时间段内容包括系统设计、设备生产与购买、管线施工、设备验收、设备安装、系统调试、培训和系统验收等。同时，工程施工界面协调和确认应形

成机要或界面协调文件。

③ 工程施工技术交底。技术交底包括各分系统承包商、机电设备供应及安装商、监理公司之间，以及综合布线项目组内部到施工班组的交底工作，它们应分级、分层次进行。

需要着重指出的是，综合布线项目组内部的技术交底工作，其目的有两个：一是为了明确所承担施工任务的特点、技术质量要求、系统的划分、施工工艺、施工要点和注意事项等，做到心中有数，以利于有计划、有组织地多快好省地完成任务，项目组长可以进一步帮助技术员理解消化图纸；二是对工程技术的具体要求、安全措施、施工程序、配制的施工机具等做详细的说明，使责任明确、各负其责。

技术交底的主要内容包括：施工中采用的新技术、新工艺、新设备、新材料的性能和操作使用方法及预埋部件注意事项。技术交底应做好相应的记录。

3. 施工配合

针对综合布线工程的施工户外部分面积大小、施工难度高低、楼宇是否在建等情况，为保证布线工程的顺利进行，要求建设方协助提供施工配合。

一般综合布线工程的施工是比较复杂的，要与各种专业空间交叉作业，主要包括土建、装修、给排水、采暖通风、电气安装等专业的交叉施工。

在施工中，如果某一专业的施工只考虑本专业或工种的进度，势必影响其他的工种施工，这样本专业的施工也很难搞好。所以，在施工中的协调配合，是十分重要的。

综合布线工程施工是整个建筑工程的一个组成部分，与其他各专业的施工必然会发生多方面的交叉作业，尤其和土建、装修施工的关系最为密切。

4. 质量保证措施

为确保施工质量，在施工过程中，项目经理、技术主管、质检工程师、建设单位代表、监理工程师共同按照施工设计规定、设计图纸要求对施工质量进行检查。

施工时应严格按照施工图纸、操作规程及现阶段规范要求进行施工，严格施工管理和施工现场隐蔽工程交验签字顺序。

现场成立以项目经理为首，由各分组负责人参加质量管理领导小组，对工程进行全面质量管理，建立完善的质量保证体系与质量信息反馈体系。

对工程质量进行控制和监督，层层落实工程质量管理责任制。

在施工队伍中开展全面质量管理基础知识教育，努力提高职工的质量意识，实行质量目标管理，创建“优质”工程。

认真落实技术岗位责任制和技术交底制度，每道工序施工前必须进行技术、工序、质量交底。

认真做好施工记录，定期检查质量和相应的资料，保证资料的鉴定、收集、整理，审核与工程同步。

原材料进场必须有材质证明，取样检验合格后方可使用。各种器材成品、半成品进场必须有产品合格证。

推行全面质量管理，建立明确的质量保证体系，坚持质量检查制、样板制和岗位责任制。

认真做好技术资料和文档留档工作，对于各类设计图纸资料应仔细保存，对各道工序的工作应认真做好记录并保存好文字资料，完工后整理出整个系统的文档资料。

5. 安全保障措施

（1）建立安全制度

建立安全生产岗位责任制。项目经理是安全工作的第一责任者，现场设专职质安员，加强现场安全生产的监督检查。

整个现场管理要将安全生产作为头等大事来抓，坚持实行安全值班制度，认真贯彻执行各项安全生产的政策及法令规定。

在安排施工任务的同时，必须进行安全交底，有书面资料和交接人签字。施工中应认真执行安全操作规程和各项安全规定，严禁违章作业、违章指挥。

施工方案要分别编制安全技术措施。现场机电设备防火安全设施要由专人负责。

（2）贯彻安全计划

现场施工质安员必须对所有施工人员的安全及工作环境的卫生负有重要责任。

安全监督员和安全监督员代表必须出席现场协调会议和安全工作会议，及时反应工地现场的安全隐患和安全保护措施。会议内容应当明显地写在工地现场办公地点的告示牌上。

安全员须每半月在工地现场举行一次安全会议，随时注意现场施工人员的安全意识。

如出现安全问题或事故，施工人员必须马上向安全管理员报告伤害情况。

位于危险工作地点的工作人员，为防止意外事故的发生，每个人应获得指导性的培训。对施工操作给予系统的解释，直接将紧急事件集合点地图和注意事项发给每个人。

在发生危险出现死亡或严重身体伤害时，应立刻通知本单位和业主以及当地救护中心，并在 24 小时以内，提交关于事故的详细书面报告。

6. 成本控制措施

降低工程成本关键在于搞好施工前计划、施工过程中的控制和工程实施完成的分析。

（1）施工前计划

在项目开工前，项目经理部应做好前期准备工作，选定先进的施工方案，选好合理的材料商和供应商，制定出详细的项目成本计划，做到心中有数。

① 制定实际、合理且可行的施工方案，拟定技术员组织措施。

施工方案主要涉及施工方法的确定、施工器械和工具的选择、施工顺序的安排和流水施工的组织。

施工方案不同，工期就会不同，所需机械、工具也不同。因此，施工方案的优化选择是工程施工中降低工程成本的主要途径。

制定施工方案要以合同工期和建设方要求为依据，与实际项目的规模、性质、复杂程度、现场等因素综合考虑。

尽量同时制定出若干个施工方案，互相比较，从中优选最合理、经济的方案。工程技术人员、材料员、现场管理人员应明确分工，形成落实技术措施的一条合理的链路。

② 做好项目成本计划。

成本计划是项目实施之前所做的成本管理初期活动，是项目运行的基础和先决条件，是根据内部承包合同确定的目标成本。

应根据施工组织设计和生产要素的配置等情况，按施工进度计划，确定每个项目周期成本计划和项目总成本计划，计算出盈亏平衡点和目标利润，作为控制施工过程生产成本的依据。

使项目经理部人员及施工人员无论在工程进行到何种进度，都能事前清楚地知道自己的目标成本，以便采取相应的手段控制成本。

（2）施工过程中的控制

在项目施工过程中，按照所选的技术方案，严格按照成本计划进行实施和控制，包括对材料费的控制、对人工消耗的控制和对现场管理费用的控制等内容。

① 降低材料成本。

- 实行三级收料及限额领料。在工程建设中，材料成本占整个工程成本的比重最大，一般可达 70%左右，有较大的节约潜力，往往在其他成本出现亏损时，要靠材料成本的节约来弥补。材料成本的节约，也是降低工程成本的关键。组成工程成本的材料包括主要材料和辅助材料。主要材料是构成工程的主要材料。
- 推行限额发料，首先要合理确定工程实施中实际的应发数量，这种数量的确定可以是由项目经理确认的数据；其次是要推行三级收料。三级收料是限额发料的一个重要环节，是施工队对项目部采购材料的数量给予确认的过程。

所谓三级收料，就是首先由收料员清点数量、记录签字；然后由材料部门的收料员清点数量，验收登记；再由施工队清点数量并确认，如发现数量不足或过剩时，由材料部门解决。

应发数量及实发数量确定后，施工队施工完毕，对其实际使用数量再次确认。

② 组织材料合理进出场。

工程具体项目往往材料种类繁多，所以合理安排材料进出场的时间特别重要。

首先，应当根据施工进度编制材料计划，并确定好材料的进出场时间。

有时候因现场的情况较为复杂，有较多的人为不可控制的因素，导致工程中材料的型号及数量有所变化，需重新订货，从而增加了成本。

为了降低损耗，项目经理应组织工程师和造价工程师，根据现场实际情况与工程商确定一个合理的损耗率，由其包干使用，节约双方分成，让每一个工程商或施工人员在材料用量上都与其经济利益挂钩，从而降低整个工程的材料成本。

③ 节约现场管理费。

施工项目现场管理费包括临时设施费和现场经费两项内容，此两项费用的收益是根据项目施工任务来核定的。

但支出却并不与项目工程量的大小成正比。综合布线工程工期将视工程大小可长可短，但不管怎样其临时设施的支出仍然是一个不小的数字，一般应本着经济适用的原则布置。

对于现场经费的管理，应抓好如下工作：一是人员的精简；二是工程程序及工程质量的管理，一项工程在具体实施中往往受时间、条件的限制而不能按期顺利进行，这就要求合理调度、循序渐进；三是建立 QC 小组，促进管理水平不断提高，减少管理费用支出。

④ 工程实施完成后总结分析。

事后分析是总结经验教训及进行下一个项目的事前科学预测的开始，是成本控制工作的继续。

在坚持综合分析的基础上，采取回头看的方法，及时检查、分析、修正、补充，以达到控制成本和提高效益的目标。

根据项目部制定的考核制度，对成本管理责任部室、相关部室、责任人员、相关人员及施工队进行考核，考核的重点是完成工作量、材料、人工费及机械使用费四大指标，根据考核结果决定奖罚。

⑤ 工程成本控制小结。

- 加强现场管理，合理安排材料进场和堆放，减少二次搬运和损耗。

- 加强材料的管理工作，做到不错发、错领材料，不丢、窃、遗失材料，施工班组要合理使用材料，做到材料精用。在敷设线缆时，既要留有适量的余量，还应力求节约，不要浪费。
- 材料管理人员要及时组织使用材料的发放、施工现场材料的收集工作。
- 加强技术交流，推广先进的施工方法，积极采用先进、科学的施工方案，提高施工技术。
- 积极鼓励员工“合理化建议”活动的开展，提高施工班组人员的技术素质，尽可能地节约材料和人工，降低工程成本。
- 加强质量控制、技术指导和管理，做好现场施工工艺的衔接，杜绝返工，做到一次施工、一次验收合格。
- 合理组织工序穿插，缩短工期，减少人工、机械及有关费用的支出。
- 科学、合理地安排施工程序，搞好劳动力、机具、材料的综合平衡，向管理要效益。平时施工现场应由 1～2 人巡视了解施工进度和现场情况，做到有计划性和预见性。预埋条件具备时，应采取见缝插针、集中人力预埋的方法，以节省人力、物力。

7. 施工进度管理

对于一个可行性的施工管理制度而言，实施工作是影响施工进度的重要因素。要提高工程施工的效率从而保证工程如期完成，就需要依靠一个相对完善的施工进度计划体系。施工进度表如表 12-4 所示。

表 12-4　施工进度表

时间 项目	1	2	3	4	5	6	7	8
一、合同签订								
二、图纸会审								
三、设备订购与检验								
四、主干线槽管架设及光缆敷设								
五、水平线槽管架设及线缆敷设								
六、机柜安装								
七、光缆端接及配线架安装								
八、内部测试及调整								
九、组织验收								
说明：								

8. 施工机具管理

由于工程施工需要，施工时会有许多施工机具、测试仪器等设备或工具。这些机具的管理既是工程管理的内容之一，也是提高工程效率、降低成本的有效措施之一，在工程管理中应重视。最常用和有效的管理办法如下。

（1）建立施工机具使用及维护制度。

（2）实行机具使用、借用制度。

表 12–5 是一张机具借用表。

表 12-5　机具借用表

借用人		部门			借用时间	归还时间
序号	设备名称	规格型号	单位	数量		
1						
2						
3						
4						
5						
6						
审批人：		借用人签字：				

9. *技术支持及服务*

坚持为客户服务的宗旨，对布线工程的运行、使用、维护以及有关部门人员的培训，提供全面的技术支持和服务。

（1）文档提交

向用户提供布线系统的设计资料，包括设计文档、图纸、产品证明材料；并且向用户提供布线路由图、跳接线图，在所有的连接件上贴上标签，帮助用户建立布线档案。

（2）用户人员培训

为了保证系统的正常运行，对有关人员进行培训。在安装过程中，应现场对用户进行免费培训，使他们熟悉布线系统工程的情况，了解布线系统的设计。

掌握基本的布线安装技能，今后能够独立管理布线系统，并且能够解决一些简单的问题。

（3）竣工后技术维护

由施工单位负责施工安装的工程，保修期为一年，由竣工验收之日起计，签发“综合布线系统工程保修书”和“安装工程质量维修通知书”。

质保期满后，施工单位提交一式三份年检报告，建设单位签字后，证明质保期满。

对保修期已过的工程保养、维修，施工单位本着负责到底的宗旨，一律予以保修。

设备发生故障或需更换时，施工单位应在建设单位认可的合理时间内尽快提供维修服务，建设单位需提供材料及零部件清单，费用由建设单位承担。

对保修期已过的工程保养、维修，施工单位将根据合同及时提供各系统的备件、备品。

施工单位在系统安装过程中和安装完毕后，及时向建设方交接人员详细介绍系统的结构，示范系统的使用和讲解系统的使用注意事项，使经过现场培训的建设方人员，能独立完成综合布线系统操作及日常维护、保养工作。

施工方应根据工程合同承诺为建设单位提供维修、维护服务。

三、任务实施

【任务目标】按照综合布线工程管理的要求，编制项目管理办法，对工程项目全过程进行控制管理。

【任务场景】根据综合布线工程项目管理办法，对项目过程中产生的文档报表、合同、库房、物资进销存等内容进行管理。

对项目管理有了初步的了解后，下面开始编制项目管理办法。

名称：工程项目管理办法。

适用范围：本项目管理办法适用于工程项目全过程的控制管理。

1. 期间产生的文档及报表

项目期间产生的文档及报表是指自项目招标开始至验收的整个过程，本公司出具或其他方提交的用于进行项目管理或作为法律依据的相关文档资料。

（1）项目报备表

出具：市场部销售人员。

出具时间：已获取项目相关基本信息，且业主方已在项目计划阶段。

主要内容：项目业主单位、主要负责人及联系方式、项目主要内容、规模大小、计划实施时间、竞争对手情况等。

作用：作为该项目是否在公司正式立项的依据；项目信息的建立和分析；项目跟踪计划的正式启动；项目涉及产品厂商的确定及报备，以获得它们及时、有利的支持；项目售前经理的确认；售前资金计划的确认及支出权利；获得技术人员的支持；销售人员工作业绩考核部分；建立客户关系档案。

文档类型：纸介、电子。

用档人：市场部经理、公司总经理。

管理：商务。

存档：纸介—商务，电子—FTP。

（2）项目招标书

出具：项目招标方或项目业主。

作用：标的邀约、内容、要求等说明，作为应标文件撰写和项目设计及实施的依据，与合同具有同等的法律地位。

文档类型：纸介。

用档人：商务经理、项目经理。

管理：商务。

存档：商务。

（3）项目投标文件（项目方案设计及商务文件）

出具：项目售前经理（技术文件）、商务（商务文件）。

主要内容：根据招标文件要求及调研结果撰写的应标文件，包括用户需求分析、系统方案设计、设备配置选型、项目实施组织结构、实施计划、服务承诺、设备配置清单及项目报价明细、公司资质等。

文档类型：电子、纸介（两份）。

出具时间：收到招标文件至约定交标日。

作用：对项目业主的招标邀约的阐述和承诺，若中标则成为合同的附件，作为项目实施的重要法律约束文件。

用档人：项目业主、项目经理。

审核：市场部经理、技术部门经理。

审批：公司总经理。

存档：纸介—商务，电子—FTP。

（4）中标通知书

出具：由项目招标方或业主出具给中标公司。

作用：是确认中标的法律证明文件，同时也是合同签署的通知书。

管理：商务。

文档类型：纸介。

用档人：售前经理。

存档：商务。

（5）项目合同书

出具：由公司（项目售前经理）或项目业主提交。

内容：泛指公司业务收入所涉及的集成、工程、技术服务、技术咨询、产品销售等业务合同、附加合同、各种协议等。

出具时间：接到中标通知书、双方达成协议时。

作用：作为公司项目执行的商务承诺、项目管理、财务立项及内部考核的法律和控制依据。

合同管理：工程管理。

初稿审核：工程管理人员、市场部经理、技术部门经理、财务主管经理。

正稿审批：公司总经理。

用档人：售前经理、项目经理、工程管理、财务。

文档类型：纸介、电子。

存档：纸介—商务，电子—FTP。

其他：详见“合同管理”。

（6）项目实施进度计划

出具：项目经理。

出具时间：合同签署后3天内提交商务。

主要内容：项目按分项、实施阶段分解实施计划（阶段工作目标、工作内容、实施时间、人员安排、相关资源需求等）。

作用：作为人力资源统筹计划的依据、采购计划的依据、资金计划的依据、项目实施目标考核的依据。

计划管理：工程管理。

审核：实施部门经理。

审批：市场部经理、财务主管经理。

用档人：工程管理、采购。

文档类型：纸介、电子。

存档：纸介—商务，电子—FTP。

（7）项目资金计划

出具：销售经理。

出具时间：合同签署后，立即提交商务一份主合同或附加合同的资金计划，必须一次出全，不得分批分次提交。

计划管理：工程管理。

文档类型：纸介、电子。

作用：作为项目物资采购、采购考核、库房管理、财务项目核算及资金支出的重要依据。

依据：项目主合同、附加合同及项目零星变更签证等，否则不得出具项目资金计划。

内容：设备材料名称、型号规格、数量、销售价、投标询价、询价供应商、供货时间/地点、施工费用、项目经费、运杂费等。

审批：首先由项目经理审核，然后由总经理和财务主管经理审批后由商务执行。

用档人：工程管理、采购、财务、项目考核。

存档：纸介—商务、财务，电子—FTP。

（8）项目合同执行汇总报表

出具：商务。

管理：财务。

作用：公司主管领导可随时由该表查阅公司项目明细（合同金额、单项工程计划和实际成本、总计划和实际总成本、单项毛利、总毛利等项目情况），并以此作为项目利润考核的基本依据。

出具时间：商务根据新合同更新，财务数据单项目结算完毕后一次性提交。

用档人：公司总经理、财务主管经理。

审核：财务主管经理。

文档类型：电子文档，备份除公司领导外不得共享。

存档：财务。

（9）项目客户档案

管理维护：商务。

数据来源：项目报备表、财务信息、合同信息。

文档类型：电子。

更新周期：适时更新。

主要内容：单位名称、行政区域、行业类别、单位主要行政负责人及职务、项目主要负责人和职务、财务责任人、开票信息、联系方式、已合作项目、金额等。

作用：建立详尽的客户关系档案，巩固、发展市场客户资源，建立快捷的客户服务渠道，方便商务联系和财务结算。

用档人：商务、财务、项目经理、公司经理。

审核：公司总经理。

存档：FTP（除用档人外不得共享）。

（10）项目开工报告

出具：项目经理。

出具时间：工程现场及前期准备工作已具备施工条件时。工程结束后提交商务。

作用：说明项目施工现场已完全具备施工条件或交叉施工时机，我方项目实施前期准备工作已就绪，同时也是业主工程管理的规范程序及施工起始时间确认的证明文件。

审核：项目业主。

用档人：项目业主。

文档介质：纸介。

文档管理：商务。

存档：同合同。

（11）项目停工申请报告

出具：项目经理。

出具时间：由于业主或项目承接方的原因（如现场条件不具备、发生不可抗力、设备材料不能按预计时间进入现场、难以协调时间等），预计工程较长时间无法进行（一般超出项目总约定时间的 20%）时。工程结束后提交商务。

主要内容：停工原因、解决措施及负责方、估计停工时间等。

文档介质：纸介。

审核：技术部门经理。

审批：项目业主。

管理：商务。

存档：商务。

（12）设备开箱验收单

出具：项目经理。

提交时间：即合同设备抵达项目现场，项目双方负责人同时在场，对照合同设备明细对所供设备型号、规格、数量、外观、随机资料等进行现场检查，并逐项填写验收单，项目结束时提交商务。

作用：是项目阶段性实施目标的确认；作为项目进度款支付的依据、设备所有权发生转移的法律证据；项目终验文档部分。

审核：业主、项目负责人填写验收意见，双方签字确认。

用档人：项目业主、商务。

文档介质：纸介。

文档管理：商务。

存档：商务。

（13）设备随机资料

出具：设备厂家。

文档介质：纸介或电子。

主要内容：设备使用说明书、用户手册、产品合格证、产品保修卡、随机软件等。

出具时间：设备开箱验收时。

作用：是设备验收不可分割的部分。

用档人：项目业主。

移交：随同设备同时登记并交付业主项目经理。

审核：项目业主。

管理：项目经理。

存档：项目业主。

（14）隐蔽工程记录表

出具：项目经理。

出具时间：隐蔽工程施工完毕，在掩埋或封闭前。项目结束后提交商务。

作用：证明工程施工方法和材料符合合同约定及国家相关标准，是项目整体验收不可或缺的部分。

主要内容：主项目和分项目名称、施工地点／时间、施工内容、施工方法、敷设材料、掩埋或封闭形式等。

文档介质：纸介。

审核：项目业主。

用档人：项目业主。

存档：商务。

（15）项目变更签证

出具：售前经理。

出具时间：项目合同内容发生变更时。签署后立即提交商务。

作用：作为合同外零星变更的技术和商务确认的法律依据，与合同具有同等的法律效力。

主要内容：变更事由、变更内容明细、变更金额等。

审核：实施部门经理。

审批：项目业主。

用档人：商务、财务。

文档介质：纸介。

存档：商务。

（16）项目竣工请验报告

出具：项目经理。

出具时间：项目合同标的全部实施完毕，并按合同约定完成试运行后。

作用：通知项目业主，项目建设已符合合同标的，具备验收条件，可按合同规定时间及要求进入验收程序。

用档人：项目业主。

审核：技术部门经理。

审批：项目业主。

文档介质：纸介。

存档：项目业主。

（17）项目验收文档

出具：项目经理。

出具时间：项目合同标的全部实施完毕，提交项目竣工终验报告前。

文档介质：纸介、电子。

主要内容：开箱验收单、设备加电验收记录、技术方案变更表、项目变更签证、设备参数配置表、竣工图、测试报告、隐蔽工程记录、系统和应用程序、详细设计、工作量统计等。

作用：验收时移交业主，作为项目完成内容、质量、标准的依据及今后业主正常维护的资料。

用档人：项目业主。

管理：商务。

密级：绝密。

存档：纸介—商务，电子—FTP（除指定人员外不得共享）。

（18）项目验收表（证书）

出具：项目经理（或项目业主）。

出具时间：竣工验收通过时，由项目经理提交商务。

作用：作为项目实施结果全部符合合同标的并获得业主确认的法律文件及项目结算的商务依据。

审核：实施部门经理。

审批：项目业主。

文档介质：纸介。

管理：商务。

用档人：商务、财务。

存档：商务。

（19）项目建设征询书

出具：项目经理。

出具时间：项目各分项工程结束时；阶段工作结束返回公司前；项目实施期间，项目经理更迭时；逢国家大假前。

作用：及时反馈客户的需求、意见及工程存在的问题，以便适时处理；遏止具有延展或扩充性的问题扩大，降低项目风险和损失；作为对项目经理和其他参与者的考核依据、项目经理更迭时的问题交接依据；树立公司项目管理和服务形象。

用档人：部门经理、项目考核人。

文档介质：纸介。

存档：商务。

（20）项目出差申请表

出具：出差者。

主要内容：出差前填报出差目的地、时间和周期、工作目标、任务计划、费用计划等；出差结束后填报工作目标和任务完成情况、部门经理评述、实际发生费用等。

作用：作为工作目标考核及报销的依据。

审核：部门经理。

审批：计划内由财务主管经理审批，计划外由公司总经理审批。

文档介质：纸介。

用档人：部门经理、财务。

（21）项目文档登记表

出具：商务。

出具时间：凡产生新的项目文档并由商务接受、分发时或存档时。

作用：核实项目实施过程中是否按规定形成阶段性管理文档；文档交接时双方登记签字完成移交手续；日常查阅文档时检索之用。

文档介质：纸介。

管理：商务。

（22）其他文档

工程项目中产生的其他文档（如一些安装调试或施工中的记录等）由部门自行编制和

管理。

2. 合同管理

任何项目都必须签署合同并按规定完成合同审批流程，否则不得实施和产生费用。

在合同的执行过程中，若业主要求合同外成批增加工作量、设备材料等，需增补附加合同；零星增补，必须有项目变更单，否则不得实施。

（1）合同稿

出具：由市场部销售经理负责组织撰稿，技术部门配合完成。

作用：按合同范本撰写合同内容，供商务审核。

合同内容：应包含项目名称、合同当事人单位名称、合同内容和要求（符合同标的）、实施进度计划、实施标准、甲乙双方职责、合同金额、付款方式、税种及开票时间、汇款和开票信息、项目验收标准和方法、违约责任、不可抗力、解决争议的方法、合同生效和终止条款等。

合同附件：包括技术服务承诺、技术方案、设备材料施工报价明细清单等。

合同稿审核：商务工程管理人员、实施部门经理、市场部经理。

用档人：市场部经理、商务工程管理人员。

文档介质：电子。

合同稿的审核：市场部经理审核后，电子文档交商务部门出正稿。

（2）主合同

合同的出具和分发：正式合同一般应由本公司市场部销售经理出具（除非客户方要求乙方出具）。合同签订后，统一由商务部门按使用者权限分发。

作用：作为财务建账立项、项目资金计划、采购、验收、收款等的依据。

合同法律签名：法人代表为公司总经理（法人授权），委托代理人为销售经理。

合同附件：双方均应在每项附件文件上签字盖章认可（或盖骑缝章）。

合同主页（封面）：主页必须有合同全称、合同编号（客户方出具合同则在主页上加注合同编码）、年月日（应和合同签署日期一致）。

页眉、页脚：合同必须有页眉、页脚。页眉内容为合同全称，页脚内容为本公司全称、地址、邮箱、电话、第×页、共×页。

合同的审批：合同必须经市场部和工程技术部门经理审阅签字（项目文档登记表），最后由公司总经理审批后方可签约执行。

存档：公司应有两份合同纸介文档（正本、副本各一份），其中正本交商务部门存档，副本交财务部门。其余使用者全部共享电子文档（由商务管理）。

合同记录：合同签订后，由商务部门形成一个合同执行报表的电子文档，和财务部门共享，并分别由商务和财务在表内实时填写相关记录（合同执行汇总表）。

（3）附加合同

出具：销售经理。

作用：主合同生效后，由于主合同内容发生变化而在主合同之外增补的合同。

合同名：主合同名—经济合同+附加经济合同。

内容：仅说明主合同变更原因、变更内容、实施时间、合同金额、付款方式、报价明细清单等。合同其余条款应注明同主合同。

其他规定：同主合同规定。

（4）委托合同

出具：销售经理。

作用：委托合同是主合同中的部分（或全部）工作内容本公司无法实施，必须委托第三方实施时所签署的合同。

合同名：主合同名—经济合同+委托内容+委托合同（如新疆大学网络集—综合布线委托合同）。

内容：同主合同要求。

第三方的产生：委托项目应采用招标（或比价）的方式产生第三方（应能出具本公司所要求的税种发票）。招标工作由市场部负责，相关部门参与。

其他规定：同主合同规定。

（5）合同范本

作用：使合同标准化，避免发生遗漏项、条款不明确、责任不清晰等法律纠纷。

合同范本的出具：由商务工程管理人员出具、维护、更新。

合同范本的使用：本公司所有合同必须采用合同范本，不得随意采用其他格式制作合同。

（6）合同编码

合同编码原则：本编码共分 5~7 个字段，每字段 2 位（字母或数字）。

① 项目主合同（5 个字段）的编码举例。

- 字段 1：合同承接单位—京创太极（TJ）。
- 字段 2：合同类型—集成（JC）、工程、（GC）、软件（RJ）、销售（XS）、服务（FW）。
- 字段 3：合同签订时间—年份。
- 字段 4：合同签订时间—月份。
- 字段 5：合同签订时间—日。

② 项目附加合同（6 个字段）。

若有主合同之外补充、添加的增补合同，则前 5 个字段同主合同，其后增加 1 个字段（字段 6）。第一位为 F，第二位为 1~9 的流水号。

③ 委托合同。

主合同中若有部分合同内容须委托第三方实施（如施工等），则需签订委托合同。委托合同编码前 5 个字段同主合同，其后增加 1 个字段（字段 6）。第一位为 W，第二位为 1~9 的流水号。

④ 采购合同（7 个字段）。

项目采购合同必须从属于相应的主合同。采购合同前 5 个字段同主合同，其后附加 2 个字段（字段 6、7）。第一字段为 CG；第二字段为 1~99 的流水号。

下面举例说明。

A 阶段：2007 年 5 月 16 日，京创太极和××××单位签订“××××工程项目”（含网络系统设计、设备采购及安装调试、监控系统设备采购及安装调试、综合布线施工等）合同，则主合同编码为 TJJC070516。

B 阶段：合同执行过程中用户需求改变，又增补了一个合同，则该合同编码为 TJJC070516F1。

C 阶段：主合同（含附合同）执行过程中，陆续发生 12 笔采购，则 12 笔采购合同编码分别为 TGJC070516CG01 ~ TGJC070516CG12。

（7）合同名称

合同名称确认：所有合同名称均由商务工程管理人员审核确认。

名称规定：应简练明确，即项目业主名（简称）+项目主要内容+经济合同。

名称统一：与主合同有关的所有文件（如附加合同、委托合同、项目资金计划、项目实施文档、财务账务、凭证（科目、入出库单、现金和支票领用单、报销单等）等）必须与主合同名称完全一致。

（8）合同审核

审核人：商务工程管理人员。

审核内容：主体内容包括标的内容、验收方式、提交资料、付款方式、金额核对、违约规定，以及合同附件等。

合同格式：包括合同名称、合同编码、合同条款、合同签名盖章、合同附件等。

3. 库房管理

（1）岗位设置

库房管理岗位设在综合管理部，由商务人员负责。

（2）岗位职责

库房管理岗位主要负责物资出入库管理、库房实物管理、物资的配送。

（3）入出库

① 入库验收。

验收内容：入库单是验收的唯一依据，根据合同订货品名、规格型号、数量、随机资料、外观、包装等逐一验收。

库房验收：由采购和库管共同负责。

现场验收：直送项目现场时，由项目经理开箱验收。发现问题时，及时通知商务处理。

② 入库：采购人员将采购合同交付库管的过程，即为办理入库（等同于入库单）手续（标明品名、规格型号、数量、采购价、领用项目信息）。此时，库管人员应立即在财务系统中办理入库录入。

③ 在财务系统中建立库房台账明细。

④ 出库：库管开具出库单（标明品名、规格型号、数量、销售价、供货项目名称、领用人签字）。如果直接配送现场，则应事后补办出库手续。此时，库管人员应在财务系统中办理出库数据录入。

（4）物资保管

库存物资主要包括项目采购物资、公司公用设备和工具、办公用品等，应实行定制管理并时刻保持库房的整洁和安全。

（5）盘库

商务、财务部门每月应进行一次盘存，核查物资账面数与实物是否相符、出入库是否有误、物资是否完好，以及库房存放环境是否符合标准。

4. 物资进销存管理

（1）采购管理

① 岗位设置：采购岗位目前设在商务部，由商务人员负责，其他任何人均不得自行采购。

② 岗位职责：根据项目资金计划和项目进度计划，按时将符合计划的物资（品种、规格、数量）以合理的价格采购入库，或送达计划地点（直送现场）。

③ 供应商的确认原则。

- 竞标寻价商：商务经理在项目资金计划中列明的供应商。
- 内地供应商：在时间允许的情况下，尽可能地选择内地的供应商或厂家。
- 长期合作伙伴：具有良好的信誉度和服务体系。
- 询价比价：商务在采购前应至少选择两家以上的供应商就所购商品进行询价，以确定最终供应商。

④ 采购限价：项目整体采购价不得高于采购计划价的 98%，并以此作为对商务采购的考核标准之一。整体价格若超出计划价的 102%，应由主管经理签字认可。

（2）采购合同

① 合同的出具：商务采购。

② 合同要求：必须符合项目资金计划的全部要求，若有变动应征的项目，应由售前经理确认和主管经理审批。

③ 合同审批：经公司财务核对，交主管经理审批后即可执行。

④ 合同管理：由商务统一管理。合同原件必须一式两份，一份商务自留，一份交财务。此外，还应复印一份交库管。

（3）采购票据

① 支票头：采购必须及时将支票头返回财务核销。

② 采购发票：本地支票和现金采购结束，采购必须立即索取采购发票及明细清单，并将其提交财务做账；外地项目经理直接采购，返回后首先将票据提交采购审核并办理进销存手续，然后将票据移交财务做账；汇款采购，采购应协助财务催办发票。

③ 收据：本地或外地采购，若无发票则必须有相关收据。在当地税务局代开发票后，采购人必须将收据和对应发票一并提交财务报账。

（4）库房管理

① 岗位设置：库房管理岗位目前设在商务部，由库管人员负责。

② 岗位职责：主要负责物资出入库管理、库房实物管理、物资的配送。

③ 入出库规定。

- 入库验收。
  - 验收内容：订货合同是入库验收的唯一依据，根据合同订货品名、规格型号、数量、随机资料、外观、包装等逐一验收。
  - 库房验收：由商务库管和采购共同负责。
  - 现场验收：直送项目现场时，由项目经理开箱验收。发现问题时，应及时通知商务处理。
- 入库：采购人员将采购合同交付库管的过程，即为办理入库手续。同时，库管还要向财务开具出库单（标明品名、规格型号、数量、采购价），并立即建立台账明细。
- 出库：库管开具出库单（标明出库品名、规格型号、数量、销售价、供货项目名称等），经领用人签字后提交财务；直接配送现场则应将出库单发至项目现场，领用人验收签字，返回公司将出库单提交库管，库管核实无误后一份存档，一份交财务做账。

- 台账核对：财务应随时根据入出库单核对进销存台账；项目结束（验收）后，应和商务一起对该项目整体进行最终盘库。

④ 物资保管：库存物资主要包括项目采购物资、库存物资、公司公用设备、工具、办公用品等，应实行定制管理并时刻保持库房的整洁和安全。

⑤ 盘库：由商务、财务每季度进行一次；核查物资账面数与实物是否相符、出入库是否有误、物资是否完好、库房存放环境是否符合标准。

四、任务总结

本次任务主要介绍了工程管理组织结构设计及人员安排、现场管理、质量管理、安全管理、成本管理、施工进度管理的技能。

任务二　综合布线工程验收

一、任务分析

网络综合布线系统工程的施工必须遵循工程设计方案的要求，因此工程的验收首先必须以工程合同、设计方案和设计修改变更单为依据。为了统一建筑与建筑群综合布线系统工程施工质量检查、随工检验和竣工验收等工作的技术要求，国家颁布了《综合布线系统工程验收规范》（GB50312-2007），它适用于新建、扩建和改建建筑与建筑群综合布线系统工程的验收。因此，《综合布线系统工程验收规范》（GB50312-2007）应作为工程验收的主要依据。

在网络综合布线系统工程中，布线链路性能测试是其中的一个主要项目。布线链路性能测试应符合《大楼通信综合布线系统》（YD/T 926-2001）标准规定的技术要求。六类双绞线电缆的性能测试可遵照 EIA/TIA568 B 或 ISO/IEC 11801-2002 等标准来执行。如果该工程项目中还涉及机房工程、防雷工程等项目内容，在工程验收时还应涉及其他相关的技术规范要求。

本次任务需要完成的工作有以下几项。

（1）掌握综合布线系统工程验收的标准、内容、组织形式。

（2）了解综合布线系统工程验收的实施步骤。

二、相关知识

（一）验收标准及依据

（1）综合布线系统工程的验收首先必须以工程合同、技术设计方案、设计修改变更单为依据。

（2）综合布线系统工程的验收应按中华人民共和国国家标准《建筑与建筑群综合布线系统工程验收规范》（GB50312-2007）的规定并结合现行国家标准《建筑与建筑群综合布线系统工程设计规范》（GB50311-2007）来执行。

（3）工程技术文件、承包合同文件要求采用国际标准时，应按要求采用适用的国际标准，但不应低于 GB50312-2007 的规定。

（4）因综合布线系统工程涉及面广，其验收还将涉及其他标准规范，如《智能建筑工程质量验收规范》（GB50339）、《建筑电气工程施工质量验收规范》（GB50303）、《通信管道工程施工及验收技术规范》（GB50374）等。

（二）**验收组织**

按照综合布线行业国际惯例，大中型综合布线系统工程主要由中立的有资质的第三方认证服务提供商来提供测试验收服务。就我国目前的情况而言，综合布线系统工程的验收小组应包括工程双方单位的行政负责人、相关项目主管、主要工程项目监理人员、建筑设计施工单位的相关技术人员、第三方验收机构或相关技术人员组成的专家组。

主要有以下几种验收组织形式。

（1）施工单位自己组织验收。

（2）施工监理机构组织验收。

（3）第三方测试机构组织验收。

（三）**工程验收的主要内容**

《综合布线系统工程验收规范》（GB50312-2007）规定综合布线系统工程的验收包括8个方面的主要内容。

（1）环境检查。

（2）器材及测试仪表工具检查。

（3）设备安装检验。

（4）缆线的敷设和保护方式检验。

（5）缆线终接检验。

（6）工程电气测试。

（7）管理系统验收。

（8）工程总验收。

每个验收项目都明确了具体的验收内容以及所对应的验收方式。具体工程验收项目汇总情况如表12-6所示。

表12-6　具体工程验收项目汇总情况

阶段	验收项目	验收内容	验收方式
验收前内容	1. 环境要求	（1）土建施工情况，地面、墙面、门、电源插座及接地装置； （2）土建工艺，机房面积和预留孔洞； （3）施工电源； （4）地板铺设； （5）建筑物入口设施检查	施工前检查
	2. 器材检验	（1）外观检查； （2）型号、规格和数量； （3）电缆及连接器件电气特性测试； （4）光纤及连接器件特性测试； （5）测试仪表和工具的检验	
	3. 安全和防火要求	（1）消防器材； （2）危险物的堆放； （3）预留孔洞防火措施	

续表

阶段	验收项目	验收内容	验收方式
设备安装	1. 电信间、设备间、设备机柜和机架	（1）规格和外观； （2）安装垂直和水平度； （3）油漆不得脱落，标志完整齐全； （4）各种螺丝必须紧固； （5）抗震加固措施； （6）接地措施	随工检验
	2. 配线模块及 8 位模块式通用插座	（1）规格、位置和质量； （2）各种螺丝必须拧紧； （3）标志齐全； （4）安装符合工艺要求； （5）屏蔽层可靠连接	
电缆、光缆布放（楼内）	1. 电缆桥架及线槽布放	（1）安装位置准确； （2）安装符合工艺要求； （3）符合布放缆线工艺要求； （4）接地	
	2. 缆线暗敷（包括暗管、线槽和地板下等方式）	（1）缆线规格、路由和位置； （2）符合布放缆线工艺要求； （3）接地	隐蔽工程签证
电缆、光缆布放（楼间）	1. 架空缆线	（1）吊线规格、架设位置和装设规格； （2）吊线垂度； （3）缆线规格； （4）卡、挂间隔； （5）缆线的引入符合工艺要求	随工检查
	2. 管道缆线	（1）使用管孔孔位； （2）缆线规格； （3）缆线走向； （4）缆线防护设施的设置质量	隐蔽工程签证
	3. 埋式缆线	（1）缆线规格； （2）敷设位置和深度； （3）缆线防护设施的设置质量； （4）回土夯实质量	

续表

阶段	验收项目	验收内容	验收方式
电缆、光缆布放（楼间）	4. 通道缆线	（1）缆线规格； （2）安装位置和路由； （3）土建设计符合工艺要求	
	5. 其他	（1）通信路线与其他设施的间距； （2）进线室设施安装和施工质量	随工检验或隐蔽工程签证
缆线端接	1. 8 位模块式通用插座	符合工艺要求	随工检验
	2. 光纤连接器件	符合工艺要求	
	3. 各类跳线	符合工艺要求	
	4. 配线模块	符合工艺要求	
系统测试	1. 工程电气性能测试	（1）连接图； （2）长度； （3）衰减； （4）近端串扰； （5）近端串扰功率和； （6）衰减串扰比； （7）衰减串扰比功率和； （8）等电平远端串扰； （9）等电平远端串扰功率和； （10）回波损耗； （11）传播时延； （12）传播时延偏差； （13）插入损耗； （14）直流环路电阻； （15）设计中有特殊规定的测试内容； （16）屏蔽层的导通	竣工检验
	2. 光纤特性测试	（1）衰减； （2）长度	
管理系统	1. 管理系统级别	符合设计要求	竣工检验
	2. 标识符与标签设置	（1）专用标识符类型及组成； （2）标签设置； （3）标签材质及色标	

续表

阶段	验收项目	验收内容	验收方式
管理系统	3. 记录和报告	（1）记录信息； （2）报告； （3）工程图纸	
工程总验收	1. 竣工技术文件	清点并交接技术文件	
	2. 工程验收评价	考核工程质量，确认验收结果	

三、任务实施

【任务目标】按照综合布线系统工程验收标准及依据，对验收内容按步骤进行全程验收。

【任务场景】根据综合布线系统工程验收组织的不同，在项目工程全阶段中，进行随工验收、竣工验收，最终做出验收结论判定。

（一）工程随工验收

● 任务描述

某系统集成公司参加某职业技术学院新图书馆网络综合布线工程招标项目，通过竞标成功获得该工程项目并依法签订了工程合同。为了保证工程的施工质量，公司总经理委派你作为该项目的工程监理人员，负责工程监理工作。

● 任务分析

根据前面介绍的验收基础知识，我们知道在工程施工过程中，部分工程必须实行随工验收，特别是隐蔽工程。这样才能做到及时发现工程问题，还可以减少总工程验收的工作量。因此，作为工程监理人员，必须掌握随工验收的内容和技术要点。《综合布线系统工程验收规范》（GB50312-2007）规定了设备安装，楼内的铜缆、光缆布放，缆线端接等工程必须实施随工验收。针对某职业技术学院新图书馆网络综合布线工程，通过查阅设计方案，明确了随工验收的内容，即该楼的工作区信息插座、模块的端接，配线子系统中水平缆线的布放、电信间设备的安装、主干线缆的布放以及设备间设备的安装等工程施工内容。根据《综合布线系统工程验收规范》（GB50312-2007）规定的工程检查及验收技术要点，针对以上随工验收内容开展工程监理工作。

● 任务实施

1. 工作区信息插座及模块端接的验收

根据设计方案，每个工作区安装 2 个以上双口信息插座，电子阅览室内信息点密集，直接采用线缆端接水晶头接入方式。针对这种施工方案，应采取以下验收程序。

（1）根据施工图纸，检查工作区内信息插座安装的位置是否准确。

（2）检查信息插座面板及模块安装的方向是否正确。

（3）检查缆线及信息插座面板是否贴上标签，标签内容是否正确。

（4）抽查压接好的信息模块，检查模块压接是否安装牢固，并且接触良好。要求模块压接时，每对双绞线应保持扭绞状态，对于三类电缆扭绞松开长度不应大于 75 mm；对于五类电缆扭绞松开长度不应大于 13 mm；对于六类电缆扭绞松开长度应尽量保持扭绞状态，减小扭绞松开长度。

使用线缆通断测试仪器，检查模块连通状况以及压接线序是否正确。双绞线与 8 位模块式通用插座相连时，必须按色标和线对顺序进行卡接。插座类型、色标和编号应符合图 12–2 所示的规定。图 12–2 中的两种连接方式均可采用，但在同一布线工程中不应混合使用两种连接方式。

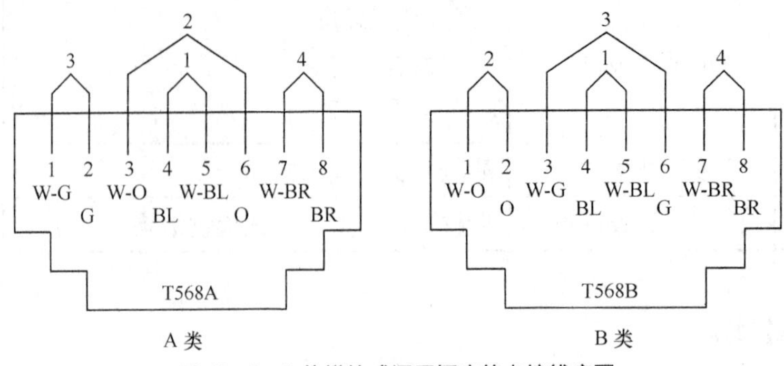

图 12–2　8 位模块式通用插座的卡接线序图

（5）如果采用屏蔽双绞线布线系统，则要检查屏蔽双绞电缆的屏蔽层与连接器件端接处屏蔽罩是否通过紧固器件可靠接触，缆线屏蔽层应与连接器件屏蔽罩 360° 圆周接触，接触长度不宜小于 10 mm。

2. 水平缆线布放的验收

根据设计方案，大楼房间内的缆线布放采用明装 PVC 线槽方式，楼层走廊采用吊顶安装方式。针对这种施工方案，应采取以下验收程序。

（1）首先检查水平缆线布放的路由是否符合施工图纸的要求。

（2）检查缆线的布放是否自然平直，是否产生扭绞、打圈和接头等现象。正常情况下，缆线不应受外力的挤压和损伤。

（3）检查缆线两端是否贴有标签，是否标明编号。标签书写应清晰、端正和正确。标签应选用不易损坏的材料。

（4）检查缆线是否留有余量以适应终接、检测和变更。对于双绞电缆预留长度，在工作区宜为 3 ~ 6 cm，电信间宜为 0.5 ~ 2 m，设备间宜为 3 ~ 5 m。光缆布放路由宜盘留，预留长度宜为 3 ~ 5 m，有特殊要求的应按设计要求预留长度。

（5）检查缆线的弯曲半径是否符合要求，具体规定如下。

- 非屏蔽 4 对双绞电缆的弯曲半径应至少为电缆外径的 4 倍。
- 屏蔽 4 对双绞电缆的弯曲半径应至少为电缆外径的 8 倍。

（6）检查水平缆线与水平布放的电源线的间距是否符合要求，具体要求如表 12–7 所示。

表 12-7　双绞电缆与电力电缆的最小净距条件

条件	最小净距（nm）		
	380 V < 2 kV · A	380 V 2 ~ 5 kV · A	380 V > 5 kV · A
双绞电缆与电力电缆平行敷设	130	300	600
有一方在接地的金属槽道或钢管中	70	150	300
双方均在接地的金属槽道或钢管中①	10②	80	150

注：①当 380 V 电力电缆 < 2 kV · A，双方都在接地的线槽中，且平行长度≤10 m 时，最小间距可为 10 mm；②双方都在接地的线槽中是指两个不同的线槽可在同一线槽中用金属板隔开。

（7）检查 PVC 管槽内布放的电缆容量是否符合要求，相关规定如下。

- 明装的 PVC 管槽的截面利用率应为 70%以内。
- 预埋或密封线槽的截面利用率应为 30%～50%。

（8）检查走廊吊顶的布线是否符合规范，具体要求如下。

- 采用吊顶支撑柱作为线槽。在顶棚内敷设缆线时，每根支撑柱所辖范围内的缆线可以不设置密封线槽进行布放，但应分束绑扎。缆线应阻燃，其选用应符合设计要求。
- 吊顶支撑柱中电力线和综合布线缆线合一布放时，中间应有金属板隔开，间距应符合设计要求。

3. 主干线缆布放的验收

根据设计方案，主干光缆采用垂直布放的方式，以垂直金属槽作为支撑。针对这种施工方案，应采取以下验收程序。

（1）检查主干光缆布放的路由是否符合施工图纸的要求。

（2）检查缆线两端是否贴有标签，是否标明编号。标签书写应清晰、端正和正确。标签应选用不易损坏的材料。

（3）检查光缆是否有余量以适应终接、检测和变更。光缆布放路由宜盘留，预留长度宜为 3～5 m，有特殊要求的应按设计要求预留长度。

（4）检查缆线的弯曲半径是否符合要求，具体规定如下。

- 主干双绞电缆的弯曲半径应至少为电缆外径的 10 倍。
- 2 芯或 4 芯水平光缆的弯曲半径应大于 25 mn；其他芯数的水平光缆、主干光缆和室外光缆的弯曲半径应至少为光缆外径的 10 倍。

（5）检查管槽内敷设缆线是否符合规定，具体要求如下。

- 敷设线槽和暗管的两端宜用标志表示出编号等内容。
- 预埋线槽宜采用金属线槽，预埋或密封线槽的截面利用率应为 30%～50%。
- 敷设暗管宜采用钢管或阻燃聚氯乙烯硬质管。布放大对数主干电缆及 4 芯以上光缆时，直线管道的管径利用率应为 50%～60%，弯管道应为 40%～50%。暗管布放 4 对双绞电缆或 4 芯及以下光缆时，管道的截面利用率应为 25%～30%。

（6）检查缆线桥架和线槽敷设缆线是否符合要求，具体要求如下。

- 密封线槽内缆线布放应顺直，尽量不交叉，在缆线进出线槽部位和转弯处应绑扎固定。
- 缆线桥架内的缆线垂直敷设时，在缆线的上端和每间隔 1.5 m 处应将缆线固定在桥架的支架上；水平敷设时，在缆线的首、尾、转弯及每间隔 5～10 m 处进行固定。
- 在水平、垂直桥架中敷设缆线时，应对缆线进行绑扎。双绞电缆、光缆及其他信号电缆应根据缆线的类别、数量、缆径和缆线芯数分束绑扎。绑扎间距不宜大于 1.5 m，间距应均匀，不宜绑扎得过紧或使缆线受到挤压。
- 楼内光缆在桥架敞开敷设时应在绑扎固定段加装垫套。

4. 电信间和设备间设备安装验收

根据设计方案，大楼每层楼设置电信间，以对楼层线路进行集中管理。大楼一楼设置设备间，以对大楼的线路进行集中管理。针对这种施工方案，应采取以下验收程序。

（1）检查电信间和设备间的机柜和机架安装位置是否符合设计要求，垂直偏差度不应大于 3 mm。机柜、机架上的各种零件不得脱落或损坏，漆面不应有脱落及划痕，各种标志应完整、清晰。

（2）检查电信间和设备间机柜、机架、配线设备箱体、电缆桥架及线槽等设备的安装是否牢固，如有抗震要求，应按抗震设计进行加固。

（3）检查电信间和设备间的机柜内线缆理线是否整齐、美观。

（4）检查各类配线部件安装是否符合下列要求。

- 各部件应完整、安装就位、标志齐全。
- 安装螺丝必须拧紧，面板应保持在一个平面上。

（5）抽查已压接好的模块化配线架、线缆端接是否牢固、接触是否良好、线缆端接过程中双绞线缆松开的长度是否符合要求。

（6）使用线缆通断测试仪检查配线架模块压接连通状况以及压接线序是否正确。

（7）检查电信间和设备间内电缆桥架及线槽的安装是否符合下列要求。

- 桥架及线槽的安装位置应符合施工图要求，左右偏差不应超过 50 mm。
- 桥架及线槽水平度每米偏差不应超过 2 mm。
- 垂直桥架及线槽应与地面保持垂直，垂直度偏差不应超过 3 mm。
- 线槽截断处及两线槽拼接处应平滑、无毛刺。
- 吊架和支架安装应保持垂直、整齐牢固、无歪斜现象。
- 金属桥架、线槽及金属管各段之间应保持连接良好，安装牢固。
- 采用吊顶支撑柱布放缆线时，支撑点宜避开地面沟槽和线槽位置，支撑应牢固。

（8）检查电信间和设备间内安装机柜、机架、配线设备屏蔽层及金属管、线槽、桥架使用的接地体是否符合设计要求，是否就近接地并保持良好的电气连接。

- 任务总结

在工程施工过程中，信息插座安装、水平线缆布放、主干线缆布线、机柜及配线设备安装等项目工程量大、技术要求高，而且很多都属于隐蔽工程，安装后不易重新整改。因此，为了保证工程质量，减少施工浪费，必须加强随工验收工作。特别是对于隐蔽工程内容，应该边施工边验收，在竣工验收时一般不再对隐蔽工程进行复查，由工地代表和质量监督员负责。隐蔽工程进行随工验收之后，应该形成隐蔽工程合格验收报告，如表 12-8 所示。

表 12-8 隐蔽工程合格验收报告

工程名称：		工程地点：	
建设单位：		施工单位：	
计划开工：	年 月 日	实际开工：	年 月 日
计划竣工：	年 月 日	实际竣工：	年 月 日
隐蔽工程完成情况：			

续表

提前和推迟竣工的原因：		
工程中出现和遗留的问题：		
主抄： 抄送： 报告日期：	施工单位意见： 签名： 日期：	建设单位意见： 签名： 日期：

（二）**工程竣工验收**

● 任务描述

某职业技术学院新图书馆网络综合布线工程经过某系统集成公司三个月的施工，完成了工程预定的施工任务。项目结束时，公司项目管理人员、监理人员、施工队负责人和学院技术部门负责人一起组织了工程的初步验收工作。目前，项目已交付学院使用近一个月，现在系统集成公司提出了竣工验收的请求。公司的项目管理负责人受公司总经理委派全权负责工程竣工验收工作。

● 任务分析

竣工验收由施工单位提出申请，经使用单位同意后，共同组织人员开展工程验收工作。工程竣工验收前，要准备好施工图、随工验收记录、初步验收文档等文件，最好还要让该学院的使用部门出具一个月的系统初步运行报告，以便明确竣工验收的可行性。作为项目负责人，首先要清楚竣工验收的流程，即竣工验收的申请、现场验收、系统测试、竣工文档的编制等，还要明确现场验收、系统测试的技术要求，具体可以查看《综合布线系统工程验收规范》（GB50312–2007）。竣工验收完成后，还应该给使用单位提供一套完整的竣工文档，便于系统的运行维护。

● 任务实施

1. 竣工验收的申请

综合布线系统施工完成并交付使用半个月内，由建设单位向上级主管部门报送竣工报告（含工程的初步决算及试运行报告），并请示主管部门接到报告后，组织相关部门按竣工验收办法对工程进行验收。工程竣工验收申请表如表 12–9 所示。

表 12-9　工程竣工验收申请表

工程名称：		工程地点：	
建设单位：		施工单位：	
计划开工：	年　月　日	实际开工：	年　月　日
计划竣工：	年　月　日	实际竣工：	年　月　日
工程完成主要内容：			
提前和推迟竣工的原因：			
工程中出现和遗留的问题：			
主抄： 抄送： 报告日期：	施工单位意见： 签名： 日期：	建设单位意见： 签名： 日期：	

工程竣工验收申请表应该递交给建设单位的项目负责人，并转交单位分管领导批准后，方可开展竣工验收工作。

2. 现场验收

现场验收由施工方、用户方和监理方三个单位分别组织人员参与。主要验收工作区子系统、水平子系统、主干子系统、设备间子系统、管理子系统和建筑群子系统的施工工艺是否符合设计的要求，检查建筑物内的管槽系统的设计和施工是否符合要求，检查综合布线系统的接地和防雷设计、施工是否符合要求。现场验收的具体内容参照《综合布线系统工程验收规范》(GB50312-2007)。工程施工过程中，隐蔽工程内容已通过随工验收，并出具了合格验收报告，因此相关内容不需要重复验收。工程经过初步验收后，对发现的不合格问题已及时做了整改，因此现场验收主要以外观检验以及现场抽测为主。在验收过程中发现不符合要求的地方，要进行详细记录，并要求限时进行整改。

3. 系统测试

系统测试主要是检测整个系统的电气性能是否符合设计方案的要求。系统测试结论要作为工程竣工资料的组成部分及工程验收的依据之一。系统测试的内容主要遵照综合布线系统的测试标准和规范执行。测试项目要根据系统规定的性能要求来确定，例如，五类布线系统的测试项目有连接图、长度、衰减和近端串扰等项目。竣工验收之前，已开展了随工验收和初步验收，因此系统测试不再对所有布线铜缆和光缆通道进行逐一测试，而是采用抽样测试的方式进行，一般抽样测试比例不低于 10%，抽样点应包括最远布线点。

系统性能检测单项合格判定包括以下内容。

（1）如果一个被测项目的技术参数测试结果不合格，则该项目判为不合格。如果一个被测项目的检测结果与相应规定的差值在仪表准确度范围内，则该被测项目判为合格。

（2）按验收规范的指标要求，采用 4 对双绞电缆作为水平电缆或主干电缆，所组成的链路或信道有一项指标测试结果不合格，则该水平链路、信道或主干链路判为不合格。

（3）主干布线大数电缆中按 4 对双绞线对测试，指标有一项不合格，则判为不合格。

（4）如果光纤信道测试结果不满足验收规范的指标要求，则该光纤信道判为不合格。

（5）未通过检测的链路、信道的电缆线对或光纤信道可在修复后复检。

竣工检测综合合格判定包括以下内容。

（1）双绞电缆布线全部检测时，无法修复的链路、信道或不合格线对数量有一项超过被测总数的 1%，则判为不合格。光缆布线检测时，如果系统中有一条光纤信道无法修复，则判为不合格。

（2）双绞电缆布线抽样检测时，被抽样检测点（线对）不合格比例不大于被测总数的 1%，则视为抽样检测通过，不合格点（线对）应予以修复并复检。被抽样检测点（线对）不合格比例如果大于 1%，则视为一次抽样检测未通过，应进行加倍抽样。加倍抽样不合格比例不大于 1%，则视为抽样检测通过。若不合格比例仍大于 1%，则视为抽样检测不通过，应进行全部检测，并按全部检测要求进行判定。

（3）全部检测或抽样检测的结论为合格，则竣工检测的最后结论为合格；全部检测的结论为不合格，则竣工检测的最后结论为不合格。

（4）综合布线管理系统检测，标签和标识按 10% 抽检，系统软件功能全部检测。检测结果符合设计要求，则判为合格。

4. 竣工验收文档的编制

工程竣工验收文档为项目的永久性技术文件，是建设单位使用、维护、改造和扩建的重要依据，也是对建设项目进行复查的依据。在项目竣工后，项目经理必须按规定向建设单位移交档案资料。竣工文档应包括项目的提出、调研、可行性研究、评估、决策、计划、勘测、设计、施工、测试和竣工的工作中形成的所有文件材料。竣工文档一般包含以下文件。

（1）安装工程量。

（2）工程说明。

（3）设备和器材明细表。

（4）竣工图纸。

（5）测试记录（宜采用中文表示）。

（6）工程变更、检查记录以及施工过程中需更改设计或采取的相关措施，建设、设计和施工等单位之间的双方洽商记录。

（7）随工验收记录。

（8）隐蔽工程签证。

（9）工程决算。

竣工验收文档制作要保证质量，做到外观整洁、内容齐全、数据准确。

- 任务总结

竣工验收是检验工程质量的一个重要环节，也是判定工程是否符合设计要求的重要依据。只有通过了竣工验收，才能证明工程施工完成工程量并符合设计要求，施工方才能向建设单位申请领取最后的工程款。作为工程管理人员，必须掌握工程竣工验收的流程和技术要求，并加强与工程建设单位的沟通，才能确保工程竣工验收顺利完成。

四、任务总结

本次任务主要介绍了作为网络综合布线工程技术人员，必须掌握的工程验收的程序和技术要求。在《综合布线系统工程验收规范》（GB50312-2007）标准的指导之下，制订工程验收的计划、方法和步骤，按规范要求进行网络综合布线器材的检验、施工工艺的检验、布线系统性能的测试以及验收报告的编制，最后提交验收报告完成工程验收工作。工程验收完成后，只意味着工程任务的完结，系统集成公司还需要继续履行合同规定的售后服务工作，对工程提供质量保修服务。

项目考核表

专业：__________ 班级：__________ 课程：__________

项目名称：项目十二　综合布线工程管理	**工作任务**： 任务一　项目经理管理综合布线工程 任务二　综合布线工程验收
考核场所：	**考核组别**：

项目考核点	**分值**
1. 了解工程管理组织结构的设计及人员安排	10
2. 掌握工程现场管理、质量管理、安全管理、成本管理等技术	15
3. 掌握工程施工进度管理的技能	15
4. 了解综合布线系统工程验收的实施步骤	10
5. 了解综合布线系统工程验收的标准、内容和组织形式	10
6. 掌握工程随工验收的技能	15
7. 掌握工程竣工验收的技能	15
8. 善于团队协作，营造团队交流、沟通和互帮互助的气氛	10
合　计	100

考核结果（答辩情况）

学号	姓名	各考核点得分								自评	组评	综评	合计
		1	2	3	4	5	6	7	8				

续表

学号	姓名	各考核点得分								自评	组评	综评	合计
		1	2	3	4	5	6	7	8				

组长签字：________ 教师签字：________ 考核日期： 年 月 日

思考与练习

一、填空题

1. 网络综合布线工程验收分为________验收、________验收和________验收三个阶段。
2. 工程验收项目的内容和方法，应按________的规定来执行。
3. 综合布线系统工程的验收内容中，验收项目________是环境要求的验收内容。
4. 综合布线系统工程的验收内容中，验收项目________不属于隐蔽工程签证。
5. ________是由信息产业部主编、建设部标准定制所组织、中国计划出版社发行，并于2007年10月1日实施的综合布线系统工程验收国家标准，适用于新建、扩建、改建的建筑与建筑群的综合布线系统工程的验收。
6. 工程竣工后施工单位应提供________符合技术规范的综合布线工程竣工技术资料。

二、简答题

1. 简要说明工程验收所涉及的主要环节。
2. 简要说明工程竣工文档应包含哪些文档。
3. 试述综合布线系统工程验收标准及依据。

PART 13 项目十三 计算机网络应用赛项——综合布线部分

知识点

- 技能大赛
- 竞赛目的
- 竞赛时间与内容
- 竞赛方式

技能点

- 了解全国职业院校技能大赛
- 了解全国职业技能大赛竞赛方式与平台
- 掌握技能大赛的比赛内容与比赛形式
- 了解技能大赛的评分标准与注意事项

建议教学组织形式

- 研究历年技能大赛样题
- 组织学生根据比赛内容进行训练

综合布线技能大赛

一、技能大赛的基本情况

全国职业院校技能大赛（以下简称“技能大赛”）是中华人民共和国教育部发起，联合国务院有关部门、行业和地方共同举办的一项全国性职业院校学生竞赛活动。大赛旨在树立“人人成才”的人才观念，引导建立符合职业教育规律的人才评价体系；推动职业院校专业建设与教学改革，提高职业教育人才培养的针对性和有效性。

技能大赛以“大赛点亮人生、技能改变命运”为宗旨，分为中职学生组和高职学生组。

2014 年技能大赛设 12 个专业类别的 98 个竞赛项目，参赛选手过万人。技能大赛已成为中国职业教育学生切磋技能、展示风采的舞台，也是总览中国职业教育发展水平的一个窗口。

2014 年全国职业技能大赛涉及信息技术类和电子信息大类的比赛共有网络布线、网络搭建及应用、计算机网络应用等 14 项，详见表 13-1。

表 13-1 2014 年全国职业技能大赛信息技术与电子信息大类赛项目录表

序号	组别	专业类别	赛项名称
1	中职	信息技术类	网络布线
2	中职	信息技术类	网络搭建及应用
3	中职	信息技术类	物联网技术应用与维护
4	中职	信息技术类	智能家居安装与维护
5	高职	电子信息大类	电子产品芯片级检测维修与数据恢复
6	高职	电子信息大类	动漫
7	高职	电子信息大类	基站建设维护及数据网组建
8	高职	电子信息大类	计算机网络应用
9	高职	电子信息大类	嵌入式应用开发
10	高职	电子信息大类	三网融合与网络优化
11	高职	电子信息大类	移动互联技术应用
12	高职	电子信息大类	移动互联网应用软件开发
13	高职	电子信息大类	云安全技术应用
14	高职	电子信息大类	智能电子产品系统工程实施

上述赛项需用到综合布线技术的赛项有中职组的网络布线、网络搭建及应用以及高职组的计算机网络应用（第三部分综合布线与传感网）三个赛项，其中高职组计算机网络应用赛项涉及的知识点和技能点的覆盖范围最广。

本章以高职组的计算机网络应用赛项为例详细解读技能大赛中的综合布线部分技能要求。

二、技能大赛（综合布线部分）

每年举办的技能大赛在赛前都会给出各赛的赛项规程，包括赛项名称、竞赛目的、竞赛时间与内容、竞赛方式、竞赛试题、竞赛规则、竞赛环境、技术规范、技术平台、评分方法、奖项设定、赛项安全、申诉与仲裁、竞赛观摩、竞赛视频、竞赛须知、资源转化等十几项内容，其中竞赛内容部分简述竞赛设计的知识点。

（一）竞赛方式

竞赛以团队方式进行，每支参赛队由 3 名选手组成，须为同校在籍学生，其中队长 1 名，性别和年级不限，最多 2 名指导教师。参赛选手在现场根据给定的项目任务，在规定时间内相互配合，在设备上完成计算机网络搭建和调试，最后以设备配置文件、提交的文档和竞赛作品作为最终评分依据。

（二）竞赛时间安排

比赛进行时间通常为 6 个小时，场内用餐，需要提前报到熟悉场地和抽签。2014 年技能大赛的时间安排如表 13-2 所示。

表 13-2　2014 年计算机网络应用赛项（国赛）比赛时间安排表

日期	时间	内容
第一天	12:00 之前	各参赛队报到
	15:30～16:00	领队会（赛场纪律和赛场要求）、赛队抽签
	16:00～16:30	场地参观，领队参观场地
第二天	8:00～8:30	赛场检录、设备工具检查并签字确认、题目发放
	8:30～14:30	竞赛
	12:00	用餐
	15:00	发车回酒店
	16:00～18:00	申诉受理

（三）竞赛内容

参赛队根据给定项目需求，完成一定规模符合数据中心需求的绿色、可靠、安全、智能的计算机网络的拓扑规划、IP 地址规划、设备配置与连接、云计算网络的搭建及配置、网络综合布线施工及管理、无线传感网的搭建与调试等。同时考察学生的快速学习和应用能力，在竞赛中学生根据现场提供的中文或简单的英文技术文档完成新技术或新特性的简单配置和应用。

（四）技术规范

参赛代表队在实施竞赛项目中要求遵循若干规范，如表 13-3 所示。

表 13-3　2014 年计算机网络应用赛项规范标准

序号	标准号	中文标准名称
1	GB50311-2007	综合布线系统工程设计规范
2	GB50312-2007	综合布线系统工程验收规范
3	GB50174-2008	电子信息系统机房设计规范
4	GB21671-2008	基于以太网技术的局域网系统验收测评规范
5	GB/T22239-2008	信息系统安全等级保护基本要求

（五）技术平台

（1）竞赛软件平台——标准软件平台如表 13-4 所示。

竞赛将提供计算机，并部分预装 Windows 7 系统及 Microsoft Office 2007、Adobe Reader 等常用软件，并包括以下软件的 DVD 光盘及 License。

① H3C CAS-CAS 云计算管理平台标准版-纯软件。

② H3C CAS-CVM 虚拟化管理系统标准版软件。

（2）竞赛项目使用器材与技术平台如表 13-4 所示。

表 13-4 2014 年计算机网络应用赛项使用器材与技术平台

序号	类别	设备	厂商	型号	数量
1	硬件	路由器	H3C	RT-MSR2630-AC	3
2	硬件	1 端口增强型同/异步串口接口模块	H3C	RT-SIC-1SAE-H3	6
3	硬件	同异步串口（SA）V.35 DTE 电缆（DB28）	H3C	CAB-V35DTE(DB28)	3
4	硬件	同异步串口（SA）V.35 DCE 电缆（DB28）	H3C	CAB-V35DCE(DB28)	3
5	硬件	数据中心交换机	H3C	LS-5800-32C-H3	2
6	硬件	SFP+电缆 0.65 m	H3C	LSWM1STK	2
7	硬件	三层交换机	H3C	LS-3600V2-28TP-EI	3
8	硬件	钢制实训墙组	企想	QX-PAW-L1.1	1
9	硬件	光缆性能测试实训装置	企想	QXPLD-PX13-C	1
10	硬件	综合布线工具箱	企想	QXPNT-13-1	1
11	硬件	光纤工具箱	企想	QXPNT-13-2	1
12	硬件	电动工具箱	企想	QXPNT-13-3	1
13	硬件	配套线缆（网线、光纤、大对数电缆）	国产		1
14	硬件	配套附材（底盒、面板、模块、线管、线槽等）	国产		1
15	硬件	无线传感网组网套件	企想	QXZIGWS-13	1
16	硬件	无线传感网应用平台软件	企想	QX-ZIG-SW13	1
17	硬件	个人电脑	–		4
18	硬件	打印机	–		1

（六）赛场环境

在 2 000 m²的面积上，按照 U 形布置竞赛工位。竞赛工位用板墙隔离，并标有醒目的工位编号，每个工位面积在 15 m²左右，确保参赛队之间互不干扰。每个比赛工位标明编号。另外，设置评委/裁判会议室兼休息室 1 间，设备、材料、工具、耗材等储藏室 1 间。颁奖场地和参赛队休息场地另计。环境标准要求保证赛场采光（大于 500 lux）、照明和通风良好；提供稳定的水、电，并提供应急的备用电源；提供足够的干粉灭火器材；每个工位提供一个垃圾箱。

三、技能大赛样题（综合布线部分）

全国职业院校技能大赛组委会发布的“2014 年全国职业院校技能大赛”高职组计算机网络应用赛项样题共 34 页，分为试题说明、计算机网络规划、配置和故障排除、华为网络设备的网络组建、服务器配置及应用项目、综合布线工程技术项目、其他说明 6 大部分。

与本书相关的综合布线工程技术项目样题分为综合布线及传感网设备清单、无线传感网组网套件明细、竞赛内容、项目安装、施工及管理5部分，传感网组网部分不再详述。

（一）综合布线设备清单

表13-5　综合布线设备清单

设备名称	型号	品牌	数量	备注
网络配线端接装置	QXPLD-PX12	企想	1	开放机架式机柜
综合布线钢制楼体装置	QXPAW-12	企想	1	面墙组成一个U字形，含两个FD壁装机柜
不锈钢操作台	QXTB-12	企想	3	
电动工具箱	QXPNT-12-2	企想	1	
网络综合布线工具箱	QXPNT-12-1	企想	1	
人字梯	QXLD-12	企想	1	
配套实训产品		企想	1	网络配线架、理线器、信息面板、网络模块、网络双绞线等
实训辅材		企想	1	管槽及配件、标签、标签扎带、扎带、安装螺丝等

（二）竞赛内容

（1）主要参考标准如下。

GB50311-2007《综合布线系统工程设计规范》。

GB50312-2007《综合布线系统工程验收规范》。

GB50174-2008《电子信息系统机房设计规范》。

GB21671-2008《基于以太网技术的局域网系统验收测评规范》。

GB/T22239-2008《信息系统安全等级保护基本要求》。

（2）比赛环境介绍如下。

每个比赛工位包括网络综合布线系统工程的建筑物子系统机柜（BD）、建筑物楼层管理间子系统机柜（FD1、FD2）。

（3）根据现场布置情况，参赛选手要特别注意下列规定。

BD为1台开放机架，模拟建筑物子系统网络配线机柜。

FD1为1台壁挂式机柜，模拟建筑物一层网络配线子系统管理间机柜。

FD2为1台壁挂式机柜，模拟建筑物二层网络配线子系统管理间机柜。

双口示意在面板内安装2个RJ45网络模块，两横两纵凹槽模拟暗管安装模式。

该建筑物网络综合布线系统全部使用超五类双绞线铜缆。

注：根据网络设备需要连接信息点，后附综合布线工位布局图等。

（三）项目安装、施工及管理

1. 中心设备间子系统的安装和端接

（1）按照图13-1所示，完成BD机柜内配线架、理线架、交换机、路由器的安装。

（2）按照图 13-2 和图 13-3 所示，完成 BD 机柜至 FD1、FD2 壁装机柜干线子系统线管的敷设，安装 1 根 PVC 线管Φ50 mm，墙体至 BD 机柜部分线管贴地敷设，要求安装位置正确、接口处安装牢固。

（3）完成 BD 配线架 1～14 号端口的端接，模块端接线序统一按照 568B 进行端接，并做好标签记号。

（4）依据网络拓扑图计算跳线数量，完成 BD 配线架 1～14 号端口至交换机的跳线跳接，要求跳线经理线架整齐排列后接入配线架及交换机。

（5）所有跳接线缆必须做好标签记号。

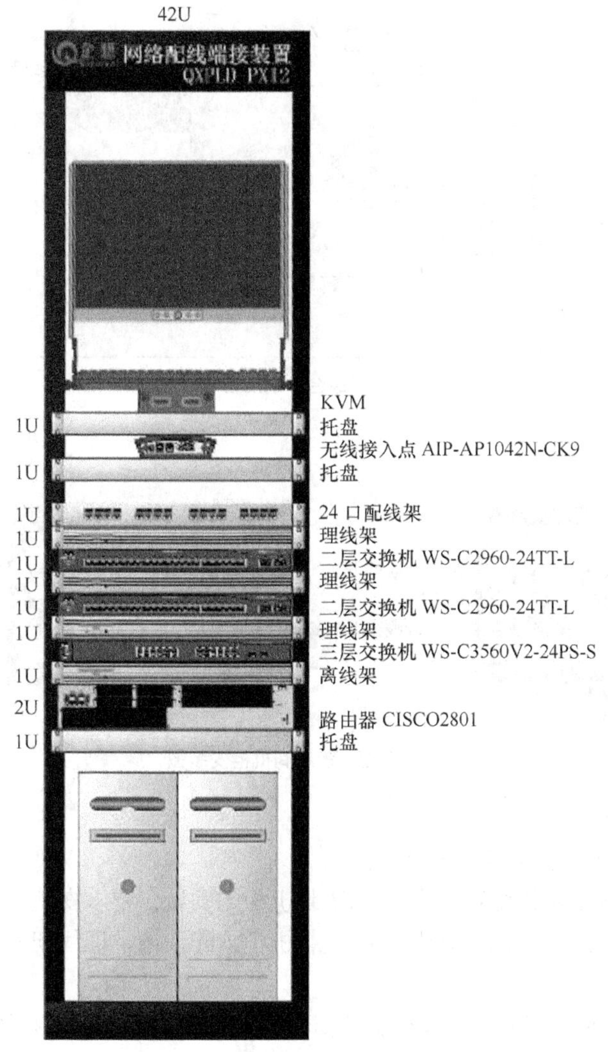

图 13-1　中心设备间机柜安装图

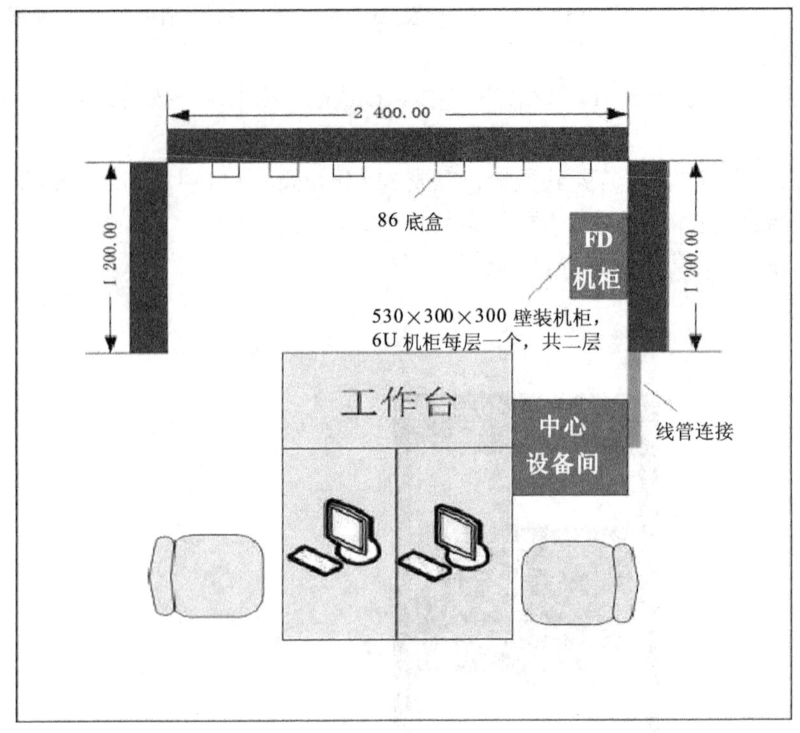

图 13-2　综合布线工位布局图

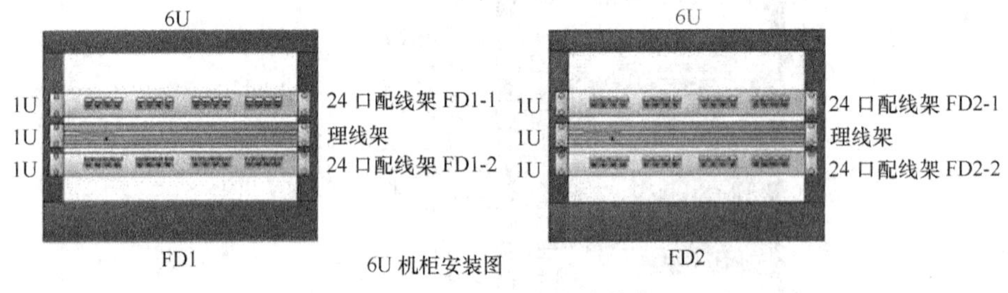

图 13-3　管理间机柜安装图

2. 管理间的端接

（1）壁装机柜 FD1 配线架的端接安装

① 按照图 13-3 所示的位置完成 FD1 壁装机柜的安装，要求安装位置正确、安装牢固。

② 按照图 13-4 所示的位置完成 FD1 壁装机柜内配线架及理线架的安装，要求安装位置正确，安装牢固。

③ 完成 FD1 壁装机柜 FD1-1 配线架的端接，模块端接线序统一按照 568B 进行端接，并做好标签记号。

④ 完成 FD2 壁装机柜 FD1-2 配线架的端接，模块端接线序统一按照 568B 进行端接，并做好标签记号。

⑤ 计算跳线数量，完成 FD1-1 配线架至 FD1-2 配线架的跳线跳接，要求跳线经理线架整齐排列后接入配线架。

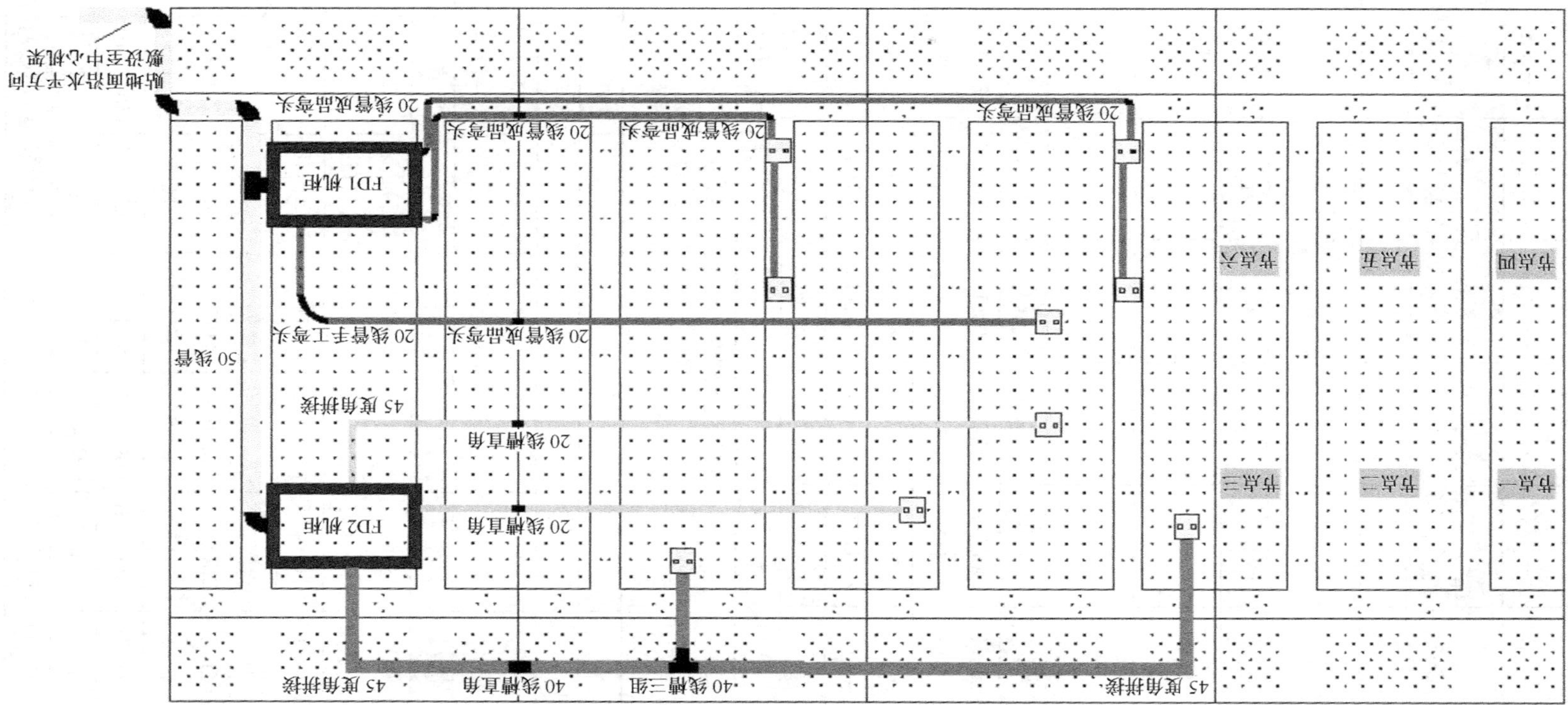

图 13-4 模拟楼体管槽立面安装展开图

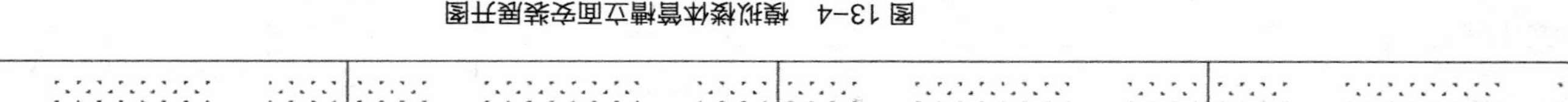

表 13-6　BD 配线架端口对应表

配线架名称：BD 配线架				代号：BD				
端口号	1	2	3	4	5	6	7	8
编号	BD−D01	BD−D02	BD−D03	BD−D04	BD−D05	BD−D06	BD−D07	BD−D08
远端	FD1−1−D01	FD1−1−D02	FD1−1−D03	FD1−1−D04	FD1−1−D05	FD1−1−D06	FD1−1−D07	FD1−1−D08
端口号	9	10	11	12	13	14	15	16
编号	BD−D09	BD−D10	BD−D11	BD−D12	BD−D13	BD−D14	BD−D15	BD−D16
远端	FD2−1−D01	FD2−1−D2	FD2−1−D03	FD2−1−D04	FD2−1−D05	FD2−1−D06	FD2−1−D07	FD2−1−D08
端口号	17	18	19	20	21	22	23	24
编号	FD2−1−D07	FD2−1−D08						
远端							预留端口	
备注								

表 13-7　FD1 配线架端口对应表

配线架名称：FD1−1 配线架				代号：FD1−1				
端口号	1	2	3	4	5	6	7	8
编号	FD1−1−D01	FD1−1−D02	FD1−1−D03	FD1−1−D04	FD1−1−D05	FD1−1−D06	FD1−1−D07	FD1−1−D08
远端	FD1−2−D01	FD1−2−D02	FD1−2−D03	FD1−2−D04	FD1−2−D05	FD1−2−D06	FD1−2−D07	FD1−2−D08
端口号	9	10	11	12	13	14	15	16
编号	FD1−1−D09	FD1−1−D10						
远端	FD1−2−D09	FD1−2−D10						
端口号	17	18	19	20	21	22	23	24
编号	预留端口							
远端								
备注								
配线架名称：FD1−2 配线架				代号：FD1−2				
端口号	1	2	3	4	5	6	7	8
编号	FD1−2−D01	FD1−2−D02	FD1−2−D03	FD1−2−D04	FD1−2−D05	FD1−2−D06	FD1−2−D07	FD1−2−D08

续表

配线架名称：FD1-2 配线架					代号：FD1-2			
端口号	1	2	3	4	5	6	7	8
远端	1 号信息点	2 号信息点	3 号信息点	4 号信息点	5 号信息点	6 号信息点	7 号信息点	8 号信息点
端口号	9	10	11	12	13	14	15	16
编号	FD1-2-D09	FD1-2-D10						
远端	9 号信息点	10 号信息点						
端口号	17	18	19	20	21	22	23	24
编号	预留端口							
远端								
备注								

表 13-8 FD2 配线架端口对应表

配线架名称：FD2-1 配线架					代号：FD2-1			
端口号	1	2	3	4	5	6	7	8
编号	FD2-1-D01	FD2-1-D02	FD2-1-D03	FD2-1-D04	FD2-1-D05	FD2-1-D06	FD2-1-D07	FD2-1-D08
远端	FD2-2-D01	FD2-2-D02	FD2-2-D03	FD2-2-D04	FD2-2-D05	FD2-2-D06	FD2-2-D07	FD2-2-D08
端口号	9	10	11	12	13	14	15	16
编号	预留端口							
远端								
端口号	17	18	19	20	21	22	23	24
编号	预留端口							
远端								
备注								

配线架名称：FD2-2 配线架					代号：FD2-2			
端口号	1	2	3	4	5	6	7	8
编号	FD2-2-D01	FD2-2-D02	FD2-2-D03	FD2-2-D04	FD2-2-D05	FD2-2-D06	FD2-2-D07	FD2-2-D08
远端	11 号信息点	12 号信息点	13 号信息点	14 号信息点	15 号信息点	16 号信息点	17 号信息点	18 号信息点

续表

配线架名称：FD2-2 配线架				代号：FD2-2				
端口号	9	10	11	12	13	14	15	16
编号								
远端	预留端口							
端口号	17	18	19	20	21	22	23	24
编号								
远端	预留端口							
备注								

⑥ 所有跳接线缆必须做好标签记号。

（2）壁装机柜 FD2 配线架的端接安装

① 按照图 13-3 所示的位置完成 FD2 壁装机柜的安装，要求安装位置正确、安装牢固。

② 按照图 13-4 所示的位置完成 FD2 壁装机柜内配线架及理线架的安装，要求安装位置正确、安装牢固。

③ 完成 FD1 壁装机柜 FD1-1 配线架的端接，模块端接线序统一按照 568B 进行端接，并做好标签记号。

④ 完成 FD2 壁装机柜 FD1-2 配线架的端接，模块端接线序统一按照 568B 进行端接，并做好标签记号。

⑤ 计算跳线数量，完成 FD1-1 配线架至 FD1-2 配线架的跳线跳接，要求跳线经理线架整齐排列后接入配线架。

⑥ 所有跳接线缆必须做好标签记号。

3. 垂直子系统的线管安装

（1）按图 13-2 和图 13-3 所示，完成 FD1、FD2 壁装机柜至 BD 机柜干线子系统线管的敷设，安装 1 根 PVC 线管Φ50 mm，依据图示要求使用的成品配件连接干线子系统，要求安装位置正确、接口处安装牢固。

（2）按图 13-2 和图 13-3 所示，依据 FD1、FD2 壁装机柜信息点位数敷设相应数量的干线线缆至 BD 机柜，要求干线线缆预留长度不得超过 200 cm。

4. 水平子系统的管槽及布线安装

按照图 13-3 所示的位置完成水平子系统线槽、线管安装及线缆的敷设。要求安装位置正确、固定牢固、接头整齐美观、布线施工规范合理。

（1）一层终端布线施工

① 按照图 13-3 所示完成 FD1 壁装机柜到终端的水平子系统的安装，使用Φ20PVC 线管来实现链路的安装，线管与机柜接口处使用黄腊管连接，要求安装位置正确、固定牢固、接头整齐美观、布线施工规范合理。

② 按照图 13-3 所示，使用相应的线管配件，除了图示要求使用成品弯头之外，均自行制作弯头。

③ 暗槽模拟管线必须严格依据图纸要求，线管需固定牢固，线管与线管、线管与底盒的接缝处不得有松动或空隙出现，并使用暗盒安装面板。

④ 完成 FD1-2 配线架双绞线到信息面板的线缆敷设，要求 FD 壁装机柜内线缆预留不得超过 50 cm，工作区面板预留线缆不超过 10 cm。

（2）二层终端布线施工

① 按照图 13-3 所示完成 FD2 壁装机柜到终端的水平子系统的安装，使用 40PVC 线槽、20 线槽来实现链路的安装，要求安装位置正确、固定牢固、接头整齐美观、布线施工规范合理。

② 按照图 13-3 所示，除了图示要求使用的成品三通之外，均自行制作弯头。

③ 完成 FD2-2 配线架双绞线到信息面板的线缆敷设，要求 FD 壁装机柜内线缆预留不得超过 50 cm。

④ 工作区面板预留线缆不超过 10 cm。

5. 工作区子系统的安装

按照图 13-3 所示的位置，完成一层、二层信息点的安装，要求位置正确。按照表 13-6～表 13-8 所示的配线架对应表进行编号，把工作区信息点标记清楚，其中每层网络插座信息点水平方向均要求平均分布，达到美观效果。

（1）按照图 13-23 所示完成 FD1、FD2 终端共 9 个底盒及面板的安装，要求安装位置正确、固定牢固、布线施工规范合理。

（2）按照图 13-3 所示完成所有信息点的模块端接，模块端接线序统一按照 568B 进行端接。

（3）依据网络拓扑图，制作跳线完成信息点至终端设备的跳接。

（4）所有面板、路由走线必须做好标签记号。

6. 施工管理

要求施工工程中分工合理、配合默契、用料合理、现场整洁。

根据项目背景，结合小组分工实施情况，编写项目竣工总结报告，报告需涵盖以下内容。

（1）项目建设目标。

（2）工程分工及任务要求。

（3）项目问题汇总及解决方案。

四、技能大赛要点解析

网络综合布线技能大赛采取分步得分、累计总分的计分方式，主要考察参赛选手以下三个方面的能力和水平，重点考核实际操作技能与熟练程度。

- 综合布线各类文档编制的准确性和规范性。
- 综合布线跳线、各工作区布线施工及测试过程。
- 参赛团队风貌、组织与管理能力。

（一）文档编制要点解析

综合布线技能大赛编制的文档主要包括编制“网络信息点数量统计表”、绘制“系统结构图”、编制“端口对应表”、设计“安装施工图”以及编制“材料统计表”5 项。各文档编制要点及评分细则如表 13-9 所示。

表 13-9 网络综合布线文档编制评分表

序号	名称	
1	编制“网络信息点数量统计表”300 分	表格设计不合理 扣 20 分/处
		表格文字说明不清晰 扣 10 分/处
		表格无签字及日期 扣 10 分/处
		信息点统计不正确 不得分
2	绘制“系统结构图”200 分	图纸设计不合理 扣 10 分/份
		图纸文字说明不清晰 扣 10 分/处
		图纸图签不清晰 扣 10 分/处
		信息点遗漏 扣 10 分/处
		系统路由不正确 扣 10 分/处
3	编制“端口对应表”300 分	表格设计不合理 扣 20 分/处
		表格文字说明不清晰 扣 10 分/处
		表格无签字及日期 扣 10 分/处
		工作区信息点编号错误 扣 10 分/处
		插座底盒编号错误 扣 10 分/处
		楼层机柜编号错误 扣 10 分/处
		配线架编号错误 扣 10 分/处
		配线架端口编号错误 扣 10 分/处
4	设计“安装施工图”600 分	图纸设计不合理 扣 10 分/份
		图纸文字说明不清晰 扣 10 分/处
		图纸图签不清晰 扣 10 分/处
		施工图不完整 扣 50 分/处
		施工管线路由不正确 扣 10 分/处
		施工点位标识不正确 扣 10 分/处
		图纸比例标识不正确 扣 10 分/处
5	编制“材料统计表”400 分	表格设计不合理 扣 20 分/处
		表格文字说明不清晰 扣 10 分/处
		表格无签字及日期 扣 10 分/处
		材料遗漏 扣 20 分/处
		材料型号不正确 扣 10 分/处
		材料数量不正确 扣 20 分/处
		材料用途不正确 扣 10 分/处

（二）综合布线施工要点解析

网络综合布线施工主要考核点有跳线模块、链路测试和线序测试、复杂永久链路和模块端接、工作区安装、水平系统布线、管理间子系统安装和建筑物及建筑群子系统布线安装 7 部分，在施工过程中要注意线序、护套压接、网线标扣、安装规范、线管美观等细节。每个部分的具体考核细则如表 13-10 所示。

表 13-10　网络综合布线施工评分表

序号	名称	评分细则	
1	6 根跳线 180 分	6 根跳线 180 分	线序不正确　扣 10 分/根
			每根跳线长度不正确　扣 2 分/根（580～600 mm）
2	6 根跳线 180 分	6 根跳线 180 分	压接护套不到位　扣 2 分/根
			没有剪掉牵引线　扣 2 分/根
			无线标　扣 2 分/根
3	测试链路和 线序测试 400 分	4 组每组链路 100 分	每组路由错误时　扣 10 分/根
			两端线标无标签　扣 2 分/根
			拆开双绞线长度不合适　扣 2 分/处 模块端接处拆开两芯双绞最短长度≥10 mm 不得分
			没有剪掉牵引线　扣 2 分/根
			8 芯线位置合适，出现偏心、缠绕　扣 2 分/处
			每段双绞线长度误差≥10 mm　扣 2 分/根
4	复杂永久链 路和模块端 接 600 分	6 组每组链路 100 分	每组路由错误时　扣 10 分/根
			两端线标无标签　扣 2 分/根
			拆开双绞线长度不合适　扣 2 分/处 模块端接处拆开两芯双绞最短长度≥10 mm 不得分
			没有剪掉牵引线　扣 2 分/根
			8 芯线位置合适，出现偏心、缠绕　扣 2 分/处
			每段双绞线长度误差≥10 mm　扣 2 分/根
5	工作区安装 150 分	底盒安装共 15 分	每个位置不正确或倾斜　扣 1 分/处
			螺丝没有拧紧　扣 1 分/处
		模块端接共 35 分	端接链路不通　扣 2 分/处
			线序不正确　扣 1 分/处
		模块安装共 30 分	模块没有卡到位　扣 1 分/处
			模块方向不正确　扣 1 分/处
		面板安装共 40 分	每个位置不正确或倾斜　扣 1 分/处
			螺丝没有拧紧　扣 1 分/处

续表

序号	名称	评分细则	
5	工作区安装 150 分	面板安装共 40 分	面板扣板不正确或倾斜　扣 1 分/处
		面板标记共 15 分	标记不正确　扣 1 分/处
		信息插座布局共 15 分	信息插座安装不水平　扣 1 分/处
6	水平子系统布线 1600 分	一层线管铺设 400	材料使用不正确　扣 5 分/处
			线管不水平/垂直　扣 2 分/处
			线管成型不合理　扣 5 分/处
			穿线没有做标记　扣 2 分/处
			布线预留不合理　扣 2 分/处
		二层线槽铺设 600	材料使用不正确　扣 5 分/处
			线槽不水平　扣 2 分/处
			线槽接头处缝隙超过 3 mm　扣 5 分/处
		二层线槽铺设 600	穿线没有做标记　扣 2 分/处
			布线预留不合理　扣 2 分/处
		三层线槽铺设 600	材料使用不正确　扣 5 分/处
			线槽不水平　扣 2 分/处
			线槽接头处缝隙超过 3 mm　扣 5 分/处
			穿线没有做标记　扣 2 分/处
			布线预留不合理　扣 2 分/处
7	管理间子系统安装 370 分	3 台 1U 网络配线架 170 分	螺丝没有拧紧　扣 2 分/处
			没有使用垫圈　扣 2 分/处
			缺螺丝　扣 2 分/处
		布线端接 200	线序不正确　扣 5 分/根
			链路不通　扣 10 分/根
			无线标　扣 2 分/根
8	建筑物及建筑群子系统布线安装 300 分	每组链路 100 分	每组路由错误时　扣 10 分/根
			两端线标无标签　扣 2 分/根
			拆开双绞线长度不合适　扣 2 分/处
			端接链路不通　扣 2 分/处
			线序不正确　扣 2 分/处
			穿线没有做标记　扣 2 分/处

（三）资料及施工管理要点解析

在完成了文档编制和施工后，资料以及废料处理也在考核范围之内，包括资料的打印版式、装订的美观程度、材料缺失、废料及余料整理、施工工具整理、施工总结等完成情况，具体如表 13-11 所示。

表 13-11　网络综合布线资料及施工管理评分表

序号	名称	评分细则
1	竣工资料 300 分	装订机封面不整齐　扣 20 分/份
		打印版式不符合要求　扣 20 分/处
		统计表格缺失　扣 50 分/份
		图纸缺失　扣 50 分/份
2	施工管理 300 分	施工现场废料整理不符合要求　扣 20 分/处
		施工现场余料整理不符合要求　扣 20 分/处
		施工工具整理不符合要求　扣 20 分/处
		施工总结不符合要求　扣 20 分/处